BRENDAN KANE

HOOK POINT – DER ENTSCHEIDENDE MOMENT

REDLINE | VERLAG

Brendan Kane

HOOK POINT

DER ENTSCHEIDENDE MOMENT

Wie man in einer kurzlebigen 3-Sekunden-Welt Aufmerksamkeit bekommt

Mit einem Vorwort von Vishen Lakhiani, Autor von *Buddha meets Badass*

Bibliografische Information der Deutschen Nationalbibliothek:
Die Deutsche Nationalbibliothek verzeichnet diese Publikation in der Deutschen Nationalbibliografie; detaillierte bibliografische Daten sind im Internet über http://d-nb.de abrufbar.

Für Fragen und Anregungen:
info@redline-verlag.de

1. Auflage 2023

Türkenstraße 89
D-80799 München
Tel.: 089 651285-0
Fax: 089 652096

Die englische Originalausgabe erschien 2020 bei Waterside Productions unter dem Titel *Hook Point*. Dieses Werk wurde vermittelt durch die Literarische Agentur Thomas Schlück GmbH, 30161 Hannover.

Übersetzung: Philipp Seedorf
Redaktion: Christiane Otto
Umschlaggestaltung: Pamela Machleidt
Umschlagabbildung: Shutterstock/HobbitArt
Satz: ZeroSoft, Timişoara
Druck: GGP Media GmbH, Pößneck
Printed in Germany

ISBN Print 978-3-86881-922-9
ISBN E-Book (PDF) 978-3-96267-486-1
ISBN E-Book (EPUB, Mobi) 978-3-96267-487-8

INHALT

Für diejenigen mit Talent, Intelligenz und einem reinen Herzen, deren Stimmen unterdrückt oder ignoriert werden. Möge dieses Buch euer Leitfaden sein, um Gehör zu finden, Kraft zu schöpfen und einen positiven Einfluss auf die Welt zu haben.

VORWORT

Vom griechisch-amerikanischen Ingenieur, Physiker und Unternehmer Peter Diamandis (vor allem als Gründer und Vorstand der XPRIZE Foundation bekannt) stammt der berühmte Ausspruch, wer heute ein Smartphone in der Hand hält, habe einen besseren Zugang zu Informationen als der Präsident der Vereinigten Staaten Ende der 1990er-Jahre. Das Smartphone gibt jedem Individuum auf Erden die Möglichkeit, etwas zu bewirken mithilfe des Wissens, das durch Recherche oder das Teilen von Botschaften, die Menschen, Politik und Unternehmen beeinflussen, erlangt wird. Mit anderen Worten: Das gesamte menschliche Wissen liegt in Ihren Händen.

Der Zugang zu dieser Riesenmenge an Informationen ist ein Geschenk, verursacht aber auch Probleme – die meisten Menschen fühlen sich überflutet, überwältigt und gestresst aufgrund der schieren Menge an Content, die tagtäglich auf sie einströmt. 1970 sah der Durchschnittsamerikaner täglich 500 Werbeanzeigen;[1] heute sind es zwischen 4000 und 10 000 Anzeigen am Tag.[2] Das hat zu dem Phänomen geführt, dass die Aufmerksamkeitsspanne der Menschen nachlässt. Wenn Sie heutzutage eine Nachricht in die Welt hinaussenden wollen, haben Sie dafür oft weniger als drei Sekunden.

Denken Sie darüber nach. Der erste Kontakt der Welt mit Ihrer Marke oder Ihrem Unternehmen findet oft in den sozialen Medien statt, wo jede Minute 147 000 Fotos hochgeladen, 54 000 Links geteilt und

317 000 Statusupdates auf Facebook gepostet werden,[3] mehr als 95 Millionen Posts auf Instagram am Tag geteilt werden[4] und täglich eine Milliarde Stunden Content auf YouTube angesehen werden.[5] Das ist eine unglaubliche Menge an Ablenkung, die verhindert, dass Sie gesehen werden. Ob Sie wollen oder nicht, es ist essenziell, dass Sie die Kunst meistern, wie man schnell Aufmerksamkeit erregt – online wie offline.

Zum Glück ist Brendan Kane ein wahrer Experte darin, den Menschen dabei zu helfen herauszustechen. Brendans Ruhm gründet darauf, dass er eines Tages beschloss herauszufinden, wie man eine Million Fans in 30 Tagen erhält. Nach dieser Leistung schrieb er ein Buch über diesen Prozess mit dem Titel *Eine Million Follower*. Das Buch führte dazu, dass er als Redner gebucht wurde, und so traf ich Brendan. Ich buchte ihn für das Mindvalley's A-Fest, damit er sein Wissen über digitale und soziale Medien mit uns teilt. Ich war so beeindruckt von dem, was er sagte, dass ich ihn bat, Berater für mein Unternehmen Mindvalley zu werden.

In wenigen Monaten verwandelte Brendan die Art und Weise, wie mein Team und ich im Internet kommunizierten. Er schenkte uns die unglaubliche Fertigkeit, den Umsatz unseres Unternehmens zu steigern – denn sobald man loyale Follower hat, kann man wichtige Botschaften in die Welt schicken, was letztlich dabei hilft, aus diesen Followern Gewinn zu schlagen. Da wir im Gesundheitswesen tätig sind, betraf eine der wichtigsten Botschaften, die Brendan uns zu kommunizieren half, die schädlichen Wirkungen und abwegigen Marketingbotschaften von Coca-Cola. Er leitete uns dabei an, eine Kampagne und ein Video über die Gefahren von Maissirup mit hohem Fruchtzuckergehalt zu lancieren, das zehn Millionen Views in einer Woche erhielt (und es bekommt immer noch mehr).

Kurz gesagt haben Brendans Ideen nicht nur unserem Unternehmen dabei geholfen, zu gedeihen, sondern uns auch gestattet, wichtige

Informationen zu verbreiten, das Bewusstsein unseres Publikums zu beeinflussen und als Aktivisten noch effektiver zu werden. Deswegen ist es so wichtig, zu lernen, wie man heraussticht – Sie können noch so viele Follower haben, um wirklich etwas zu bewirken, müssen Sie wissen, wie man mit ihnen kommuniziert.

Dieses Buch wird Ihnen einen Prozess vorstellen, mithilfe dessen Sie besser mit einem potenziellen Publikum und potenziellen Geschäftspartnern im Kontakt treten können. Sie werden lernen, wie man aus ihnen loyale, aktive und überzeugte Visionäre macht, die Ihre Visionen, Ideen und Mission unterstützen. Für den Anfang hier einige entscheidende Tipps, die Ihnen helfen, eine Wirkung zu erzielen, und die ich selber gelernt habe, als ich die Zahl der Follower und die Reichweite von Mindvalley erhöhte:

1. Achten Sie darauf, mit wem Sie reden. Passen Sie Ihre Kommunikation genau an Ihr Publikum an; ob es Millennials sind, Babyboomer oder eine Nischengruppe wie Automechaniker.
2. Werden Sie zum Repräsentanten Ihrer eigenen demografischen Gruppe. Meine besteht aus Menschen, die sich leidenschaftlich für Veränderungen, Gesundheit und persönliches Wachstum interessieren. Jeden Monat nehme ich mir vor, von einer Koryphäe in diesem Bereich ein Buch zu lesen, ein Programm oder ein Seminar zu besuchen und mit ihm oder ihr zu arbeiten. Ich strebe nach Erfahrungen, die mich weiser, gesünder und glücklicher machen. Dann lasse ich mein Publikum an diesen Erfahrungen teilhaben, damit ich nicht nur ein Mentor und Vordenker bin, sondern auch ein Mitglied meiner eigenen Demografik – ein Konsument von Transformation.
3. Führen Sie sich Ihr »Warum« vor Augen – das bedeutet, Sie sollten wissen, warum Sie tun, was Sie tun. Ich tue, was ich tue, aufgrund

der »Eve-Frage«. Eve ist meine sechs Jahre alte Tochter, und vor jeder Handlung, die ich ausführe, stelle ich mir die Frage: »Wird das die Welt für Eve besser machen?« Deswegen geht es mir bei meiner Kommunikation nicht nur darum, Informationen über persönliches Wachstum zu verbreiten, sondern auch darum, die Menschen dazu zu ermutigen, die Welt zu einem besseren Ort für all die jungen Kinder zu machen, die diesen Planeten erben werden.

4. Seien Sie authentisch und echt. Mit meiner Kommunikation gebe ich nicht nur Ideen aus meinem Geschäftsleben weiter, sondern erzähle auch von meinen Schwierigkeiten und Herausforderungen. In den Posts der letzten zwei Jahre, die am meisten kommentiert wurden und am meisten Reaktionen hervorriefen, sprach ich über Persönliches – wie meine Eltern ihr Zuhause in einem Feuer verloren haben, wie ich mich von einer ernsten Verletzung erholte und ein Jahr Reha vor mir hatte, und in einem Post ging es sogar darum, wieso meine Partnerin und ich uns scheiden ließen. Menschen verlangen von Leadern heute Authentizität, und sie schenken denjenigen mehr Aufmerksamkeit, die echt und authentisch sind.

Brendan behandelt all diese Tipps (und noch viele mehr) in diesem Buch weitaus tiefgehender. Ich wette, Sie wollen so schnell wie möglich damit anfangen, es zu lesen, aber bevor Sie sich auf diese Reise begeben, um Wirkung zu erzielen, will ich noch eine Hürde ansprechen, die sich Ihnen vielleicht gedanklich stellt: *Bin ich es wert, dass man meine Nachrichten teilt? Bin ich einzigartig oder besonders? Sollten meine Gedanken wirklich gehört werden?*

Die Antwort ist: *Sie werden es nicht wissen, wenn Sie es nicht ausprobieren.* Wieso also nicht heute damit beginnen?

Als ich 2008 mein erstes Unternehmen gründete, veröffentlichte ich nur die Arbeit anderer Leute. Auch wenn ich über beträchtliche

Expertise in bestimmten Bereichen verfügte, hatte ich das Gefühl, zu jung zu sein, zu unbedeutend und zu wenig geleistet zu haben, um meine eigenen Gedanken zu veröffentlichen. Ich hatte das Gefühl, nicht gut genug zu sein, bis mehrere Jahre später ein Unglück geschah – ein Deal mit meinem wichtigsten Autor platzte. Plötzlich hatte ich eine Lücke zu füllen, und ich beschloss, das sei vielleicht ein Zeichen, endlich den Schritt zu wagen und selbst Autor zu werden. Als ich es tat, schien das Universum meine Entscheidung zu unterstützen. Nicht nur wurde mein Buch *The Code of the Extraordinary Mind* (deutsch: *Lebe nach deinen eigenen Regeln*) zum *New York Times*-Bestseller, es wurde auch zur Nummer eins auf Amazon. Und genau das war das Buch, das ich drei Jahre aufgeschoben und nicht geschrieben hatte, weil ich dachte, ich hätte nicht das Zeug dazu!

Wir alle verspüren Momente der Unsicherheit und des Zweifels – Augenblicke, in denen wir uns unwürdig fühlen. Sie sollten wissen, dass diese Momente oft nicht mehr als selbst auferlegte Grenzen sind. Also ziehen Sie hinaus in die Welt und geben Sie Ihr Bestes. Sie werden Ihre Ideen verfeinern, wachsen lassen und verbessern, wenn Sie ihnen gestatten, in eine Welt hinauszuströmen, die sie zerlegt, kommentiert, darauf reagiert und sie formt. Machen Sie die öffentliche Meinung und Feedback zu Ihren Freunden. Egal, wo Sie sind, blenden Sie Ihre Unsicherheiten aus und tun Sie es einfach. Sie werden besser werden, wenn Sie sich darin üben, die Tools zu verwenden, die Brendan Kane Ihnen in diesem Buch an die Hand gibt.

Vishen Lakhiani
Gründer von Mindvalley

EINLEITUNG

DAS LEBEN IN EINER 3-SEKUNDEN-WELT

Digitale und soziale Medien haben unsere Welt dahingehend verändert, dass »Mikroaufmerksamkeit« immer wichtiger wurde. Mehr als 60 Milliarden Nachrichten werden jeden Tag auf digitalen Plattformen gepostet, eine unglaubliche Masse an Informationen strömt konstant auf uns ein. Ob es ein Text ist, eine Push-Benachrichtigung, eine E-Mail, eine Werbeanzeige oder ein Post in den sozialen Medien, unsere Gehirne müssen sich daran anpassen, höhere Mengen von Content als je zuvor zu verarbeiten. Tatsächlich verbringt der Durchschnittsmensch am Tag elf Stunden damit, mit digitalen Medien zu interagieren (inklusive Video, Audio, Fernsehen, Tageszeitungen, Wochenzeitungen und so weiter in digitaler Form)[6] und scrollt sich durch 90 Meter Content[7]. Die Menschen nutzen ihre Smartphones 1500-mal in der Woche und checken ihre E-Mail-Posteingänge 30-mal in der Stunde.[8] Alle 60 Sekunden gibt es auf Facebook 400 neue User, 317 000 Statusupdates, 147 000 hochgeladene Fotos und 54 000 geteilte Links.[9] Ungefähr 95 Millionen Fotos und Videos werden täglich auf Instagram geteilt.[10] Mehr als 500 Stunden Content werden jede Minute auf YouTube hochgeladen,[11] und ungefähr 40 000 Lieder werden jeden Tag auf Spotify hochgeladen.[12]

Diese Bombardierung durch Stimuli hat die Art, wie wir Informationen verarbeiten und miteinander kommunizieren, verändert, sowohl online als auch offline. Jüngste Forschungen des Präsentationssoftwareunternehmens Prezi besagen, dass wir selektiver werden in Bezug auf die Frage, worauf wir unsere Aufmerksamkeit lenken. Latham Arneson, ehemaliger Vice President für Digital Marketing bei Paramount Pictures, beobachtete diese Veränderung der Kommunikation aus nächster Nähe. Er sagt: »Bevor es die sozialen Medien gab, musste man nur wenigen Quellen seine Aufmerksamkeit schenken. Auch wenn damals schon eine Menge Informationen im Umlauf waren, wird man im Marketing heute durch die Überflutung mit Plattformen zu einem härteren Wettbewerb als je zuvor gezwungen. Es gibt viel mehr Ablenkung.«

Erick Brownstein, Präsident und Chief Strategy Officer bei Shareability, der digitalen Content für den Fußballspieler Cristiano Ronaldo erstellt hat, für die Olympischen Spiele, Adobe, AT&T und viele andere große Unternehmen und bekannte Stars, stimmt dem zu und meint: »Es gibt heute nicht nur mehr Content, sondern auch besseren Content. Man steht im Wettstreit um begrenzte Zeit und Aufmerksamkeit und viele Botschaften gehen in einer Lawine der Ablenkung verloren.«

Brownstein fügt hinzu, dass man heute, selbst wenn man nur eine Werbeanzeige auf einem Bus oder einer Werbetafel plant, daran denken muss, wodurch das Marketingmaterial in einem digitalen Ökosystem leichter zu teilen ist. Bei Ihrem Prozess des Storytellings müssen Sie zuerst an soziale Medien und digitale Welten denken, denn das beeinflusst, welche Storys Sie erzählen und wie Sie diese erzählen. Dadurch werden Ihren Botschaften für ein Publikum, das durch unser gegenwärtiges Klima höhere Erwartungen hat, leichter verdaulich.

Serien-Entrepreneur Gary Vaynerchuk stützt diese Ansicht mit seinem Glauben daran, dass wir alle die Macht des Internets enorm unterschätzen. Er sagt: »Wenn man sich nicht an die Verlagerung der Aufmerksamkeit des Konsumenten anpasst, verliert man. Es gibt so viele Menschen, die jeden Tag Geld im Marketing verschwenden, weil sie dem hinterherjagen, was irgendwann einmal ›funktioniert hat‹. Aber Fakt ist: Eine Taktik, die gestern noch funktioniert hat, kann heute Ihr Unternehmen ruinieren.«[13]

Als Reaktion auf all diese Veränderungen unseres Verhaltens hat Facebook damit begonnen, Video-Views im 3-Sekunden-Takt zu zählen und nicht danach zu bewerten, wann der Feed geladen wird. Das wurde eingeführt, weil die Werbetreibenden sich beschwerten, als sie sahen, dass sie für Views bezahlen sollten, bei denen die meisten Menschen nur an den Feeds vorbeiscrollten und nicht einmal eine Sekunde auf die Anzeigen achteten. Matt Pakes, Video Product Manager bei Facebook, glaubt, dass wir binnen drei Sekunden entscheiden, ob wir ein Video ansehen wollen oder nicht, und meint: »Wenn Sie mindestens drei Sekunden mit einem Video zugebracht haben, signalisiert uns das, dass Sie nicht einfach nur durch [den] Feed scrollen.«

YouTube-Creator Hank Green hat Facebooks Video-View-Standard kritisiert, weil er meint, dass die Verantwortlichen bei Facebook »Tatsachen verschleiern, wenn sie etwas View nennen, obwohl überhaupt nicht gemessen wird, ob sich jemand etwas tatsächlich ansieht«.[14] Aber unabhängig davon, wer bei dieser Debatte recht hat, beeinflusst die Entscheidung von Facebook, wie wir Content auf Facebook und Instagram konsumieren, und man kann diesen Einfluss nicht ignorieren. Die Algorithmen von Facebook (und der Mehrheit der anderen Plattformen) sind gestaltet, um Content zu pushen, der die Aufmerksamkeit der Menschen erregt und aufrechterhält. Die meisten Videos schaffen es nicht über die 3-Sekunden-Marke hinaus, also hilft der Algorithmus dabei, den besten Content zu priorisieren, der tatsächlich die Aufmerksamkeit der Menschen weckt.

Indem ich mein eigenes Verhalten analysierte und mit Marketingprofis während der Recherche zu diesem Buch gesprochen habe, wurde mir klar, dass die Welt sich verändert hat. Meine Aufmerksamkeitsspanne ist auf jeden Fall kürzer. Content, Ideen – sogar Menschen – müssen größeren Aufwand betreiben, um herauszustechen. Wenn Sie die Aufmerksamkeit der Menschen nicht in den ersten drei Sekunden oder in der kurzen Zeitspanne, die Sie haben, fesseln können, dann werden Sie sie nicht dazu bringen, sich dem Rest der Story, den Produkten oder Dienstleistungen zu widmen. Und deswegen konzentriert sich dieses Buch darauf, wie man Hook Points entwickelt – eine Methode, um die Aufmerksamkeit der Menschen, sowohl online als auch offline, in den ersten drei bis fünf Sekunden zu fesseln damit Sie die nächsten 10, 15, 30 oder 60 Sekunden gewinnen, um den Rest Ihrer Botschaft rüberzubringen.

Zu lernen, wie man erfolgreich Aufmerksamkeit erregt, ist eine Fertigkeit, der Leute wie Vaynerchuk vor allem ihren Erfolg zuschreiben.[15] Er erklärt, Ihr Ehrgeiz sollte immer darin bestehen, die Aufmerksamkeit des Endkunden zu erregen, und Ihre hehren Ziele erreichen Sie, indem Sie eine echte Beziehung zu Ihrem Publikum aufbauen. Kylie Jenner knüpfte eine stabile Beziehung zu ihrem Publikum in den sozialen Medien und nutzte diese Aufmerksamkeit, um 51 Prozent ihres Unternehmens für 600 Millionen Dollar zu verkaufen.[16] Dies geschah, weil sie es versteht, Aufmerksamkeit zu erregen und in großem Maßstab Beziehungen zu pflegen.

Viele Menschen wissen, wer sie sind und was sie tun – einige wissen sogar, wieso sie es tun (wie Konzeptautor und Motivationsredner Simon Sinek so gekonnt beschreibt und lehrt – worüber wir später in diesem Buch noch reden werden). Aber sogar wenn die Marken oder Individuen in diesem Bereich Klarheit besitzen, kämpfen sie oft darum, die Aufmerksamkeit eines potenziellen Publikums lange genug zu fesseln, damit es etwas über das Individuum oder die Marke erfährt. Viele Leute haben erstaunliche Produkte oder Dienstleistungen zu bieten, erzielen jedoch keinen großen Erfolg, weil sie nicht wissen, wie sie effektiv über das sprechen sollen, was sie tun. Wie Brownstein herausstellt, sind die Menschen meistens um sich selbst besorgt und weniger um *Ihre* Marke, *Ihr* Produkt oder *Ihr* Unternehmen. Wenn Sie Ihre Marke in Ihrem Marketingmaterial in den Mittelpunkt stellen, werden die Leute abschalten. Hatten Sie schon einmal ein Date, bei dem die andere Person ständig über sich selbst redet? *Langweilig!* Brands sind dem Untergang geweiht, wenn ihr Hauptfokus nur darauf liegt, sich selbst zu verkaufen. Stattdessen müssen sie darüber nachdenken, wie sie ihrem Publikum einen Wert liefern können.

Diese neue Realität stellt das Marketing vor große Herausforderungen. Wie durchdringt man den Hintergrundlärm? In meinem ersten Buch *Eine Million Follower. Wie man in nur 30 Tagen seine Social-Media-Präsenz massiv erhöht* (www.onemillionfollowers.com) habe ich mich darauf konzentriert, den Lesern beizubringen, wie man die Algorithmen meistert und fesselnden Content kreiert, der auf verschiedenen sozialen Plattformen eine massive Verbreitung erreicht und ein gewaltiges Publikum anzieht. In diesem Buch führe ich Sie durch meinen Hook-Point-Prozess, der Ihnen dabei hilft, in der 3-Sekunden-Welt, in der wir leben, Aufmerksamkeit zu erregen, damit Sie neue Chancen erhalten, Ihr Unternehmen innovativ gestalten und vergrößern und eine faszinierende Marke erschaffen, die sowohl online als auch offline funktioniert.

Zu wissen, wie man Hook Points richtig einsetzt, hilft Ihnen dabei, effektiver im Marketing und bei der Kommunikation zu werden. Das gibt ihnen ein Fundament, auf dem Sie Ihr Unternehmen skalieren und zu einer weltbekannten Marke werden können. Es ist ein Business-Tool von entscheidender Bedeutung, und jeder im Marketing sollte dem etwas Zeit und Aufmerksamkeit widmen.

Immer wenn ich zu einem jungen Publikum rede, das gerade das College abgeschlossen hat, oder wenn ich mit einem erfahrenen Milliardär spreche, stelle ich fest, dass Menschen an beiden Enden des Spektrums Mühe haben, sich besser zugespitzte, aufmerksamkeitsheischende Methoden auszudenken, wie sie ihre Botschaften verpacken können, die in unserer 3-Sekunden-Welt funktionieren. Verfügt man nicht über dieses Wissen, führt das leider zu verpassten Gelegenheiten.

Ich habe dieses Buch geschrieben, weil ich wirklich glaube, dass, wenn man weiß, wie man Hook Points einsetzt, das Individuen, Unternehmen und Marken helfen kann, mehr herauszustechen und ihre Ziele schneller und mit größerer Beständigkeit zu erreichen. Das ist das erste Thema, das ich bei Klienten anspreche, denn es erhöht die Erfolgschancen enorm.

Ein großartiger Hook Point wird es Ihnen nicht nur gestatten, die Aufmerksamkeit anderer in drei Sekunden zu erlangen; es wird Ihnen auch dabei helfen, diese Aufmerksamkeit aufrechtzuerhalten, um Ihr Publikum für Jahre zu bestimmten Aktionen zu animieren.

Ich helfe jeden Tag Menschen dabei, den Hook-Point-Prozess zu nutzen, um herauszustechen. Wenn Sie also an irgendeinem Punkt Fragen haben oder gerne weitergehende Hilfestellungen erhalten würden, um zu verstehen, wie man heraussticht und sein Unternehmen auf den Pfad der Innovation führt, oder wenn Sie Fragen über irgendein anderes Thema in diesem Buch haben, dann seien Sie bitte so frei und schreiben Sie mir eine E-Mail unter bkane@brendanjkane.com oder besuchen Sie www.HookPoint.com.

KAPITEL 1

DARF ICH VORSTELLEN? HOOK POINT, IHRE NEUE GEHEIMWAFFE

Jedes Mal, wenn Sie auf Ihrem Telefon scrollen, Nachrichten lesen, den Fernseher einschalten, Radio hören oder auf eine Plakatwand sehen, werden Sie überschüttet mit Botschaften, Content und Werbung. Um tatsächlich herauszustechen und Aufmerksamkeit zu erregen, brauchen Sie einen wirksamen Hook Point, sonst gehen Sie im Lärm unter. Was ist ein Hook Point? Ein Hook Point kann aus **Text** (zum Beispiel einem Satz, einem Titel oder einem kurzen Absatz) bestehen, **einer Einsicht** (aus Statistiken, der Meinung eines Profis, einer Philosophie oder Gedankensplittern einer Person), **einem Konzept/einer Idee oder einem Format** (zum Beispiel einem Bild oder Video), **einer Persönlichkeit oder einer Performance/Leistung** (zum Beispiel Musik, Sport, Schauspiel oder Poesie), **einem Produkt/einer Dienstleistung** oder einer Kombination einiger oder aller dieser Elemente. Man nutzt den Hook Point sowohl online als auch offline, um die Aufmerksamkeit des Publikums zu gewinnen, und zwar in so kurzer Zeit wie möglich. (Wenn Sie tiefer in die Materie einsteigen wollen und visuelle Beispiele einiger der gebräuchlichsten Arten von Hook Points sehen wollen, besuchen Sie www.hookpoint.com/training).

Mein Team und ich zielen oft auf einen Hook Point ab, um die Aufmerksamkeit einer Person in drei Sekunden oder weniger zu fesseln, besonders wenn wir Content für digitale und soziale Plattformen gestalten. Der Zweck eines Hook Points besteht darin, Ihnen zu helfen, Menschen dafür zu interessieren, mehr über Ihren Content oder Ihr Unternehmen zu erfahren – er hilft Ihnen, neue Leads zu generieren, Produkte erfolgreich zu lancieren, soziale Follower in Massen zu gewinnen, enormes Umsatzwachstum zu erzielen, effektive Markenbotschaften zu schaffen, Vorstellungsgespräche für gut bezahlte Stellen zu bekommen, bei wichtigen Meetings gute Leistungen zu erbringen, Top-Kunden zu akquirieren und/oder andere Ziele und Wünsche zu erreichen, die mit Ihrer Karriere in Verbindung stehen.

Der Begriff »Hook Point« baut auf vielen verschiedenen Konzepten in der Werbung und im Branding auf, die über die letzten 100 Jahre entwickelt wurden. Ich nehme nicht in Anspruch, selbst auf all die Ideen gestoßen zu sein, die diesem Konzept zugrunde liegen; ich habe einfach nur eine Umdeutung und eine Neudefinition dessen vorgenommen, was früher eine Hook Line war, eine Artikelüberschrift in einem Magazin, ein »Lead« oder eine »große Idee« (das sind nur einige der vielen im Branding üblichen Begriffe), um sie an unsere gegenwärtige Kultur der digitalen Mikroaufmerksamkeit anzupassen.

Die meisten guten Slogans und Kampagnen in der Werbung beginnen mit einem guten Hook Point. Das liegt daran, dass sie gestaltet werden, um Menschen in den Bann zu ziehen. Markenstratege Craig Clemens (folgen Sie @Craig on Instagram), einer der besten Werbetexter der Welt (der geholfen hat, mehr als eine Milliarde Dollarwert an Produkten zu verkaufen) und Mitgründer von Golden Hippo sowie Vordenker im Bereiche Direct-to-Consumer-Marketing, hat während seiner Karriere von einigen der besten Werbetextern überhaupt gelernt. Einer seiner Favoriten ist der legendäre Gary Halbert. Halberts berühmteste Kampagne wurde entworfen, um eine Parfümreihe von Tova Borgnine zu lancieren, der Frau des Filmstars Ernest Borgnine. Halbert schrieb eine Anzeige, die in den Zeitungen erschien, um die Party zur Produkteinführung anzukündigen, die im Century Plaza Hotel in Los Angeles stattfinden sollte. Er formulierte die Überschrift »Tova Borgnine schwört unter Eid, dass ihr neues Parfüm keine illegalen sexuellen Stimulanzien enthält« mit dem Untertitel: »Frau von berühmtem Filmstar stimmt zu, 10 000 Proben ihres neuen Dufts zu verschenken, nur um zu beweisen, dass man ihn in der Öffentlichkeit gefahrlos tragen kann«. Mehr als 7000 Menschen erschienen bei dem Hotel, und es wären gerne noch mehr dazugestoßen, wenn die Feuerwehr sie nicht aus Sicherheitsgründen aufgehalten hätte.

Dieser Hook erzielte unglaubliche Ergebnisse – die Kampagne führte zu Bestellungen der größten Kaufhäuser, und über die Veranstaltung wurde sogar im Magazin *Time* berichtet. Das Resultat war, dass die Borgnines hinterher von 20 000 Dollar Umsatz im Monat auf 800 000 Dollar kamen (und das war im Jahr 1977, also war es vermutlich aufgrund der Inflation zehnmal so viel wert).[17] Clemens glaubt, dass dieser Hook so effektiv war, weil er auf die Wahrheit abzielte, dass die Menschen Parfüm tragen, um das andere Geschlecht zu beeindrucken und anzuziehen. Halbert trieb diese Idee ins Extrem, um die Leute mit dem Content zu ködern, dieses Parfüm wirke so anziehend, dass seine Legalität schwer zu glauben sei.

Ernest Lupinacci, legendärer Werbetexter und Mitgründer der Werbeagentur Anomaly und Gründer/Vorstandsmitglied von Ernest Industries, verrät, dass sein liebster Hook Point aus einer längeren Anzeige für Timberland-Stiefel stammte, die lautete: »Deine Augen sind eingefroren. Deine Haut hat sich schwarz verfärbt. Technisch betrachtet bist du tot. Lass uns über Stiefel reden.« Lupinacci meint, dass der Texter offensichtlich auf die Idee kam, als er sich die Definition von *Hypothermie* angesehen hat und dann eine Überschrift formulierte, die die Symptome auf dramatische Art und Weise zusammenfasste. Dann schrieb er ein Essay über Hypothermie und erwähnte dabei die verschiedenen innovativen Funktionen und Designelemente der Stiefel. Die Anzeige erregte die Aufmerksamkeit derjenigen, die Interesse an Outdoor-Aktivitäten hatten, dabei aber nicht erfrieren wollten. Lupinacci fügt hinzu, dass der dramatische Hook dabei half, die Anzeige sofort richtig zu verstehen – den Rest des Textes musste man gar nicht lesen –, was bereits einen kleinen Teil der Kraft eines tollen Hook Points demonstriert.

Hooks waren ein wichtiger Teil des Werbetextens, solange ich zurückdenken kann, aber heute, in unserer 3-Sekunden-Welt, sind sie sogar noch bedeutender. Lupinacci erklärt, dass es für Menschen, die in der traditionellen Werbung arbeiten, »schwerer wird, bahnbrechende Fernsehwerbespots zu erschaffen, denn die Marken konkurrieren mit einer nahezu unerschöpflichen Menge an Content, zu dem virale Videos gehören, nahezu jeder Film, der je gedreht wurde, auf Streamingseiten, und einer unvorstellbaren Menge an qualitativ hochwertigen Fernsehsendungen. Um das alles noch zu verkomplizieren, ist all dieser Content on demand.«

Aufgrund dieser Tatsachen betont Lupinacci, dass es eine erstaunliche Leistung war, einen Werbespot wie Jeeps »Und täglich grüßt das Murmeltier« herauszubringen, der für den Super Bowl 2020 kreiert wurden war (Sie können ihn sich unter www.brendanjkane.com/Groundhog ansehen). Nicht nur war der Werbespot fesselnd, lustig und makellos produziert sowie ausgerichtet an »der Leidenschaft und Verehrung für die Marke Jeep«, sondern die Zuschauer verstanden auch, wieso Jeep zu einem Teil der Geschichte von *Und täglich grüßt das Murmeltier* gemacht wurde – es funktionierte. Auch wenn der Jeep Rubicon nicht der Star des Spots war, so war er (zusammen mit Bill Murray und dem Murmeltier) der perfekte Co-Star und ein entscheidender Bestandteil des Werbespots. Daher lobt Lupinacci Highdive, O PositiveFilms und Jeep, weil sie einen großartigen Content für eine Marke geliefert hatten, »der leistete, was jeder gute Markencontent leisten soll, nämlich auf die Nützlichkeit der Marke hinzuweisen«, und dass sie damit demonstrierten, welchen Nutzen oder welche Bedeutung eine Marke im Leben eines Konsumenten haben kann.

Schlussendlich funktionierte diese Werbeanzeige, weil sie einen großartigen Hook hatte. Ohne den Hook, dass der Super Bowl am »Murmeltiertag« stattfand und Bill Murray der Star eines Films über dieses Thema sowie des Werbespots war, hätte die Anzeige nicht so viel Erfolg gehabt. Mike Jurkovac, Emmy-Award-Gewinner und Regisseur/Produzent bei TheBridge.co, glaubt, dass diese Hooks Jeep geholfen haben, »den Super Bowl zu gewinnen«. Er fügt hinzu, dass der Hook effektiv war, weil Bull Murray die Marke Jeep verkörpere. Er ist sich selbst treu und ein wenig seltsam – er hat Eigenschaften, die jemanden letztlich dazu animieren können, einen Jeep zu kaufen.

Gute Hooks sollten unabhängig davon eingesetzt werden, wo Sie Ihre Werbebotschaft verbreiten wollen. Wenn man sich durch Facebook, YouTube oder Instagram scrollt, wird man von so viel mehr Content bombardiert als in vergangenen Zeiten, als man nur den Inhalt einer Zeitung oder Content im Fernsehen basierend auf ausgewählten Themen sah. Dieses Ausmaß an Content macht den Job im Marketing schwerer, auch wenn das Ziel immer noch dasselbe ist. Jurkovac stimmt dem zu und meint: »Es gibt buchstäblich Tausende verschiedener Publisher und Verteilungspunkte, ob das Ihr Fernseher ist, Ihr Tablet, Ihr Telefon oder ein Zeitschriftenstand – es gibt einfach viel mehr Content, also ist es schwerer durchzudringen.« Doug Scott, der ehemalige Präsident von Ogilvy Entertainment und aktuelle Präsident von Big Block, fügt hinzu: »Die sozialen Medien sorgen dafür, dass Vermarkter überdenken müssen, wie sie Content entwickeln, produzieren und an den Kunden bringen und wie dieser Content durch soziales Engagement über mehrere Plattformen monetarisiert werden kann.«

Hook Points sind besonders hilfreich, um innerhalb des Online-Hintergrundrauschens der heutigen Welt herauszuragen, und sie sind wesentliche Werkzeuge, um Ihnen dabei zu helfen, gegenüber Clickbait wettbewerbsfähig zu bleiben. Clickbait erregt Aufmerksamkeit, aber es mangelt an Substanz. Einen Hook Point einzusetzen, ist die bessere und wirkungsvollere Entscheidung, denn er ist stets mit einer authentischen und fesselnden Story verbunden, die Wert liefert sowie Vertrauen und Glaubwürdigkeit aufbaut (was ich in späteren Kapiteln erläutern werde). Ein Hook Point ist nicht wie der Content, den man früher auf BuzzFeed sah, der, wie Lupinacci herausstellt, scheiterte, weil »Clickbait über den weltweit größten Ball aus Gummibändern nicht unbedingt Content war, mit dem es sich lohnte, Zeit zu verschwenden, und der nicht dabei half, eine Marke aufzubauen«. Stattdessen rät Lupinacci, wenn man Hook Points schafft, sollte man die Stimme von Dr. Ian Malcolm (aus *Jurassic Park*) im Kopf haben und etwas in der Art sagen: »Wissenschaftler machten sich so viele Gedanken darüber, ob sie Dinosaurier erschaffen konnten oder nicht, dass sie nicht darüber nachdachten, ob sie es *sollten*.« Um dieses Konzept im Zeitalter von Clickbait auf Marketing anzuwenden, modifiziert Lupinacci die Frage: »Dieser Werbetext wird die Menschen dazu bringen, auf unsere Anzeige zu klicken, also *könnten* wir ihn schreiben – aber *sollten* wir es auch? Wollen wir auf diese Weise in unsere Marke investieren?«

Vor allem wird Ihnen das Wissen, wie man effiziente Hook Points kreiert, nicht nur helfen, Ihre Brand wachsen zu lassen und relevant zu bleiben, sondern kann Ihnen auch helfen, zu überleben. Hätte Blockbuster zum Beispiel über Hook Points Bescheid gewusst und in diese investiert, wäre das Unternehmen nicht untergegangen. Als Netflix auf den Plan trat, war Blockbuster dessen größte Konkurrenz. Netflix war der winzige David in dieser David-gegen-Goliath-Situation, hat aufgrund besserer Hooks den Markt aber letztlich erobert.

Der erste Hook, den Netflix nutzte, war die Tatsache, dass die DVDs bis an die Haustür geliefert wurden und man sie ohne Überziehungsgebühren zurückgeben konnte. Ich werde später ausführlicher auf Netflix' Genie, wenn es um Hook Points geht, eingehen, fürs Erste reicht es, wenn Sie verstehen, dass Blockbuster gescheitert ist, weil die Verantwortlichen nicht mit einem originellen Hook auf den Plan traten – sie haben einfach versucht, Netflix zu kopieren, aber mit weniger Finesse. Damit haben sie den wichtigsten Hook übersehen, der darin bestand, starken, originellen Content zu entwickelt und Binge-Watching zu erfinden, um ihren originellen Content zu verbreiten. 2010 meldete Blockbuster, ein Unternehmen, das einst 8,4 Milliarden Dollar wert war, Konkurs an, und Netflix konnte sich zu einem Unternehmen mit einem Marktwert (zum Zeitpunkt der Niederschrift dieses Buches) von 140 Milliarden Dollar entwickeln. Der Underdog, das kleine Start-up, hatte das große Unternehmen geschlagen, weil er mehr und effizientere Hook Points hatte.

Wir sehen eine ähnliche Wahrheit am Werk in Amazons Aufstieg an die Spitze. Das Unternehmen Amazon nahm den großen Ketten wie Borders, Radio Shack, Payless, Toys"R"Us, Circuit City, Sears und so weiter Marktanteile weg, indem es mit einer Unmenge an Hooks aufwartete, unter anderem der größte Buchladen der Welt (sein erster Hook) zu sein. Es folgten der One-Click-Check-out, Amazon Prime, der Kindle, Lieferungen am Sonntag, Amazon Echo und mehr. Der Punkt ist, dass Sie mit Hooks, die durch das Hook Point Framework entwickelt werden, innovativ bleiben und auf dem heutigen Markt überleben können, egal, wie groß Ihr Unternehmen aktuell ist oder welchen Stellenwert es hat.

Denken Sie daran, Menschen haben schon immer eine kurze Aufmerksamkeitsspanne und unsere neue Welt der Mikroaufmerksamkeit spiegelt diese Wahrheit wider. Sie verändert sich mit unglaublicher Geschwindigkeit, weil digitale und soziale Plattformen uns alle verbunden haben und Informationen leichter zugänglich machten. Wie in der Einleitung erwähnt, werden wir jeden Tag mit 60 Milliarden Botschaften überschwemmt, was es schwieriger macht herauszustechen. Wenn Sie die Aufmerksamkeit des Publikums nicht in den ersten drei Sekunden gewinnen – oder welche kurze Zeitspanne Ihnen auch bleibt –, werden Sie es nie schaffen, die Aufmerksamkeit des Publikums für die restliche Story über Ihre Marke, Ihr Produkt oder Ihre Dienstleistung zu erlangen. Außerdem muss Ihnen klar sein, dass Sie nicht nur einmal die Aufmerksamkeit der Menschen fesseln müssen, um eine Marke zu erschaffen, die von Dauer ist – Sie müssen es anhaltend tun. Das Hook Point Framework, das ich Ihnen in diesem Buch erklären werde, kann Ihnen helfen, die Aufmerksamkeit der Leute in den nächsten 10, 15, 30 oder 60 Sekunden (und darüber hinaus) zu fesseln, um wiederholt Ihre Botschaft zu vermitteln, damit Sie keine Marktanteile verlieren und weiter an der Spitze mithalten können.

BATTLE ROYAL: HOOK POINT VERSUS USP VERSUS TAGLINE VERSUS UNTERSCHEIDUNGSMERKMAL VERSUS LEITBILD

Man hat mich gefragt, ob Hook Point dasselbe ist wie Unique Selling Proposition (USP), Tagline, Leitbilder oder der Markenkern (Brand Purpose). Die Antwort lautet: »manchmal.« Der Begriff »USP« (Alleinstellungsmerkmal) »bezieht sich auf den einzigartigen Nutzen, durch den ein Unternehmen, eine Dienstleistung, ein Produkt oder eine Marke sich von der Konkurrenz abheben.«[18] Eine Tagline ist

»eine kurze, leicht zu merkende Phrase, die in Ihrem gesamten Marketingmaterial verwendet wird. Sie sollte die hauptsächliche Vorstellung oder das Gefühl hervorrufen, das die Menschen mit Ihrer Brand verbinden sollten.«[19] Leitbilder oder auch Mission Statements sind die Werte eines Unternehmens, und der Markenkern ist der Grund, wieso es existiert. In einer Marketingkampagne muss ein Hook Point Aufmerksamkeit erregen. Wenn Sie einen USP, eine Tagline, das Leitbild oder den Markenkern nutzen können, um als Hook Point zu fungieren und die Aufmerksamkeit der Menschen zu fesseln, dann sind sie dasselbe.

Wie zum Beispiel bereits erwähnt, war Neflix' größter Konkurrenz zu Beginn Blockbuster, also nutzte Netflix den Hook Point, DVDs bis an Ihre Tür zu liefern und dass Sie diese ohne Überziehungsgebühren zurückgeben konnten, was außerdem ein USP war. Später, als Netflix begann, eigenen Content zu produzieren, wie *House of Cards*, *Orange is the New Black*, *Stranger Things* und so weiter, wurden diese Serien ebenfalls Hook Points und USP. Ein weiterer USP, der als Hook Point diente, war die Erfindung des Binge-Watchings, indem man alle Folgen einer Serie auf einmal veröffentlichte. In all diesen Fällen diente der USP auch als Hook Point.

Manchmal sind USPs (sowie Taglines, Mission Statements und der Markenkern) allerdings nicht die beste Wahl für Hook Points. Ein gutes Beispiel für eine Marke, bei der sich USP und Hook Points unterscheiden, ist Disney. Der USP ist, dass Disney Familien durch Erlebnisse und Content zusammenbringt. Aber das ist ziemlich allgemein und nicht der Hook, den das Unternehmen in seinen Marketingkampagnen verwendet. Stattdessen entwickelt es ständig viele verschiedene Hook Points, um Aufmerksamkeit zu erregen und die Menschen dazu zu bringen, seine Filme und Fernsehkanäle anzusehen und immer wieder in die Freizeitparks zurückzukehren.

Ein Hook Point, in den Disney viel investiert hat, ist Star Wars Land. Wenige Menschen kennen die Tagline oder den Namen von Star Wars Land (der eigentlich Star Wars: Galaxy's Edge lautet), aber sie wissen, dass Disneyland und Walt Disney World einen neuen Themenbereich über *Star Wars* in den Parks eröffnet haben, weswegen das Publikum sich für einen Besuch begeistert. Disney legte einen etwas holprigen Start mit diesem Hook hin – einige Leute glaubten, dass es der Grund für steigende Eintrittspreise war, und andere fürchteten, es würden lange Schlangen an den Fahrgeschäften entstehen. (Es wird interessant zu beobachten sein, wie sich dieser Hook auf lange Sicht entwickelt.) Unabhängig davon hat Disney schon häufig auf Unterhaltungscontent bezogene Hooks für seine Themenparks verwendet – viele der Attraktionen (besonders die neueren) basieren auf Filmen (zum Beispiel: *Findet Nemo*, *Guardians of the Galaxy*, *Die kleine Meerjungfrau*, *Toy Story*, *Dumbo*, *Die Monster AG* und so weiter) und auf Charakteren, die kostümiert durch die Parks laufen, um Fans zu treffen (zum Beispiel, Elsa aus *Frozen*, Micky und Minnie Maus, Schneewittchen aus, na ja, *Schneewittchen* eben, und so weiter). Tatsächlich arbeitet Disney gegenwärtig daran, einen Abschnitt seiner Themenparks zu eröffnen, der vor allem auf den *Marvel*-Filmen basiert. Das liegt vermutlich daran, dass der Löwenanteil des Umsatzes von Disney, 26,23 Milliarden Dollar im Jahr 2019, durch Parks, »Experiences« und Produkte generiert wird. Disneys Mediennetzwerk ist der Treibstoff für die Themenparks und generierte 2019 24,83 Milliarden Dollar. Studio-Entertainment (also die Filme) sind nur für 11,13 Milliarden Dollar der insgesamt 71,54 Milliarden Dollar im Jahr 2019 verantwortlich.[20] Weil Themenparks sich als ein so starker Umsatztreiber erwiesen haben, investiert Disney sogar noch weiter mit dem Kauf von Pixar, Marvel und Lucasfilm – alles enorm wirksame Hooks für Disneys Marke und Geschäft.[21]

Nike ist ein weiteres eindeutiges Beispiel dafür, dass die Hook Points einer Marke sich von USP, Tagline, Mission Statement und Markenkern unterscheiden können. Nikes Tagline lautet »Just do it«, und die Schuhe sind auch der USP. Nikes Leitbild ist, »jedem Athleten auf der Welt Inspiration und Innovation zu bieten«[22], und der Markenkern ist, »die Welt durch Sport zusammenzubringen, um einen gesunden Planeten, aktive Communitys und für alle gleiche Chancen zu schaffen«.[23] Keines dieser Elemente gibt Nikes Hook Points wieder. Die Hook Points, die in den Marketingkampagnen verwendet werden, liegen auf einer Linie mit Tagline, USP, Mission Statement und Markenkern der Brand, aber die Athleten und Prominenten, die Nike sponsert, wie LeBron James, Serena Williams, Kevin Hart und Michael Jordan, sind die Hook Points, die dafür sorgen, dass man auf die Marke aufmerksam wird, weil man mehr über Nikes Werte erfahren will. Die Verbindung zu den Athleten und Stars hilft Nike dabei, in den Medien vertreten zu sein und Publicity zu generieren, wodurch auf innovative Weise die Botschaft des Unternehmens dem Publikum präsentiert werden kann. Das ist zum Teil der Grund dafür, wieso Nike einer der größten Sponsoren von Athleten weltweit ist und mehr als sechs Milliarden Dollar im Jahr für Sponsorship/Endorsements ausgibt[24] … Endorsements sind in diesem Fall ein wichtiger Teil der Hooks, und das macht sich bezahlt.

Werbetexter Craig Clemens (den ich bereits erwähnt habe) erläutert die Entwicklung von Nikes Hook Points. Er erklärt, als die Marke noch am Anfang stand, bestand Nikes Hook Point darin, die besten Laufschuhe zu produzieren. Als dieser Hook langsam verblasste, begannen die Verantwortlichen brillanterweise damit, professionelle Athleten (man sollte bedenken, dass das im Jahr 1972 war, bevor Endorsement-Verträge zu einem großen Industriezweig wurden) als Hook Points zu nutzen. Einige der ersten Sportler, die Nike sponserte, waren der rumänische Tennisspieler Ilie Năstase, Steve Prefontaine, damals ein aufkommender Star der olympischen Leichtathletik, und Basketballspieler Michael Jordan. Heute sponsert Nike eine gewaltige Zahl an Athleten und verfügt immer über neue Hook Points, die auf dem aufsteigenden Ast sind.

In jüngster Zeit wurde es zu einem erstaunlichen Hook Point, dass Nikes Laufschuh Zoom Vaporfly bei den Olympischen Spielen verboten werden soll. Alex Hutchinson, Journalist im Bereich Sportwissenschaften, erklärt: »Die fünf schnellsten Zeiten beim Marathon der Männer wurden alle in den letzten 13 Monaten gelaufen und alle von Athleten, die Vaporflys trugen.« Wissenschaftler glauben, dass der Vaporfly den Läufern einen Vorteil verschafft, weil er sie vier Prozent effizienter macht, und dass der Schuh ihnen tatsächlich dabei hilft, Rekorde zu brechen, die vorher für menschenunmöglich gehalten worden waren.[25] Diese Kontroverse ist ein großartiger Hook, der dafür sorgt, dass Konsumenten den Schuh kaufen wollen.

Mit jedem neuen Hook Point verändert sich nichts daran, wer Nike ist und was Nike tut. Die Hook Points entwickeln sich einfach weiter, um anhaltend die Aufmerksamkeit des Konsumenten zu fesseln, um sie wieder auf die Grundwerte der Marke hinzuweisen. Hook Points müssen sich weiterentwickeln, denn Kultur und Konsumenten verändern sich mit der Zeit – die Hook Points passen sich an, um diese Bedürfnisse zu adressieren, aber der Markenkern von Nike bleibt derselbe, deswegen bleiben USP und Tagline der Marke auch gleich.

Ein weiterer Grund, wieso sich Hook Points ändern, besteht darin, dass die Märkte irgendwann gesättigt sind und Marken eine neue Methode brauchen, um Aufmerksamkeit zu erregen. Was heute funktioniert, muss nicht notwendigerweise in einem halben Jahr noch wirkungsvoll sein, besonders wenn die Konkurrenz reagiert und einen ähnlichen Hook zu nutzen versucht. Das Unternehmen Nike hat das verstanden und wurde zum Meister darin, Hook Points weiterzuentwickeln, ohne dabei den wichtigen Fokus darauf zu verlieren, wer es ist und wieso es existiert – es generiert niemals Clickbait nur aus Gründen der Aufmerksamkeit, ohne Substanz dahinter zu liefern. Alle Hook Points stimmen überein mit den Kernwerten der Brand, und sie bevölkern Nikes Story mit Menschen oder stellen sie in einen Kontext, in dem eine Tagline, ein USP, Leitbild oder Markenkern gedeihen und mit Bedeutung gefüllt werden kann.

BEI MTV, *VICE* UND TAYLOR SWIFT EINEN FUSS IN DIE TÜR BEKOMMEN

Ich habe den Hook-Point-Prozess meine gesamte Karriere über genutzt – das war ein wichtiger Schlüssel meines Erfolgs. Hook Points haben mir geholfen, Kunden wie MTV, Taylor Swift, das Magazin *Vice* und Paramount Pictures zu gewinnen, Buchverträge, Podcast-Interviews oder Fernsehauftritte zu erhalten, und sie haben es mir ermöglicht, in 30 Tagen eine Million Follower in den sozialen Medien aufzubauen.

Auch wenn ich immer gut darin war, Hook Points zu kreieren, wurde mir nicht bewusst, wie wichtig sie sind, bis ich 2005 nach Los Angeles zog, um Karriere in der Filmbranche zu machen. Ich begann ganz unten als Produktionsassistent bei Lakeshore Entertainment – einem Unternehmen, das für Filme verantwortlich zeichnet wie den oscarprämierten *Million Dollar Baby*, das *Underworld*-Franchise und *Die nackte Wahrheit*, neben unzähligen weiteren Filmen. Damals hatte ich den Eindruck, einer unter Millionen zu sein, verloren in einem Meer aus Jobsuchenden. Ich dachte, ich würde ewig brauchen, in der Filmindustrie aufzusteigen. Aber indem ich dem Prozess folgte, den ich in diesem Buch beschreibe, war ich nach weniger als einem Jahr der Leiter der ersten Digitalabteilung bei Lakeshore. Indem ich zuhörte und lernte, wie man Hook Points und Storys erschafft – und genau das werde ich Ihnen in diesem Buch beibringen –, kommunizierte ich selbst nach außen einen zugkräftigen Hook und ein Wertangebot, das zu einer schnellen Beförderung führte.

Aber nur, weil es so schnell passierte, bedeutet das nicht, dass es einfach war. Ich suchte beständig nach neuen Möglichkeiten, mich selbst neu zu erfinden und herauszustechen. Mit der Zeit wurde mir klar, dass ich einen guten Draht zu Gary Lucchesi, dem Präsidenten von Lakeshore, haben wollte. Ich brachte eines Tages einige Skripte in sein Büro und hörte ihn zu seinem Assistenten sagen: »Ich verstehe nicht, wieso jemand, der gerade hier anfängt, nicht einfach in mein Büro kommt und mir mehr Fragen stellt.« Er war vorher Chef von Paramount Pictures gewesen und erfolgreicher Agent von Kevin Costner, John Malkovich und Michelle Pfeiffer. Er wusste eine Menge über die Branche und wirkte, als würde er gerne jemandes Mentor werden.

Als ich hörte, dass er gerne Fragen beantworten würde, versuchte ich, einen Termin bei ihm zu bekommen, aber sein Assistent hatte anscheinend kein Interesse, mich irgendwo dazwischenzuschieben. Um dieses Hindernis zu umgehen, begann ich, vor seiner Bürotür zu warten. Das Büro war auf dem Filmgelände von Paramount Pictures. Ich wartete jeden Tag bis Feierabend. Wenn er am Handy war oder beschäftigt wirkte, unterbrach ich ihn nicht. Aber an den Tagen, an denen er mich ansah und grüßte, begleitete ich ihn bis zu seinem Auto und stellte ihm Fragen.

Zu Beginn konzentrierten sich unsere Gespräche auf die Filmproduktion, denn das war es, was ich ursprünglich tun wollte. Ich hörte mir seine Beschwerden an und versuchte, so viel wie möglich zu absorbieren. Nach ein paar Wochen, in denen ich ihm intensiv zugehört hatte, wurde mir klar, wie ich ihm einen einzigartigen Wert bieten konnte.

Ich lenkte die Unterhaltung auf meine Berufserfahrung. Der Hook Point, der Lucchesis Aufmerksamkeit erregte, war, dass ich während des Studiums einige Internetunternehmen gegründet hatte (was selten ist) und eine Menge darüber wusste, wie digitale Plattformen funktionieren. Ich verdeutlichte ihm, dass ich ihm bei der Vermarktung der Filme helfen konnte, an denen er arbeitete, indem ich digitale Plattformen effektiv nutzte. Diese Einsicht und den entsprechenden Hook Point dazu zu präsentieren, beförderte mich in weniger als einem Jahr vom Kaffeekochen und Kopiererbedienen zum Schöpfer der ersten Digitalabteilung bei Lakeshore. Von diesem Zeitpunkt an wurde ich zu Marketingmeetings hinzugezogen und in andere Studios mitgenommen, mit denen Lakeshore Partnerschaften eingegangen war. Studios, Regisseure, Schauspieler und Drehbuchschreiber fragten mich um Rat, wie wir Filme in den sozialen Medien promoten konnten, und von dort aus nahm alles seinen Lauf. Ich wurde sogar hinzugezogen, um Teile eines Skripts für einen Film mit Diane Lane namens *Untraceable* umzuschreiben – der Film handelte von einem Serienkiller, der Morde online live streamte –, aufgrund meiner Kenntnisse im digitalen Bereich.

Irgendwann gelang es mir, einen neuen Hook Point zu finden, um meine Karriere bei Lakeshore auf die nächste Stufe zu heben. Zwei Jahre später fiel mir eine Idee für eine Werbetechnologie ein, die aus meiner Recherche über Myspace erwuchs. Damals hatte die Fox News Corporation Myspace für ungefähr 580 Millionen Dollar erworben, und ich versuchte herauszufinden, wie sie damit effektiv Geld verdienen konnten. Bei meinen Recherchen stellte ich fest, dass sie eine Goldmine vor der Nase hatten und ihnen die einträglichste Form der Werbung entging. Myspace-User posteten Filmtrailer, Musikvideos und Poster ihrer Lieblingsbands auf ihrem Myspace-Profil. Man konnte mit Gleichgesinnten Content tauschen. Das war Mundpropaganda in Reinform und der Beginn des Influencermarketings (bevor es Social Influencer gab). Ich glaubte, dass Myspace sein Netzwerk monetarisieren konnte aufgrund des Peer-to-Peer-Advertising, das bereits stattfand. Damals erzielte es nur unterirdische CPM-Raten (Cost Per Impression) durch Bannerwerbung – das war weder groß skalierbar noch profitabel und damit eines der Hauptprobleme seines Geschäftsmodells.

Der Hook Point, den ich aufgrund dieser Einsicht präsentierte, drehte sich um die Idee, dass Leute Geld aus diesem neuartigen Verhalten im digitalen Raum schlagen konnten. In der Story, die ich erzählte, wies ich darauf hin, dass User Filmtrailer und Markenposter auf ihren Myspace-Profilen posteten. Ich erklärte, dies sei die wertvollste Form der Werbung – ein Freund, der einem Freund sagt: »Sieh dir mal dieses Produkt oder diese Dienstleistung an« – und ich schlug vor, dass wir das monetarisieren sollten. Statt 1-Dollar-CPMs (Cost Per Thousand Impressions) zu erhalten, konnte man von den Firmen einen Dollar pro Klick (oder möglicherweise mehr) verlangen. Ich schilderte das Potenzial der Werbung in sozialen Medien, das mit diesem Konzept einherging.

Wenn man heute darauf zurückblickt, könnte man die Technologie mit der ersten Werbeplattform für Social-Media-Influencer vergleichen. Myspace-User konnten einen Filmtrailer, einen Werbeclip oder ein Banner aus ihrer Library zu einem Thema auswählen, das ihnen sehr gefiel, und in ihre Myspace-Seite einfügen. Jedes Mal, wenn ein anderer User mit dieser Werbung interagierte, würden die User, die sie auf ihrem Profil gepostet hatten, bezahlt werden. Das ähnelt sehr einer heutigen Influencerplattform, aber es war eben 2007, als Influencer noch nicht wirklich existierten. Ohne es zu wissen, hatte ich den Grundstein dafür gelegt, wie ein Influencerdeal heute aussehen könnte und was aus Social Influencern letztendlich werden sollte.

Ursprünglich ging ich mit dieser Idee zum Präsidenten von Lakeshore und einem weiteren Unternehmensberater. Sie investierten beide in diese Technologie. Ich baute einen Prototyp dieser Plattform, und sobald er fertig war, gingen wir damit bei verschiedenen Partnerunternehmen hausieren.

In dieser Zeit musste ich mich bemühen, den Prozess, den ich Ihnen in diesem Buch erklären werde, wirklich gut zu beherrschen. Wenn Sie noch jung sind und gerade am Anfang Ihrer Karriere stehen und versuchen, große Unternehmen oder Partner dazu zu bringen, sich noch eine weitere Start-up-Technologie anzusehen, müssen Sie wortgewandt und originell sein und vor allem *herausstechen*. Sie müssen herausfinden, wie man Aufmerksamkeit erregt und Vertrauen und Glaubwürdigkeit gewinnt, sonst werden große Unternehmen sich gar nicht erst mit Ihnen treffen oder es vielleicht tun, aber Sie nicht ernst nehmen.

Wir trafen uns letztlich mit Viacom, MTV, Yahoo!, Paramount, MGM, Fox, Myspace und Facebook (das damals weniger als 400 Angestellte hatte – daher könnte ich mir heute noch in den Allerwertesten treten, dass ich mich nicht eifriger darum bemüht habe, einen Deal mit Facebook zu landen). Schließlich erzielten wir einen Lizenzdeal mit MTV. Durch diese Partnerschaft schufen wir mehrere Iterationen der Plattform und waren sehr erfolgreich, indem wir es mit Rock Band, dem Magazin *Vice*, MTV, Country Music Television, VH1 und Viacom testeten.

Nicht viele wissen, dass der Videozweig von *Vice* als ein Joint Venture zwischen MTV und Viacom seinen Anfang nahm. MTV investierte ein paar Millionen Dollar, um ihnen einen Anschub zu geben, dann kaufte *Vice* es ein paar Jahre später auf. Da sie damals Partner waren, als ich die Technologie an MTV lizenzierte, traf ich mich mit Shane Smith, dem Gründer von *Vice*, und dem Leiter der Kreativabteilung, Eddy Moretti, die beide ebenfalls die Technologie lizenzierten.

Aufgrund einiger Komplikationen – vor allem der Tatsache, dass sie zu früh im digitalen Bereich auftauchte – schaffte es die Technologie nie aus dem privaten Beta-Bereich heraus an die Öffentlichkeit. Ich sehe das nicht als Fehlschlag; ich lernte eine Menge bei diesem Prozess und schmiedete solide Beziehungen. Und das Wichtigste dabei, soweit es unsere Zwecke betrifft: Der Hook Point und die Story um diese Plattform herum waren faszinierend genug, dass sie zu Investitionen führten und damit den Weg für meinen nächsten Hook Point und mein nächstes Produkt ebneten.

Kurz danach entwickelte ich eine Website-Technologie, die dynamisch Code schreiben konnte, ähnlich wie die Technologie, die wir heute durch Unternehmen wie Wix und Squarespace haben. Ich brachte einen Prototyp dieser Plattform zu MTV und lizenzierte sie ihnen für einen weiteren, durchaus beträchtlichen Betrag.

Der Hook Point, der das Interesse für diese Website-Technologie weckte, basierte auf der Tatsache, dass damals Viacom (das Mutterunternehmen von MTV, VH1, Comedy Central, BET und Nickelodeon) einer Menge Musiker und Prominenten durch MTVs Netzwerk dazu verhalf, zu großen Stars zu werden. Aber Viacom schlug nicht direkten Profit daraus, wenn jemand all den Ruhm einheimste. Meine Technologie war eine Gelegenheit, eine Geschäftsbeziehung mit einigen dieser Stars und Berühmtheiten einzugehen, und MTV bekam dadurch im Gegenzug etwas vom Kuchen ab.

Kurz nachdem wir den Lizenzvertrag geschlossen hatten, fragte mich der Lead Executive, ob ich mich mit Taylor Swift treffen und mit ihr über das neue Produkt reden wollte. Damals wusste ich nicht, wer sie ist. Sie startete gerade durch, war aber noch nicht der globale Superstar, der sie heute ist. Ich sagte dem Meeting zu, das hauptsächlich mit Scott Borchetta, dem Gründer von Big Machine Records (später an Scooter Braun verkauft), stattfand – die Plattenfirma, bei der Taylor Swift damals unter Vertrag war.

Als ich mich das erste Mal mit Borchetta traf, war das in L.A. backstage bei einer Probe für die Grammy Awards. Irgendwann kam Swift laut singend in den Raum, und wir unterhielten uns kurz, aber das Meeting konzentrierte sich darauf, Borchetta zu zeigen, welchen Wert diese Website-Technologie für das Wachstum ihres digitalen Business hätte. Es lief gut. Dieses Meeting führte zu mehreren Treffen mit Swifts Vater, dann mit ihrer Mutter und letztlich mit Taylor Swift selbst.

Bei jedem Meeting musste ich mir Gedanken darüber machen, wie jede der anwesenden Personen die Situation wahrnahm. Ich musste mir ihre Bedenken anhören, damit ich sie mit einer Variante des Hook Points und einer Value Proposition ansprechen konnte, die ihre Bedürfnisse befriedigte und ihre spezifischen Bedenken zerstreute. Genau hinzuhören und Storys zu entwerfen, die Zweifel beseitigen, war der Schlüssel für meinen Erfolg.

Borchetta und Swifts Vater waren besorgt, dass sie bereits einen sechsstelligen Betrag für eine Website ausgegeben hatten, die auf Flash basierte. Sie waren davon frustriert, wie viel sie bereits investiert hatten und dass es zwei Tage gedauert hatte, irgendein Detail der Website mit einem Update zu versehen. Um diese Sorgen anzusprechen, konzentrierten sich der Hook Point und die folgende Unterhaltung darauf, wie viel Geld sie sparen konnten, indem sie unsere Plattform nutzten. Darüber hinaus machten sie sich Sorgen über die aktuelle Absprungrate (Bounce Rate) auf ihrer Homepage von 90 Prozent, was zur Folge hatte, dass ihnen E-Commerce-Umsätze in ihrem Merchandising-Shop verloren gingen. Ich erklärte, dass wir mit unserer Technologie die Website kurzfristig optimieren konnten, die Absprungrate senken, dafür sorgen, dass die Leute länger auf der Seite blieben. Wir konnten in wenigen Stunden eine völlig neue Website aufbauen, die jedes Mitglied ihres Teams dynamisch verändern konnte, ohne zu wissen, wie man Programme liest oder schreibt.

Diese Hook Points schienen ihnen recht attraktiv zu sein, also hatte ich endlich genug Vertrauen aufgebaut, um ein direktes Treffen mit Taylor Swift verdient zu haben. Bis dahin hatte ich schon eine Menge darüber erfahren, was sie will. Aus den Diskussionen mit verschiedenen Mitgliedern ihres Teams war mir bewusst, dass sie gerne selbst Hand anlegte. sie liebte es, ihre Profile in den sozialen Medien anzupassen und aktiv mit den Fans zu kommunizieren; sie war frustriert, weil sie die Website nicht selbst in der gleichen Weise modifizieren konnte wie ihre Accounts in den sozialen Medien.

Als wir uns trafen, zeigte ich ihr die neue Website, die wir mit unserer Technologie in weniger als sechs Stunden aufgebaut hatten. Ich demonstrierte ihr, wie sie jeden einzelnen Aspekt in Minuten selbst ändern konnte, ohne irgendwelche Programme zu ändern. Ich ließ sie sogar selbst die Maus benutzen, um den Hintergrund der gesamten Website mit verschiedenem Artwork ihrer diversen Alben zu gestalten, und erklärte ihr, wie sie das Navigationssystem auf der Website ändern konnte, ohne irgendwelchen Code zu schreiben. Sie erfuhr aus erster Hand, dass diese Technologie es ihr ermöglichte, ihre eigene Kreativität im Handumdrehen zum Ausdruck zu bringen, und das begeisterte sie. Nach diesem Meeting gewannen wir Taylor Swift als unseren ersten großen Klienten für die Plattform.

Zu wissen, welche Hook Points man für ein bestimmtes Publikum verwendet und wie man sie zum Ausdruck bringt, um Resultate zu erzielen, ergab sich aus dem Prozess, den Sie in diesem Buch lernen werden. Wenn Sie diesem Prozess folgen, werden Sie leichter an diese wichtigen Meetings kommen, von denen Sie immer geträumt haben, und es wird Ihnen dabei helfen, Ihre Produkte und Dienstleistungen besser zu vermarkten, sowohl online wie offline.

(Wenn Sie zu irgendeinem Zeitpunkt etwas mehr Hilfestellung brauchen, weil Sie wissen wollen, wie man heraussticht und die eigene Brand auf Innovationskurs bringt, können Sie mir gerne eine E-Mail unter bkane@brendanjkane.com schreiben oder www.brendanjkane.com/work-with-brendan besuchen.)

EIN GUTER HOOK POINT KANN DIE WELT VERÄNDERN ...

Zu Beginn meiner Karriere lernte ich, wie essenziell es für Marketing, Branding und die richtige Positionierung für den Erfolg ist, den effektiven Einsatz von Hook Points zu erlernen. Aber erst als ich mit meinem Freund Craig Clemens, der Werbetexter ist, sprach, wurde mir klar, dass ein toller Hook Point nicht nur dem Erfolg auf die Sprünge hilft, sondern sogar die Welt verändern kann.

Als wir über Hook Points redeten und darüber, welche Auswirkungen sie haben können, erzählte mir Clemens, dass es in den 1920er-Jahren einen Gentleman namens Claude Hopkins gab – einer der großen Werbepioniere und der Vater des modernen Marketings –, der Marken schuf, die es heute noch gibt, wie Goodyear Autoreifen oder Quaker Oats.

... ZUM BESSEREN

Eine der bekanntesten Geschichten über Hopkins schildert, wie er die moderne Gesellschaft dazu brachte, sich die Zähne zu putzen. In den 1920er-Jahren gab es einen Zahnpastahersteller namens Pepsodent. Die Leitung von Pepsodent wandte sich an Hopkins und bat ihn, ihnen zu helfen, mehr Zahnpasta zu verkaufen. Hopkins sagte: »Nun, wie Sie wissen, ist das ein eher kleiner Markt ...« Das lag daran, weil damals nur fünf Prozent der Menschen sich überhaupt jeden Tag die Zähne putzten. Das hört sich heute ziemlich eklig an, aber unsere aktuellen Gesundheitsstandards gab es damals noch nicht. Abgesehen von den ein bis zwei Tagen pro Woche, an denen man sich die Zeit nahm, sich die Zähne zu putzen, liefen alle mit ziemlich übel riechendem Atem herum.

Hopkins wurde klar, dass er am besten dadurch den Verkauf von Pepsodent-Zahnpasta ankurbeln konnte, indem er die 95 Prozent der

Menschen ins Visier nahm, die sich selten die Zähne putzten. Ihm fiel eine brillante Marketingkampagne ein, die erklärte, dass man durch die Verwendung von Zahnpasta den Belag auf den Zähnen entfernen konnte und dadurch sauberer und besser aussah.

Für die Kampagne setzte man Pin-up-Girls und Männer der Streitkräfte ein – das waren die Stars der damaligen Zeit – und nutzte sie als Hook Points, um zu zeigen, dass gut aussehende Menschen sich die Zähne putzten, um diese blendend weiß zu halten. Der Slogan für das Produkt lautete: »Pepsodent macht Zähne viel weißer« und der Werbetext in Zeitschriften lautete: »BELAG, eine schädliche Schicht auf den Zähnen, die Zähne weniger weiß wirken lässt. Hier eine Methode, um ein brillantes Weiß schnell wiederherzustellen.« Dieser Werbetext erklärte zudem, dass man Pepsodent zweimal am Tag verwenden sollte, um günstig und schnell wie ein Star auszusehen – ein weiterer starker Hook für das Produkt.

Die Kampagne war ein Erfolg. Kurze Zeit später, im Jahr 1957, hörte man folgenden Slogan schon überall: »You wonder where the yellow went, when you brush with Pepsodent.«[26] (»Das Gelbe man vergeblich sucht, wenn mit Pepsodent du putzt.«) Lieferanten von Pepsodent konnten mit der Nachfrage nicht Schritt halten. Nicht nur wurde es eines der bestverkauften Produkte dieses Jahrzehnts und die am häufigsten verkaufte Zahnpasta für mehr als 30 Jahre, es stieg auch die Zahl der Menschen, die sich jeden Tag die Zähne putzten. Diese kletterte innerhalb von zehn Jahren von fünf Prozent der Bevölkerung auf 65 Prozent.

Es ist faszinierend, wie der richtige Hook Point die Welt für immer verändern kann. Wie Clemens sagte: »Wenn Sie schon mal jemanden geküsst haben, der schlechten Atem hatte, dann verstehen Sie auf jeden Fall, wie wichtig Hook Points sein können, um unser aller Leben zu verbessern.«

… ODER SCHLECHTEREN

Hook Points können auch genutzt werden, um die Welt zum Schlechteren zu ändern.

Clemens erzählt, dass 1962 ein Mann namens Edward Bernays zum Urvater von Public Relations und Propaganda wurde. Er war zufällig auch der Neffe von Sigmund Freud. Er studierte Freuds psychologische Theorien wie Psychologie der Massen und Psychoanalyse und wendete sie auf Consumer Public Relations an – ein Begriff, den er erfunden hatte und über den er 1945 ein Buch schrieb. Bernays gründete die erste Public-Relations-Agentur überhaupt und arbeitete mit vielen sehr mächtigen Leuten zusammen, darunter Präsidenten und CEOs. Mit all seinem Wissen und seinem Einfluss leistete er Erstaunliches, leider war nicht alles davon gut.

George Washington Hill, der Präsident der American Tobacco Company, fragte Bernays, wie er mehr Frauen zum Rauchen bringen konnte.[27] Bernays kontaktierte den Psychoanalytiker Abraham Brill, der ihm verriet, dass für eine Feministin eine Zigarette Nonkonformität symbolisiert und die Freiheit von männlicher Unterdrückung. Diese Einsicht lieferte die Basis für den Hook Point seiner Kampagne.

Bernays beschloss, auf natürliche Weise Medienaufmerksamkeit zu erzeugen, damit es nicht wie Werbung aussah (damals eine revolutionäre Idee). Er tat das beim größten sozialen Event der Saison: der Osterparade in New York City im Jahr 1929. Viele Angehörige der High Society standen dabei auf Paradewagen, unter anderem gab es einen mit einer Gruppe von Debütantinnen, die so etwas wie die damaligen Paris Hiltons oder Kim Kardashians waren.

Bernays kontaktierte vor der Parade die Presse und sagte ihnen, dass eine Gruppe von Frauenrechtlerinnen bei der Parade dabei wäre und »›Fackeln der Freiheit‹ entzünden« würden.[28] Er verteilte Lucky-Strike-Päckchen unter den Debütantinnen und anderen Frauen. Man wies sie an, die Zigaretten erst anzuzünden, wenn sie die Straße überquert hatten, an der Fotografen begierig warteten, um sie abzulichten. Am 1. April 1929 berichtete die *New York Times* über das Event und schrieb: »Eine Gruppe von Mädchen pafft Zigaretten als Geste der ›Freiheit‹ .«[29]

Die Nachrichten darüber, wie diese Debütantinnen ihre Unabhängigkeit und Stärke verkündeten, indem sie ihre Fackeln der Freiheit entzündeten, führten dazu, dass sehr viel mehr Frauen rauchten. Alleine in diesem Jahr stieg Zahl der Raucherinnen um sieben Prozent,[30] und das hatte anhaltende Auswirkungen darauf, wie rauchende Frauen von anderen wahrgenommen werden. Selbst wenn man heute an rauchende Frauen denkt, sieht man jemanden wie Supermodel Kate Moss – als toughe Frau in einer Lederjacke, die sich eine Zigarette ansteckt. Dieses Bild, das die Zeiten überdauerte, war das Ergebnis eines Hook Points.

KURZTIPPS UND ZUSAMMENFASSUNG

- Ein Hook Point kann entweder **ein Text** (zum Beispiel ein Satz, eine Überschrift oder ein Werbetext) sein, **eine Einsicht** (zum Beispiel aus Statistiken, der Sicht des Fachmanns, einer Philosophie oder einer Idee), **ein Konzept/eine Idee oder ein Format** (zum Beispiel ein Bild oder Video), eine Persönlichkeit, **eine Performance** (zum Beispiel aus Musik, Sport, Schauspiel oder einer Kadenz), **ein Produkt/eine Dienstleistung** oder eine Kombination einiger oder aller dieser Elemente.
- Hook Points werden online und/oder offline genutzt, um die Aufmerksamkeit eines Publikums zu gewinnen, und das so schnell wie möglich.
- Hook Points helfen dabei, neue Leads zu generieren und Follower in großem Maßstab zu gewinnen, wirkungsvolle Markenbotschaften zu kreieren, Vorstellungsgespräche zu erhalten und bei wichti-

gen Meetings Leistung zu bringen. Sie können auch helfen, wichtige Klienten zu gewinnen, den Umsatz massiv zu steigern und/oder andere karrierebezogene Ziele und Meilensteine zu erreichen, inklusive Podcast-Interviews, Engagements als Redner und Fernsehauftritte.

- Ein Hook Point ist kein Clickbait – er steht in Verbindung mit einer authentischen und fesselnden Story, die Werte liefert sowie Vertrauen und Glaubwürdigkeit aufbaut.
- Ein guter Hook Point sichert das Überleben Ihres Unternehmens.
- Wir werden jeden Tag mit mehr als 60 Milliarden Botschaften bombardiert, was es schwieriger für uns macht herauszustechen.
- Das Hook-Point-Framework kann Ihnen dabei helfen, die Aufmerksamkeit der Menschen zu erregen, um Ihre Botschaft rüberzubringen, damit Sie keine Marktanteile verlieren und weiter an der Spitze mithalten können.
- Hook Points müssen sich stets weiterentwickeln, da Märkte sich verändern und gesättigt werden.
- Ein Hook Point sollte stets authentisch gegenüber Ihrer eigenen Marke sein.
- Großartige Hook Points können buchstäblich die Welt verändern.

(Wenn Sie zu irgendeinem Zeitpunkt etwas Extraunterstützung brauchen, um zu lernen, wie man heraussticht und sein Unternehmen auf Innovationskurs bringt, können Sie mir gerne eine E-Mail schreiben unter bkane@brendanjkane.com oder www.brendanjkane.com/work-with-brendan/ besuchen.)

KAPITEL 2

TESLA, BLAIR WITCH PROJECT UND IHR LEITFADEN FÜR DIE PERFEKTE HOOK LINE

Wenn ich einen Hook Point für ein Unternehmen, ein Produkt oder einen bestimmten Content entwickle, lege ich normalerweise zugrunde, was das Publikum meiner Meinung nach will oder braucht. Meine ersten Gedanken sind: *Wie kann ich einen bestimmten schmerzlichen Punkt für das Publikum beseitigen oder ein Problem lösen?* Und: *Nach welchen bestimmten Ergebnissen, die es noch nicht erzielt hat, strebt mein Publikum?* Zum Beispiel kann ein Hook Point, den ich in der Vergangenheit genutzt habe, um Aufmerksamkeit in großem Maßstab zu erregen, wie »Von null auf eine Million Follower in 30 Tagen«, Menschen anziehen, weil sie selbst eine große und wirkungsvolle Followerzahl aufbauen wollen, aber nicht wissen, wie. Indem ich den Wunsch der Menschen anspreche, sich selbst in den sozialen Medien zu vermarkten, erlange ich ihre Aufmerksamkeit. Beachten Sie jedoch, dass ich nicht sage: »Ich kann Ihnen helfen, in den sozialen Medien schnell zu wachsen«, oder: »Lassen Sie mich Ihnen zeigen, wie Sie in den sozialen Medien schnell wachse.« Ich treffe einfach eine gewagte Aussage: »Von null auf eine

Million Follower in 30 Tagen«. (Ich werde später noch detailliert erläutern, wie man einen fesselnden Hook Point kreiert, will Sie aber an dieser Stelle nur auf den Unterschied hinweisen, während Sie einen genaueren Blick auf den Hook Point werfen, den ich in diesem Kapitel präsentiere.)

Selbst der Hook Point, den ich für dieses Buch genutzt habe: »Wie man in einer kurzlebigen 3-Sekunden-Welt Aufmerksamkeit bekommt«, adressiert einen »Schmerzpunkt«. Marken und Individuen mühen sich, zwischen der Konkurrenz und all dem Hintergrundlärm herauszuragen. Sie wollen bessere Jobs schaffen oder finden, prestigeträchtigere Klienten gewinnen, den Umsatz steigern und größere Deals abschließen. Wollen Sie diese Ziele erreichen, besteht ein großer Teil darin, jemanden dazu zu bringen, Ihnen lange genug seine Aufmerksamkeit zu schenken, damit Sie die Gelegenheit erhalten, den Wert Ihrer Produkte darzustellen, Ihrer Dienstleistungen oder Ihrer Brand.

Sie wollen einzigartig, begehrenswert und anders erscheinen. Konzentrieren Sie sich darauf, wie Sie Ihren Wertvorschlag positionieren können, um auf Ihr potenzielles Publikum inspirierend zu wirken, denn das wird Ihnen dabei helfen, weiterzukommen und dabei schneller zu sein. Sehen wir uns einmal einige Beispiele von Individuen und Unternehmen an, die großartige Hook Points kreiert haben.

GANZ OHNE SEIL – *FREE SOLO*

Free Solo, ein Film der Dokumentarfilmemacher Jimmy Chin und Elizabeth Chai Vasarhelyi, gewann 2019 den Oscar für den besten Dokumentarfilm. Der Hook Point für diesen Film ist der Plot. Es geht um einen Profikletterer namens Alex Honnold, der als Erster den El Capitan, eine 900 Meter hohe Felswand im Yosemite-Nationalpark, **ohne Seil** bestiegen hat. Es war etwas Neues und Besonderes, diese unglaubliche Leistung zu sehen, einen solch steilen Aufstieg **ohne Seil** zu bewältigen, und das hat das Publikum angezogen. Ich habe »ohne Seil« fett gedruckt, weil das der Hook ist – wenn Honnold den El Capitan mit Seil bestiegen hätte, wäre der Hook Point nicht so stark gewesen.

Der Beweis dafür ist, dass dieselben Regisseure, Chin und Vasarhelyi, vorher einen Film mit dem Titel *Meru* gemacht hatten, der den ersten Aufstieg *mit* Seilen auf den »Shark's Fin« auf dem Meru-Gipfel im indischen Teil des Himalajas zeigte. *Meru* hat einen tollen Hook Point im Trailer (Sie können ihn hier ansehen: www.brendanjkane.com/meru), der zeigte, dass die Filmemacher Angst hatten, beim Aufstieg auf den Meru zu sterben. Das nimmt einen sofort gefangen und man fragt sich, ob die Bergsteiger überleben, aber der Film hat nicht so viel Zuspruch der Kritiker erhalten und auch nicht so viel eingespielt wie *Free Solo*.

Ich persönlich bin der Meinung, dass *Meru* der bessere Film ist (man sollte aber bedenken, dass ich keine Ahnung vom Klettern habe), aber der Hook Point von *Free Solo* ist stärker, denn er knüpft an die Kampf-oder-Flucht-Reaktion an, die bei den Zuschauern ausgelöst wird, wenn sie zusehen, wie sich Honnold **ohne Seil** auf den Gipfel kämpft. (Sie können dieses Gefühl nachempfinden, wenn Sie sich den Trailer von *Free Solo* unter www.brendanjkane.com/free ansehen.) Der Trailer machte einem klar, dass Honnold in jedem Moment während des Aufstiegs hätte sterben können – man sieht gebannt zu und hat das Gefühl, selbst dabei zu sein und ihn bei dem Aufstieg **ohne Seil** zu begleiten. Nur um das klarzustellen: Ich glaube, dass *Free Solo* ein guter Film ist, aber ich glaube auch, dass er deswegen so gut an den Kinokassen abschnitt und einen Oscar gewann, weil er einen so starken Hook Point hat. Der Hook Point ist der Grund, wieso der Film auch ein Mainstreampublikum erreichte, das kein Interesse an Freeclimbing hatte.

Free Solo ist ein großartiges Beispiel dafür, wie ein Produkt oder eine Idee selbst der Hook Point sein kann. Sie müssen nicht Ihr Leben riskieren, um einen guten Hook Point zu haben, aber Sie brauchen etwas, das eine gute Story abgibt oder einfach anders ist. Sie brauchen etwas, das man auf prägnante, Interesse weckende, wirkungsvolle, interessante und authentische Art und Weise verpacken kann. Sie wollen die Aufmerksamkeit Ihres Publikums erregen und in ihm den Wunsch nach mehr wecken.

ONE FOR ONE®: MIT JEDEM PRODUKT, DAS SIE KAUFEN, WIRD TOMS EINER BEDÜRFTIGEN PERSON HELFEN

Als Blake Mycoskie TOMS Shoes gründete, bestand sein ursprünglicher Hook in »one for one« – das bedeutete, dass TOMS für jedes gekaufte Produkt einem bedürftigen Kind im Namen des Kunden helfen würde. Mycoskie hatte eine starke Story, um seinen Hook Point zu untermauern. 2006 besuchte er ein kleines Dorf in Argentinien und stellte fest, dass die Kinder keine Schuhe trugen. Er wollte ihnen helfen und entwickelte das »one for one«-Konzept, das zu seinem Hook Point wurde und dem Unternehmen mit großer Geschwindigkeit zu Erfolg und Wachstum verhalf. 2014 investierte sogar Bain Capital 313 Millionen Dollar in TOMS, was dazu führte, dass die Bewertung des Unternehmens auf mehr als 600 Millionen Dollar stieg.[31]

Leider kam das Wachstum des Unternehmens in den letzten zwei Jahren zunehmend ins Stocken – es gab negative Kredit-Ratings und Gerüchte über einen Bankrott. Ein Bericht von Moody's besagte, dass die Gesamtverkäufe im Jahr 2018 bei ungefähr 336 Millionen Dollar lagen.[32] Jim Alling, ehemaliger ranghoher Mitarbeiter von Starbucks und T-Mobile, der seit 2015 bei TOMS ist, gibt zu, dass die Marke zu Beginn kämpfen musste, als sie sich mehr auf Design als auf ihre Mission konzentrierte. Er sagt: »Man muss hervorragende Schuhe herstellen können, aber was uns von anderen unterscheidet, ist die gesamte Story.«[33] Außerdem wurde der ursprüngliche Hook mittlerweile häufig von anderen Brands kopiert, weil er damals TOMS hervorragend half, aus der Masse herauszuragen, Finanzierungen zu bekommen und schnell zu wachsen. Tatsächlich ist das Kopieren dieses Modells ein Faktor, der dazu beiträgt, wieso der ursprüngliche Hook an Schwung verlor und wieso die Einführung neuer Hooks nötig wurde, um das Unternehmen nicht an Relevanz verlieren zu lassen und dafür zu sorgen, dass es sich von der Konkurrenz abhob.

Toms versucht jetzt, gegen Obdachlosigkeit zu kämpfen und weibliches Empowerment und soziales Entrepreneurship zu unterstützen, um dadurch hoffentlich verschiedene weitere Hook Points zu entwickeln und die Marke weiterwachsen zu lassen. Dessen ungeachtet hat TOMS bis zum heutigen Tag mehr als 35 Millionen Paar Schuhe an Kinder gespendet und ihr Geschäftsmodell um Sonnenbrillen und Kaffee erweitert. Aufgrund dieser Bemühungen hat die Marke für 250 000 bedürftige Menschen Brillen bereitgestellt und in fünf verschiedenen Ländern für besseren Zugang zu sauberem Wasser gesorgt.[34]

KEINE ÜBERZIEHUNGSGEBÜHREN

Wie bereits erwähnt, war der ursprüngliche Hook Point für Netflix: »keine Überziehungsgebühren«. Die Verantwortlichen wussten, dass einer der frustrierenden Aspekte beim Ausleihen von Filmen bei Blockbuster (ihrem größten Konkurrenten) war, dass man stets am nächsten Tag in den Laden gehen und die Filme zurückgeben musste. Und wenn man einen Film einen Tag später abgab, wurden einem Überziehungsgebühren berechnet. Offensichtlich war der CEO von Netflix, Reed Hastings, kein großer Fan dieser Praxis.

Eines Tages lieh sich Hastings den Film *Apollo 13* bei Blockbuster aus, fand die Kassette einige Tage nicht und musste 40 Dollar Gebühr zahlen. Nachdem er frustriert und blamiert (ein schmerzlicher Aspekt, den fast jeder Blockbuster-Kunde nachempfinden konnte – mich selbst eingeschlossen) den Laden verlassen hatte, fuhr er ins Fitnessstudio. Auf dem Weg dorthin dachte er darüber nach, wie man ein besseres System für das Ausleihen von Videofilmen gestalten konnte. Er fragte sich, wieso es nicht so ähnlich war wie eine Mitgliedschaft im Fitnessstudio. Was, wenn die Leute eine monatliche Gebühr zahlten und jeden Monat eine unbegrenzte Zahl an Filmen ausleihen konnten? Kurz darauf begann Netflix damit, DVDs zu verschicken, immer drei auf einmal, und das Unternehmen war aus der Taufe gehoben.[35]

Netflix ist weit über das ursprüngliche Modell hinausgewachsen (und hat dabei neue Hooks entwickelt), aber der ursprüngliche Hook Point »keine Überziehungsgebühren« hat die Aufmerksamkeit auf ein kleines Start-up gelenkt und den Weg geebnet, um es zu dem Mediagiganten zu machen, der es heute ist. Mit der Zeit konnte Netflix durch diesen Hook Point den Markt dominieren, Blockbuster (das scheiterte, neue Hook Points zu entwickeln, um seinen Marktanteil zu sichern) in den Untergang treiben und zu einem der wertvollsten Mediendienstleister der Welt werden. Netflix generierte 2018 15,8 Milliarden Dollar an Einnahmen[36] und hatte ungefähr 125 Millionen Kunden[37] (nicht schlecht).

ELON MUSKS HÄSSLICHER CYBERTRUCK

Teslas Cybertruck sieht keinem anderen Pick-up (oder irgendeinem anderen Wagen) auf dem Markt ähnlich. Die öffentliche Meinung rund um den Presse-Launch des Cybertrucks war sehr polarisiert, aber eines ist sicher – das Fahrzeug hat schnell die Aufmerksamkeit der Menschen erregt. Pick-up-Trucks haben seit fast 100 Jahren das gleiche Design,[38] und die meisten Truck-Besitzer sind sehr loyal. Elon Musk, CEO und

Mitgründer von Tesla, wusste, wenn er in dieser Industrie eine Wirkung erzielen wollte, musste er etwas ganz anders machen, weswegen er mit einem Design aufwartete, das anders aussah als alles andere, was man je gesehen hatte (oder sich vorstellen konnte).

Der Hook Point des Cybertrucks ist effektiv, nicht nur, weil er Aufmerksamkeit erregt, sondern auch, weil der Wahnsinn Methode hat. Das neue Design verleiht dem Gefährt einen überlegenen Nutzwert zum erschwinglichen Preis. Marketing- und Markenstratege Mike Gastin nennt den Truck einen »Geniestreich« der Markenbildung – er liegt auf einer Linie mit Teslas Vision, »die Zukunft schon heute zu bieten«. Die Zeit wird zeigen, ob der Cybertruck den Ford F-150 übertreffen kann, aber es ist bemerkenswert, dass der Cybertruck direkt nach der Ankündigung schon 250 000 Vorbestellungen nach sich zog.[39]

VON NULL AUF EINE MILLION FOLLOWER IN 30 TAGEN

»Von null auf eine Million Follower in 30 Tagen« ist der wichtigste Hook Point, den ich ursprünglich nutzte, um meine Marke zu skalieren. Was eine Menge Menschen nicht wissen, ist, dass es genau zu dem Zweck geschah, eine solche massive Gefolgschaft in den sozialen Medien aufzubauen – um einen starken Hook Point zu haben, woraus wiederum größere Chancen erwachsen, zu weiterem Wachstum meiner Marke beizutragen.

Ich nahm mir vor, eine Million Follower in 30 Tagen zu erlangen, weil ich wusste, dass der Hook Point Aufmerksamkeit erregen würde, sodass ich die Möglichkeit erhielt, anderen einen Wert zu bieten. Ich versuchte nie, Influencer oder berühmt zu werden. Ich wollte nur andere dazu verlocken, sich die größere Story anzuhören, die ich zu erzählen hatte. Und deswegen wandte ich mich an einen bekannten Literaturagenten – bevor ich meine Zahl an Followern vergrößerte –, der mich aktuell repräsentiert, und fragte ihn, ob ein Verlagshaus das Thema interessieren würde, wie man in 30 Tagen eine Million Follower gewinnt. Ich wusste, es war ein großer Unterschied, einen Buchtitel vorzuschlagen, der *Von null zu einer Million Follower in 30 Tagen* lautete und nicht etwa: *Wie man Follower auf sozialen Plattformen gewinnt.* Der erste Titel ist spezifisch und eingängig, wohingegen der zweite allgemein gehalten, generisch und auf einem überfüllten Markt zu ausgelutscht ist. Mein Wissen über Hook Points half mir dabei, diesen Buchdeal zu sichern und eine Menge Bücher zu verkaufen, was letztlich zum Vertrag für dieses Buch führte und zu vielen anderen bedeutenden Geschäftsgelegenheiten, die Millionen Dollar an Ertrag einbrachten.

Wenn man Hook Points auswählt, ist es wichtig, dabei im Hinterkopf zu behalten, dass sie spezifisch sein sollten. Man darf keine Story erzählen, die man schon hundertmal gehört hat, sonst langweilt sich das Publikum und hört nicht weiter zu. Hook Points sind ja vor allem dafür gedacht herauszustechen. Denken Sie darüber nach, was Sie, Ihre Marke oder Ihr Produkt einzigartig macht – völlig verschieden von allem anderen in diesem Bereich.

ERWARTUNGEN UNTERLAUFEN: ALLES, WAS SIE WISSEN, AUF DEN KOPF STELLEN

Viele gute Hook Points führen dazu, dass man in neuen Bahnen denkt, deswegen ist es eine gute Taktik, mit Ihren Hook Points Erwartungen zu unterlaufen, wenn Sie Aufmerksamkeit erregen wollen. Eine Methode besteht darin, einige allgemein für wahr gehaltene Glaubenssätze oder Phrasen zu verwenden und sie auf den Kopf zu stellen. In einem erfolgreichen Video in den sozialen Medien haben mein Team und ich beispielsweise folgenden Hook Point kreiert: »WARNUNG! Sicherheit ist gefährlich.« Das hat die allgemein für wahr gehaltene Ansicht, dass auf Nummer sicher gehen ein guter Ansatz für das ganze Leben wäre, ins Wanken gebracht – und die Leute stattdessen dazu ermutigt, Risiken einzugehen und für ihre Träume zu kämpfen.

Ihre Glaubenssätze müssen nicht notwendigerweise mit den ins Wanken gebrachten Phrasen übereinstimmen, die Ihnen einfallen. In einem Video, das ich für meine sozialen Accounts aufnahm, nutzte ich zum Beispiel den Hook Point »Meditation ist Verarsche!«. Ich meditiere seit zehn Jahren und glaube, dass es enorme positive Effekte hat, wenn man es richtig macht. Ich nutzte diesen Hook, um die Aufmerksamkeit der Leute zu erregen, damit ich die tatsächliche Botschaft hinter diesem Hook rüberbringen konnte, die darin bestand, dass es aufgrund der Beliebtheit eine Menge Fehlinformationen über Meditation gibt und wie man richtig meditiert. Das Ziel besteht nicht darin, andere hinters Licht zu führen, sondern Aufmerksamkeit für ein Thema zu erregen, an dem Menschen Interesse zeigen. Indem Sie die Erwartungen unterlaufen, können Sie wertvolle Einsichten mit anderen teilen, über die man sonst hinwegscrollt, wenn man nicht auf den ersten Hook reagiert.

Naveen Gowda, in meinem Team Stratege für digitalen Content und ehemaliger VP für Content bei First Media, fügt hinzu, dass es beim Unterlaufen von Erwartungen vor allem darum geht, das Publikum dazu zu bringen, sich eine Idee oder ein Konzept durch eine neue Linse oder von einem anderen Standpunkt aus anzusehen. Wenn Sie durch verschiedene Fenster in einen Raum blicken, die in verschiedenen Mauern eines Hauses sind, wird Ihre Perspektive dieses Raums sich ändern. Mit Ihren Hook Points Erwartungen zu unterlaufen, gestattet es Ihnen, dasselbe zu tun – Sie können den Leuten eine neue Perspektive vermitteln oder einen neuen Blickwinkel auf ein vertrautes Thema.

Es ist ein besonders nützliches Tool, wenn Sie auf einem hart umkämpften Markt agieren. Wenn Sie Yogalehrer sind, Meditationslehrerin, Koch oder einen ähnlichen Beruf haben, werden Sie nicht aus der Menge herausstechen, wenn Sie dieselben Informationen wiederkauen, die jeder andere auch auf Lager hat. Und leider gilt das selbst dann, wenn das Fundament Ihrer Marke oder Perspektive tatsächlich nützlicher als das der Konkurrenz sein sollte. Deswegen sollten Sie die Konversation auf einzigartige Weise in neue Bahnen lenken. Sonst wird man Ihren Content langweilig finden und/oder Ihre Botschaften werden nicht ankommen, wenn Sie gar nicht erst Aufmerksamkeit erregen.

Der Entrepreneur Gary Vaynerchuk (auch als Gary Vee bekannt) ist ein gutes Beispiel für jemanden, der die Erwartungen ständig unterläuft. In einem seiner Videos in den sozialen Medien (das Sie sich hier ansehen können: www.brendanjkane.com/gary) tritt eine Frau an sein Auto heran und sagt: »Sagen Sie mir drei Wörter, die mich jeden Tag, an dem ich mich schlecht fühle, inspirieren können.« Gary Vee antwortet: »Sie werden sterben.« Er ist Entrepreneur, wie Millionen andere, der die Menschen dazu inspiriert, hart zu arbeiten und sich zu mühen. Dieses Video ist das perfekte Beispiel, wie man Erwartungen unterläuft, indem er der Frau (und denjenigen, die sich das Video ansahen) diese Antwort auf ihre Frage gab.

Die meisten anderen Entrepreneure im Bereich Motivation, denen man eine solche Frage gestellt hätte, hätten normalerweise mit abgedroschenen Phrasen geantwortet wie »Arbeite hart«, »Du wirst es schaffen«, »Nutze deinen Verstand« oder »Du wirst Erfolg haben«. Gary Vee entschied sich, stattdessen »Du wirst sterben« zu sagen, was jeder Erwartung widersprach und auf jeden Fall Aufmerksamkeit erregte. Auch wenn Gowda glaubt, dass Gary Vees Entscheidung im obigen Beispiel brillant ist, warnt er, dass es eine empfindliche Balance dazwischen gibt, die Erwartungen zu unterlaufen und Widerspruch hervorzurufen. Sie sollten sich also dieser Tatsache bewusst sein, wenn Sie sich neue Hooks ausdenken.

Ein weiteres gutes Beispiel für eine Marke, die weiß, wie man die Erwartungen unterläuft, ist das Digitalunternehmen Yes Theory. Die Brand ist um die Idee aufgebaut, dass »das Leben so authentisch und erfüllend sein kann, wie man es sich wünscht, wenn man Unannehmlichkeiten erträgt«. Ihre Videos drängen die Leute dazu, ihre Komfortzone zu verlassen mit Hooks wie »Mit dem Eismann Wim Hof zu Superman werden«, »Ich lebte 4 Tage in einem Luxusflughafen – keiner hat es bemerkt«, »Spontan Fremde fragen, ob sie mit Fallschirmspringen gehen«, »In das am wenigstens bereiste Land der Welt reisen« und »24 Stunden lang unser Leben vom Wurf einer Münze bestimmen lassen (Dubai)«.

Die Vorstellung, außerhalb der eigenen Komfortzone zu leben und die eigenen Grenzen auszuloten, war schon häufig Thema, aber das Team von Yes Theory präsentiert es auf eine einzigartige Weise, indem es sich diese verrückten Abenteuer um dieses Thema herum einfallen lässt (die als wirkungsvolle Hooks dienen). Indem es diese Botschaft in einem solchen Format und Kontext verpackt, unterläuft es die Erwartungen und erregt mehr Aufmerksamkeit. Das Video »Mit dem Eismann Wim Hof zu Superman werden« (das Sie sich hier ansehen können: www.brendanjkane.com/superman) ist ein herausragendes Beispiel – viele haben schon Wim Hof interviewt (einen niederländischen Extremathleten, der für seine Fähigkeit bekannt ist, eisigen Temperaturen widerstehen zu können), aber das Video von Yes Theory erregte mehr Aufmerksamkeit und erhielt mehr als acht Millionen Views, weil es einen starken Hook für das Interview hatte.

HOOK POINTS ZIEHEN MENSCHEN IN STORYS HINEIN

Diejenigen, die mein Buch *Eine Million Follower* gelesen haben, wissen, dass die grundlegenden Prinzipien, die ich lehre, sich vor allem um das Testen und Optimieren von Content drehen. Das Buch behandelt sehr viel mehr als nur, wie man schnell Follower gewinnt. Wenn das Buch nur eine Formel erläutern würde, nur einen »Hack« für schnelles Wachstum der Followerzahlen, würde es nicht so viel Wert für Leser bieten oder mir helfen, ein Vordenker im digitalen Bereich zu werden. Dennoch hat der Hook Point »Von null auf eine Million Follower in 30 Tagen« Aufmerksamkeit erregt und meine Karriere transformiert.

Nachdem ich das Buch beendet hatte, engagierte ich jemanden, um ein Kurzinterview über den Prozess zu filmen und über die Philosophie, die ich nutzte, um in einem Monat eine Million Follower zu gewinnen. Dann nutzte ich dieses Videointerview, um einige Anzeigenkampagnen auf Facebook und Instagram zu starten, die Zuschauer dazu brachten, sich um eine Zusammenarbeit mit mir zu bemühen. Im Ergebnis erhielt ich 16 000 Bewerbungen von Menschen auf der ganzen Welt. So stark war mein Hook Point – die Menschen wollten mehr über die Story wissen, die hinter all dem lag und schilderte, wie ich das schaffte und wie sie es selbst auch schaffen konnten. Das hatte einen Nerv getroffen und etwas angesprochen, das viele sich wünschten oder brauchten.

Nach diesem Erfolg nutzte ich diesen Hook Point und das Buch nicht nur, um neue Klienten zu gewinnen, sondern auch, um Gelegenheiten für Redeauftritte zu erhalten bei Veranstaltungen und in Unternehmen wie IKEA, Mindvalley und Web Summit (mit einem Publikum von über 70 000 Menschen); ich besuchte bedeutende Podcasts wie *Finding Mastery: High Performance Psychology with Michael Gervais*; trat im Fernsehen und Radio bei Fox Business, SiriusXM, KTLA und Yahoo! Finance auf; und es erschienen Artikel über mich in Publikationen wie *Forbes*, *Entrepreneur* und dem Magazin *Inc.*, was meine Reichweite vergrößerte und meine Marke weiteren Leuten bekannt machte.

Der Hook Point »Von null auf eine Million Follower in 30 Tagen« ermöglichte es mir, die Aufmerksamkeit von Millionen zu erregen, um eine Story zu erzählen, die viele hören sollten, an der man jedoch vielleicht einfach vorbeigescrollt oder die man ignoriert hätte. Außerdem war die Story hinter meinem Hook Point authentisch (in Kapitel 5 gehe ich darauf ein, wie wichtig das ist), also gestattete sie mir, mein Unternehmen zu vergrößern und anderen auf der ganzen Welt zu helfen, ihre Ziele zu erreichen.

Der Hook Point »Von null auf eine Million Follower in 30 Tagen« war nicht mein erster Hook und wird auch nicht mein letzter sein. Ich habe im Verlauf meiner gesamten Karriere stets neue Hook Points getestet. Ob beim Pitch eines der Technologieunternehmen, das ich gegründet hatte, bei einer Kampagnenidee für einen Film oder bei dem Versuch, einen prominenten Klienten zu ergattern – ich teste stets, lerne dazu und verfeinere meine Hooks für mich selbst und meine Kunden.

Es war aber kein schneller und effizienter Weg zu meiner Expertise beim Entwickeln von Hook Points. Das änderte sich, als ich mit der bekannten Rundfunkjournalistin Katie Couric zusammenarbeitete. Zu diesem Zeitpunkt begann ich damit, Überschriften, Hooks und Content an jedem Tag für die nächsten eineinhalb Jahre zu testen. Als ich mit ihr zusammenarbeitete, testete ich über 75 000 Variationen an Content (was ich im Detail im nächsten Kapitel erläutern werde). Während dieser Zeit entwickelte ich einen innovativen Prozess, um Überschriften, Schlagworte und Themen in großem Maßstab zu testen, und meine Hook-Point-Methode nahm langsam Gestalt an, während ich mehr Daten sammelte.

DIE 4-STUNDEN-WOCHE

Tim Ferriss' Buch *Die 4-Stunden-Woche* ist ein großartiges Beispiel eines soliden Hook Points mit einem starken Nutzenversprechen. Leser werden davon angezogen, weil die meisten Leute gerne weniger Stunden pro Woche arbeiten, mehr Zeit mit der Familie und geliebten Menschen verbringen und ihre Hobbys genießen würden, wann immer sie wollen. Ferriss' Hook Point bietet eine Lösung für ein verbreitetes Dilemma. Wenn Sie sein Buch lesen, werden Sie sehen, dass es viele Strategien enthält, die darüber hinausgehen, nur weniger Stunden pro Woche zu arbeiten. Aber der Hook ist so effektiv, dass Ferriss ständig gefragt wird, ob *er* tatsächlich nur vier Stunden die Woche arbeitet. Er hat gesagt, dass ihn das nervt, denn die Frage kommt von denjenigen, die das Buch nicht gelesen haben. Dennoch hat die Idee (und der Hook), nur vier Stunden die Woche zu arbeiten, es Ferriss ermöglicht, genug Aufmerksamkeit zu erregen, um den Rest seiner Story zu erzählen.

Ferriss' Buch ist ein Bestseller aufgrund dieser prägnanten, zum Nachdenken anregenden Botschaft. Ich selbst liebe das Buch, und das Interessante daran ist, dass die Konzepte nicht revolutionär sind – andere haben schon in der Vergangenheit ähnliche Ratschläge gegeben –, dennoch sticht *Die 4-Stunden-Woche* heraus und hat mehr Interesse als die Konkurrenz geweckt, weil die Konzepte an einen soliden Hook Point im Buchtitel geknüpft sind.

Ferriss war sich völlig im Klaren, wie wichtig der Hook im Buchtitel war. Er hat sogar Dutzende verschiedener Titel mithilfe von Google AdWords ausprobiert, um den besten auszusuchen. *Die 4-Stunden-Woche* schlug Titel wie »Das nervt – leben wie ein Drogenbaron« (This Sucks, How to Live Like a Druglord) und »Das wilde Hamsterrad« (The Wild Gooserace)[40] – wenig überraschend. Die spezifische Aussage, nur vier Stunden in der Woche zu arbeiten, war eingängig und neu. Sie schuf das deutliche Bild eines Lebensstils, den man sich auswählt (und der nichts mit Drogen oder Hamsterrädern zu tun hatte).

Werbetexter Craig Clemens merkt dazu an, dass Hook Points eine wenig originelle Idee aufgreifen und dafür sorgen, dass das Publikum sie ernster nimmt oder interessanter findet. Das hängt alles davon ab, wie Sie etwas ausdrücken, und vom Kontext, in den Sie Ihre Botschaft einbetten. Sie können andere dazu bringen, Sie für ein Genie zu halten, indem Sie ein bekanntes Konzept auf originelle Weise verpacken.

Es genügt nicht, einfach nur über sich selbst zu sprechen und zu erklären, was man tut. Viele andere verfügen über die gleichen Skill-Sets. Um in drei Sekunden oder weniger herauszustechen, müssen Sie etwas finden, das Sie und Ihr Produkt oder die Informationen, die Sie zu bieten haben, einzigartig und relevant für das Leben anderer Menschen macht. Das bedeutet, Sie müssen eine prägnante, Aufmerksamkeit erregende Methode finden, Ihre Informationen zu präsentieren. Man wird innehalten und Ihnen Aufmerksamkeit schenken, wenn Sie aktuelle, interessante Themen ansprechen, die die Bedürfnisse Ihres Publikums adressieren.

WAS RAUBT IHREM PUBLIKUM DEN SCHLAF?

Wie ich bereits erwähnte, ist Craig Clemens der Gründer von Golden Hippo, einem der größten Direktmarketing- und Brand-Building-Unternehmen im Internet. Er hat mehr als eine Milliarde Dollar an Verkäufen generiert. Es gibt sehr wenige Menschen auf dem Planeten, die so erfolgreich waren. Clemens schreibt diesen Erfolg dem Wissen darüber zu, wie man Hook Points gestaltet, die einen »Schmerzpunkt« seines Publikums ansprechen. Mithilfe dieses Wissens kann er die Aufmerksamkeit derjenigen erregen, die sich durch Facebook scrollen, die *Huffington Post* lesen oder die Seiten von TMZ – wo sie Geschichten über die Kardashians oder Donald Trump finden –, und er ändert ihren Fokus. Er bringt sie dazu, ihre Aufmerksamkeit fesselnden Hook Points zu widmen.

Eugene Schwartz, der legendäre Werbetexter der 1970er- und 1980er-Jahre, rät dazu, sich in die inneren Gespräche potenzieller Kunden einzuschalten, die sie in Gedanken führen. Clemens hat den Eindruck, dass es heute wichtiger denn je ist, über die potenzielle Kundschaft nachzudenken und über die Gedanken, die sie sich macht. In diesem Zeitalter der Mikroaufmerksamkeit muss Ihr Hook Point sich eines Problems annehmen, das Ihr Publikum um den Schlaf bringt. Vielleicht leiden Ihre potenziellen Kunden an chronischen Bauchschmerzen, und Sie haben ein Vitamin zu verkaufen, das den Verdauungsprozess verbessert. Oder sie haben vielleicht nicht genug Speicherplatz auf ihrer Festplatte, und Ihr Unternehmen hat dafür die Lösung. Was immer das Produkt auch ist, Sie können einen Hook Point nutzen, um zu zeigen, dass Sie ein wichtiges Problem im Leben Ihres Publikums lösen können. Werden Sie ein Teil der Gedankenwelt anderer und dienen Sie als Führer, um ihnen etwas Neues beizubringen.

Marketingexperte und Psychologielehrer Wyatt Woodsmall hat Clemens beigebracht, dass, wenn man die Probleme der Menschen besser beschreiben kann als sie selbst, sie unterbewusst glauben werden, dass man die Lösung für diese Probleme hat. Also nutzen Sie Ihre Hook Points, um potenziellen Kunden zu zeigen, dass Sie ihre Probleme verstehen. Dies fördert das Interesse an Ihren Produkten und liefert einen Kaufanreiz.

DER SCHLAFDOKTOR

Dr. Michael Breus ist bekannt als »Der Schlafdoktor«, was als sein Hook Point dient. Das hat ihm zu über 35 Auftritten in Sendungen wie *The Dr. Oz Show* verholfen, und er wurde auch mehrere Male in die *Today*-Show eingeladen. Wie hat Breus diesen wirkungsvollen Hook Point entdeckt? Nun, zu Beginn seiner Karriere erhielt er eine Zulassung als Arzt für klinische Schlafstörungen. Und obwohl es verschiedene Begriffe für verschiedene Ärzte gab, wie *Pneumologe* für Lungenarzt oder *Oto-Rhino-Laryngologe* für Hals-Nasen-Ohren-Arzt, gab es noch keinen

Begriff für Ärzte, die sich mit allem beschäftigen, was mit Schlaf zusammenhängt.

Beim Versuch, sich effektiver selbst zu vermarkten, las Breus ein Buch von Peter Montoya und Tim Vandehey mit dem Titel *The Brand Called You*. Darin wurde erklärt, dass der eigene Markenname in drei bis fünf Worten ausdrücken sollte, was man tut. Breus stellte anderen die Frage, was er ihrer Meinung nach beruflich tue, und ihre Antworten beinhalteten »etwas im medizinischen Bereich« und »Schlaf«. Davon ausgehend suchte er nach URL-Namen und entdeckte, dass »Schlafdoktor« und »Der Schlafdoktor« schon vergeben waren. Er konnte den Besitzer der Webadresse kontaktieren und kaufte ihm die Namen ab, was sich als eine der besten Ausgaben erwies, die er je getätigt hatte. Seitdem hat sich »Der Schlafdoktor« als ein sehr wirkungsvoller Hook Point für Breus' Business erwiesen.

HOOK POINTS RUFEN STARKE REAKTIONEN HERVOR

Sofort nachdem Breus »Der Schlafdoktor« gewählt hatte, erhielt er ausgeprägte positive Rückmeldung von seinen Klienten … erntete jedoch Widerspruch bei Leuten aus seinem eigenen Fachgebiet. Weil er sich selbst »Der Schlafdoktor« nannte, dachten seine Kollegen, er wolle damit andeuten, er sei der Beste oder gar der Einzige, der diese Art Arbeit machte, also waren viele eifersüchtig. Breus wurde aus vielen Berufsverbänden ausgeschlossen und zu einer großen Zahl von Konferenzen in seinem Fachgebiet nicht eingeladen. Er brauchte fünf bis zehn Jahre, bis die Leute aufhörten, ihn einen »Scharlatan« oder »Verräter« zu nennen.

Als Breus auf ein wissenschaftliches Treffen als Panelteilnehmer eingeladen wurde, protestierten einige Mitglieder und sagten: »Sie haben hier keine Glaubwürdigkeit. Sie sind ein Internetdoktor.« Ironischerweise waren es am Ende der Konferenz dieselben Leute, die zu ihm kamen und ihn fragten: »Hey, wie schaffen Sie es, so viel Medienaufmerksamkeit zu bekommen?« In dem öffentlichen Forum war er ein Außenseiter, aber hinter den Kulissen wollte jeder einen Rat von ihm. Diese Doppelzüngigkeit seiner Kollegen gab ihm erst recht die Kraft, weiter bei seinem Hook Point zu bleiben. Er wusste, wenn die Leute das wollten, was er hatte, machte er offenbar nichts falsch. Breus behielt seinen Kurs bei, denn wenn es rein um die Fakten ging, konnte ihm niemand vorwerfen, er würde sich nicht an die Standards wissenschaftlicher Forschung halten. »Der Schlafdoktor« ist einer der besten Hooks, den ich je gehört habe, daher bin ich froh, dass Breus am Ball blieb.

Wenn man sich einen Hook Point ausdenkt, ist es positiv, wenn andere eine starke Reaktion darauf an den Tag legen, selbst, wenn einige dieser Reaktionen negativ sind. Viele Menschen haben Elon Musks neuen Cybertruck »hässlich« genannt, und doch hat er eine Menge Vorbestellungen generiert. Manchmal erhalte sogar ich Widerspruch für den Hook Point »Von null auf eine Million Follower in 30 Tagen«. Man kommentiert meine Instagram-Posts und sagt: »Eine Million Follower bedeutet gar nichts, wenn man keine Reaktionen erhält.« Ich bin nicht beleidigt, wenn Leute so etwas schreiben – wenn sie tatsächlich mein Buch lesen sollten, werden sie feststellen, dass ich ihnen zustimme. Wenn jemand solche negativen Kommentare unter meinen Posts hinterlässt, helfen sie mir dadurch tatsächlich, meine Sichtbarkeit zu steigern. Aber verstehen Sie mich nicht falsch, ich sage nicht, dass jede PR gute PR ist. Wenn die Reaktionen überwiegend negativ sind, haben Sie vermutlich ein Problem. Mein Punkt ist, dass einige negative Reaktionen mit den positiven einhergehen – Sie werden nie 100 Prozent positives Feedback für irgendetwas erhalten, das Sie tun – aber wenn das Positive das Negative überwiegt, ist Ihre Ausgangslage nicht schlecht. Sie müssen nur einen Gang hochschalten und das Ruder herumreißen, wenn Sie gar keine Reaktionen erhalten oder wenn der Großteil der Reaktionen negativ ist.

HOOK POINTS HELFEN IHNEN BEIM VERPACKEN VON INFORMATIONEN

»Der Schlafdoktor« als Hook zu verwenden, macht Breus zugänglicher, und sein Kommunikationsstil spiegelt diese Tatsache wider. Er vermeidet bedeutungsschwere, angsteinflößende Begriffe, wenn er vor Publikum spricht. Er kann sich über Neurochemie unterhalten, glaubt aber nicht, dass es seine Kunden interessiert. In einer 3-Sekunden-Welt will das Publikum schwierige Informationen in kleinen, verdaulichen und umsetzbaren Häppchen präsentiert bekommen. Breus' Fähigkeit, genau das zu tun, hat ihm seine über 35 Auftritte in *The Dr. Oz Show* eingebracht. Diese Tatsache wurde wiederum zu einem weiteren Hook Point. Wenn man von einem Schlafarzt hörte, der so oft bei *Dr. Oz* aufgetreten ist, wird Interesse geweckt. Man will wissen, wie und warum dieser Typ so viel Medienaufmerksamkeit erhält, und sieht ihn sofort als eine verlässlichere Quelle.

Und Breus' Hook Point ist damit noch nicht ausgeschöpft. Er verpackt laufend die Informationen, die er diskutiert, in Hooks wie »Der erschöpfte Chef«, »Auf welcher Matratze schläft man am besten?« oder »Wann ist die beste Zeit für Sex vor dem Schlafengehen?«. All diese Hook Points erregen Aufmerksamkeit. Sie stellen einen Bezug zum eigenen Leben her und sprechen ein inhärentes Interesse an verbreiteten Problemen an. Im Grunde wird Breus selbst dadurch zu einem wandelnden Hook Point. Er nutzt die Schlichtheit der Botschaften, die Menschen anziehen, und spielt ihrer Neugier in die Hände und dem Bedarf an glaubhaften Lösungen.

Sie können das ebenfalls tun, indem Sie Ihre Informationen so verpacken, dass sie möglichst zugänglich sind. Teilen Sie die Fakten in kleine Häppchen auf und testen Sie verschiedene Hook Points. Und dann, wer weiß? Vielleicht sehe ich Sie eines Tages in naher Zukunft im Fernsehen.

FORTUNE 500 UND PROMINENTE

Wenn ich Menschen persönlich treffe und sie fragen, was ich tue, sage ich manchmal (wie immer teste ich dabei): »Ich bin Stratege für Digitales und Business für Fortune-500-Unternehmen, Marken und Prominente.« **Fortune 500** und **Prominente** sind die Schlüsselwörter, die normalerweise Menschen faszinieren und ihr Interesse wecken. Alles in allem ist dieser Hook absichtlich etwas vage gehalten – weil ich das persönlich so handhabe –, also kann ich die Reaktionen in Echtzeit einschätzen, mir anhören, welche Fragen die Leute stellen, und den Ausdruck auf ihrem Gesicht beobachten. Dann modifiziere ich aufgrund ihres Feedbacks meine Erwiderungen mit angemessenen Storys und zusätzlichen Hooks.

Wenn man mich fragte: »Gut, aber was heißt das konkret? Was tun Sie?«, sage ich: »Ich sehe mir die kurz- und langfristigen Businessziele meiner Klienten an und die Hindernisse, auf die sie stoßen, und helfe ihnen, eine Strategie zu entwickeln, wie sie ihre Ziele schnellstmöglich erreichen.« Dann gestalte ich meine nächste Antwort basierend auf ihrer Reaktion. Ich sehe mir ihre Schmerzpunkte an, damit ich ihnen verdeutlichen kann, dass das, was ich tue, ihnen den höchstmöglichen Wert liefert. Ich werde diesen Prozess noch in späteren Kapiteln etwas genauer behandeln, aber zuerst kehren wir zu diesem ursprünglichen Hook Point zurück.

Wenn mein Hook Point »Ich bin Digital- und Businessstratege« lautete, wäre er nicht genauso stark. Ich betone die Tatsache, dass ich mit Fortune-500-Unternehmen und Prominenten gearbeitet habe, um Interesse zu wecken und dafür zu sorgen, dass man mehr hören will. Die Begriffe »Unternehmen«, »Marken« und »Prominente« zähle ich auf, weil die Menschen, mit denen ich rede, vielleicht für die ersten beiden arbeiten oder Letzteres werden wollen, und ich zeige damit, dass ich mich auf diese Bereiche spezialisiere. Außerdem verbindet man mit

»Fortune 500« und »Prominente« Anerkennung, Glaubwürdigkeit und Faszination.

Nach alledem muss ich allerdings sagen, dass ich diesen Hook nicht für Content verwenden würde, der der Öffentlichkeit zugänglich ist und Massen von Menschen präsentiert wird. Wenn ich eine Plakatwand mieten oder man mir das Cover eines Magazins anbieten würde, um meine Brand und meine Dienstleistungen zu bewerben, würde ich die Hook Points »Von null auf 100 Follower in 30 Tagen« oder »Wie man in einer 3-Sekunden-Welt heraussticht« verwenden.

DIE WENN/DANN-FORMEL

Werbetexter Craig Clemens erläutert, dass sein Schaffensprozess für Hook Points sich für jedes Unternehmen und jedes Produkt unterscheidet, weil sie alle einzigartig sind. Er verrät jedoch, dass es eine Grundformel gibt, die Sie als Startpunkt nutzen können, um Ihren Hook Point zu finden. Es ist eine einfache Wenn/Dann-Formel. Weisen Sie den Problemen oder Bedürfnissen Ihres Kunden den Platz nach dem Wenn zu, und nutzen Sie dann Ihr Produkt als eine Lösung für sein Problem nach dem Dann. Wenn Sie zum Beispiel ein Produkt haben, das helfen könnte, das Dating-Leben einer Person zu verbessern, könnten Sie folgende Formel nutzen: »Wenn Sie mehr Dates mit attraktiven, tollen, intelligenten Frauen/Männern haben wollen, die geerdet sind, dann ist dies das Wichtigste, was Sie je lesen werden.« Oder, wenn Sie etwas an jemanden vermarkten, der besser im Golf werden will, könnte ein Beispiel folgendermaßen lauten: »Wenn Sie versuchen, Ihr Golfspiel um bis zu fünf oder zehn Schläge zu verbessern, bis Sie das nächste Mal den Golfplatz betreten, dann schenken Sie mir Ihre Aufmerksamkeit, wenn ich Ihnen die folgenden vier Geheimnisse verrate.« Clemens schlägt vor, die Wenn/Dann-Formel als Startpunkt zu nutzen und dann

A/B-Tests durchzuführen, um die Hook Points, die Ihnen einfallen, im Vergleich mit anderen Ideen zu testen, die etwas ungewöhnlicher sind (mehr über A/B-Tests am Ende dieses Kapitels).

SCHAFFEN SIE ETWAS FÜR IHR PUBLIKUM, NICHT FÜR SICH SELBST

Einer der größten Fehler, den man machen kann, wenn man sich neue Hook Points – oder irgendwelchen anderen Content – einfallen lässt, besteht darin, sie für sich selbst zu erschaffen und nicht für das Publikum. Man neigt dazu, Content zu kreieren, indem man über das nachdenkt, was einen selbst gut dastehen lässt oder was in der eigenen Industrie trendy oder cool ist. Aber über sich selbst nachzudenken und dem Status quo zu folgen, wird einem nicht dabei helfen herauszustechen.

Clemens' Frau Sarah Anne Stewart arbeitet als zertifizierter Coach für Integrative Health. Sie verbringt viel Zeit damit, sich mit Ernährung, Sport, Achtsamkeit und anderen gesundheitsbezogenen Themen zu beschäftigen. Sie ragt heraus, indem sie einen einzigartigen Ansatz in diesen Bereichen verfolgt, der sich aufs Herz bezieht. Auch wenn die Leute in ihrem Fachgebiet teilweise sehr wirkungsvolle und herausragende Arbeit vollbringen, sieht ein Großteil ihres Contents ähnlich aus, wenn man sich ihre Websites und Instagram-Accounts ansieht. Die Mehrheit dieser Leute postet hübsche Bilder von sich selbst, wie sie grünen Saft trinken, meditieren, Yogaposen vor dem Hintergrund einer Stadtskyline absolvieren oder Rezepte zubereiten. Die Bilder sind alle wunderschön, aber wenn jeder die gleiche Art von Content postet, wird er weniger effektiv und fesselnd. Das heißt nicht, dass man nicht aufmerksam derartige erfolgreiche Formate und Contentstrukturen betrachten sollte, die andere nutzen. Das sollten Sie tun, aber Sie sollten auch sicherstellen, dass Sie die Art von Content verstehen, der Ihnen wirkungsvoll ein Publikum vermittelt, das auf Ihren Content reagiert, damit sie ihn für sich nutzen können.

Stewart konzentriert sich zum Beispiel darauf, ihren potenziellen Kunden gesundheitsbezogene Ratschläge zu geben, wie sie ihr Leben verbessern können. Vor Kurzem hat sie ein Video über die Gefahren von Modediäten gepostet und Tipps geboten, was man stattdessen tun könnte. Außerdem postet sie regelmäßig Informationen, die ihrem Publikum umsetzbare Schritte an die Hand geben, die es sofort nutzen kann, um die eigene Gesundheit zu verbessern. Sie schafft Content, der für das Leben der Menschen sofort einen Wert bietet.

Wenn Sie feststellen, dass Hook Points, die Sie kreieren, tatsächlich funktionieren, sollten Sie sicherstellen, dass Sie sich Ihrer Marketingtaktik von einem kundenzentrierten Blickwinkel nähern, besonders wenn Sie versuchen, Produkte zu verkaufen. In diesem Fall kann die Wenn/Dann-Formel, bei der Sie auf die Probleme des Publikums oder seine Bedürfnisse nach dem Wenn hinweisen und Ihr Produkt als die Lösung nach dem Dann anbieten (wie im Abschnitt weiter oben erklärt), von großem Nutzen sein. Über die Bedürfnisse des Publikums nachzudenken, wird besser funktionieren, als über Ihren eigenen Hook von Ihrer Perspektive aus nachzudenken. Wenn Sie nach der Formel arbeiten: »Ich will X, also werde ich versuchen, meine Kunden dazu zu bringen, Y zu tun«, werden Sie normalerweise scheitern.

In der Filmindustrie machen Studios oft den Fehler, Werbung mit der Botschaft »Kaufe Eintrittskarten« zu machen. Das motiviert potenzielle Filmbesucher nicht gerade, aufmerksam zu werden. Tatsächlich bewirkt es das Gegenteil. Filmstudios wollen, dass die Leute Eintrittskarten kaufen, die Kunden wollen einfach nur gute Filme sehen, weswegen Anzeigen mit dieser Art Botschaft oft versagen. Potenzielle Kinogänger betreten nicht deswegen ein Kino, weil ein Studio ihnen sagt, sie sollen es tun; sie gehen ins Kino, weil sie von einem Konzept, einer

Story oder einer Erfahrung fasziniert sind, die dazu führt, dass sie einen Film aufgrund ihrer eigenen Motivation besuchen. Ich weiß, das hört sich vielleicht einfach nach gesundem Menschenverstand an, aber Sie wären überrascht, wie oft Menschen diese Tatsache entgeht. Wenn Studios das mit in Betracht ziehen und in ihrem Marketing den Fokus auf den Kunden legen, werden ihnen bessere Lösungen einfallen.

Das nächste Mal, wenn Sie ins Kino gehen, hören Sie sich die Kommentare der Leute um sich herum an, nachdem die Filmtrailer vorbei sind. Sie werden normalerweise jemanden sagen hören: »Das sieht ja furchtbar aus«, oder: »Das will ich auf jeden Fall sehen!« Das ist eine amüsante Übung, die Ihnen helfen wird, zu erfahren, welche Trailer die besten Hook Points und Storys bieten.

Denken Sie außerdem an den Spruch »Die Leute lieben es, zu kaufen, aber sie wollen nichts verkauft bekommen«. Wenn die Leute das Gefühl haben, dass Sie ihnen etwas verkaufen wollen, schreckt sie das ab – es ist kein starker Hook Point. Stattdessen sollten Sie sich auf den Kunden konzentrieren. Wenn Sie Ihren Kunden geben, was sie wollen, wird das deren Bedürfnisse erfüllen und damit letztlich auch die Ihren. Wenn Sie sicher sind, dass Ihr Hook Point kundenzentriert ist, trotzdem aber nicht funktioniert, sollten Sie die Botschaft vereinfachen oder etwas mit den Formulierungen spielen. Testen Sie und lernen Sie dazu, bis Sie die Gewinnerkombination finden.

(Wir werden in Kürze darüber reden, wie man Hook Points kreiert, aber wenn Sie zu irgendeinem Zeitpunkt die Hilfe meiner Agentur wollen, um Ihre Hook Points zu entwickeln, besuchen Sie bitte www.hookpoint.com/agency und füllen Sie einen kurzen Fragebogen aus, der uns etwas über Ihr Unternehmen und Ihre Ziele verrät.)

NEUE BRANDS MÜSSEN HÄRTER ARBEITEN

Latham Arneson, der ehemalige Vizepräsident für digitales Marketing bei Paramount Pictures, erinnert uns daran, dass nicht etablierte Marken härter arbeiten müssen als diejenigen, die sich schon auf dem Markt etabliert haben, um herauszustechen und fesselnde Hook Points zu erschaffen. Einen neuen *Marvel*-Film zu bewerben, ist nicht dasselbe, wie einen Independent-Film anzupreisen. Ein *Marvel*-Film ist Teil einer bestehenden Brand, die deutlich im Bewusstsein der Menschen verankert ist und ein hohes Interesse bei ihnen weckt. Seien Sie realistisch, wie wichtig Ihre Marke oder das Thema Ihres Contents in der Vorstellung der Menschen ist, bevor Sie ihnen diese präsentieren.

Es gibt wenige Menschen und Produkte, die ein Interesse wecken, das so hoch ist, dass sie nicht weiter daran arbeiten müssen, die Aufmerksamkeit auf sich zu lenken. Wenn Kunden nicht verstehen, wer Sie sind oder was Sie tun, müssen Sie sie darüber aufklären. Seien Sie flexibel und offen dafür, verschiedene Formate auszuprobieren, um die besten Methoden zu finden, Ihre Konzepte zu präsentieren. Testen Sie verschiedene Hook Points, um herauszufinden, was funktioniert (ein Prozess, den wir noch später in diesem Kapitel besprechen werden).

DIE ZUKUNFT VORHERSAGEN: WIE FINDEN SIE HERAUS, WAS ALS NÄCHSTES FUNKTIONIERT?

In der heutigen Filmindustrie ist es Standard geworden, einen 5-Sekunden-Teaser zu machen, bevor der ganze Trailer erscheint, um die Aufmerksamkeit des Publikums in den ersten drei Sekunden auf den sozialen Medien zu fesseln. So effektiv das im Moment sein mag, wird es nicht mehr auf dieselbe Weise funktionieren, wenn die Leute es schon Hunderte Male gesehen haben. »Ihr Job im Marketing ist es herauszufinden, was als Nächstes kommt«, erklärt Arneson. Ich bespreche das

Teaser-Konzept und wieso es das Resultat unserer 3-Sekunden-Welt ist im nächsten Kapitel, denn ich glaube, es ist nützlich, dieses Konzept zu verstehen. Dennoch stimme ich Arneson zu: Wenn eine Strategie funktioniert, werden die Leute sie kopieren (wie ich bereits in Bezug auf TOMS Shoes in diesem Kapitel erläutert habe), aber wie Arneson anmerkt, ist es smarter, zu experimentieren und die nächsten Schritte zu tun, statt darauf zu warten, mit den anderen gleichzuziehen. Halten Sie den Finger an den kulturellen Puls der Zeit und seien Sie sich bewusst, dass Sie anderen voraus sein müssen.

Wenn Sie Ihre Zeit damit verbringen, exakt dieselben Hook Points zu kopieren, die alle anderen kreieren, werden Sie nicht herausragen. Sie machen letztlich einfach nur das, was als normal angesehen wird. Treiben Sie sich stattdessen an, außergewöhnliche Ideen zu finden – das ist der Trick für langfristige Markenbekanntheit und Wachstum.

THE BLAIR WITCH PROJECT: ALLES, WAS DU GEHÖRT HAST, IST WAHR

Die Macher des Films *The Blair Witch Project* hatten eine kreative Idee für die Marketingkampagne des Films, die eine Menge Aufsehen erregte und Menschen fesselte, noch bevor der Film veröffentlicht war. Artisan Entertainment, das Studio hinter dem Film, vermarktete ihn, als wäre es eine wahre Geschichte, die aus authentischen Aufnahmen besteht. Die Taglines, die auch als Hook Points dienten, lauteten: »Im Oktober 1994 verschwanden drei Filmstudenten in den Wäldern in der Nähe von Burkittsville, Maryland, während sie einen Dokumentarfilm drehten … Ein Jahr später fand man ihre Aufnahmen«, »Der gruseligste Film aller Zeiten ist eine wahre Geschichte« und »Alles, was du gehört hast, ist wahr.« Sogar der Trailer ließ den Film wie eine Dokumentation aussehen – die Schauspieler sprachen direkt in die Kamera, während sie weinend im Wald saßen.

Als der Film 1999 auf dem Sundance Film Festival veröffentlicht wurde, hängte Artisan Entertainment »Vermisste Person«-Poster von allen drei Hauptstars – Michael Williams, Joshua Leonard und Heather Donohue – in der ganzen Stadt auf. Keiner der Schauspieler war damals bekannt, also fragten sich die Leute, ob es sich tatsächlich um einen echten Dokumentarfilm über drei junge Erwachsene handelte, die in den Wäldern verschwunden waren.[41]

Das Marketingteam kannte sich auch (für die damalige Zeit) gut mit Technik aus, und so war *The Blair Witch Project* einer der ersten Filme, die hauptsächlich über das Internet vermarktet wurden. Auch wenn die Kampagne damals ein großer Erfolg war, bin ich nicht überzeugt, dass ein ähnlicher Trick heute noch funktionieren würde. Die Leute sind heute aufgeklärter und sich solcher Tricks schneller bewusst; ein weiterer Grund, wieso es von entscheidender Wichtigkeit ist, stets zu testen, zu lernen und innovativ zu sein.

SIE KÖNNEN DIESE GEICO-WERBEANZEIGE NICHT ÜBERSPRINGEN, DENN SIE IST SCHON VORBEI

Die Martin Agency schuf 2015 eine außergewöhnliche Werbekampagne für GEICO Insurance. Es war ein kurzes »Pre-Roll Ad«, das man wegklicken konnte (eine Videowerbebotschaft, die vor dem Content abgespielt wird, den sich ein User ausgesucht hat und die man wegklicken kann, aber erst, nachdem man sich fünf Sekunden davon angesehen hat)[42] und die auf YouTube gezeigt wurde. Sie trug den Titel »Family: Unskippable«. Diese Anzeige war letztlich Teil einer Kampagne, die den ersten Award als »Kampagne des Jahres« von *Ad Age* gewann.[43] Die Anzeige machte sich über die Tatsache lustig, dass man meistens die »Pre-Roll Ads« so schnell wie möglich wegklickt.

Eine der Anzeigen aus dieser Kampagne zeigte eine Familie, die am Esstisch saß. Die Mutter sagte: »Dankt nicht mir, dankt dem, was wir eingespart haben.« Dieser Monolog ist nach zwei Sekunden des Videos vorbei. Dann sagt ein Voice-Over: »Sie können diese GEICO-Anzeige nicht überspringen, denn sie ist schon vorbei.« Dieser Dialog ist genau zur 5-Sekunden-Marke vorbei. Dann, wenn der Teil der Anzeige kommt, den man überspringen kann, bleibt die Familie regungslos, und ein Hund kommt ins Bild, der die ganzen Spaghetti von den Tellern frisst.[44] Diese Anzeige funktionierte deswegen, weil sie innovativ war, weil sie auf eine bestimmte Wahrheit hinwies, weil sie die Aufmerksamkeit der Leute erregte und sie zum Lachen brachte. (Sie können das Video hier ansehen: www.brendanjkane.com/skip.)

FÜNF SCHRITTE, UM EINEN EFFEKTIVEN HOOK POINT ZU KREIEREN

Unten stehen einige Leitlinien, die helfen, die Essenz eines guten Hook Points zu verstehen. Natürlich folgen nicht alle Hook Points jeder einzelnen dieser Regeln, aber ich habe beobachtet, dass die meisten Hook Points wenigstens einen Teil, wenn nicht alle der unten stehenden Aspekte berücksichtigten. Nutzen Sie sie als Richtschnur, besonders wenn Sie zum ersten Mal Hook Points ersinnen. Sobald Sie das System verstanden haben und gut darin werden, können Sie anfangen, die Regeln zu brechen und Ihre eigenen aufzustellen.

Ein großartiger Hook Point …

1. … ist so kurz wie möglich (stellen Sie sich ein Zeitschriftencover vor, auf dem die Schlagzeile steht) – wie etwa »Von null auf eine Million Follower in 30 Tagen«.

2. … repräsentiert authentisch, wer Sie sind und wieso Sie als Brand existieren. Wenn der Hook Point in keinem Zusammenhang dazu steht, wirkt er wie Clickbait und unauthentisch.
3. … bringt die Leute zum Nachdenken und unterläuft ihre Erwartungen. Zum Beispiel lautete der Hook Point in einem erfolgreichen Video, das ich für soziale Medien gestaltete: »WARNUNG! Sicherheit ist gefährlich.« Das stellt die allgemeine Auffassung infrage, auf Nummer sicher zu gehen sei ein guter Ansatz im Leben.
4. … macht es den Leuten nicht zu schwer, ihn zu verstehen – er wird auf einfach zu verstehende Art und Weise präsentiert.
5. … macht es den Leuten nicht zu einfach, ihn zu verstehen – wenn jemand gar nicht über Ihren Hook nachdenkt, wird er vermutlich ignoriert.
6. … hat ein Element, das neugierig macht und beim Publikum den Wunsch hinterlässt, mehr zu erfahren oder mehr davon zu sehen, etwa: »Elon Musk designte den Cybertruck absichtlich hässlich – und das ist das Cleverste, was er je gemacht hat.«[45] Der Hook Point dieses Artikels wird in Ihnen den Wunsch wecken, zu erfahren, wieso es clever war, ein hässliches Auto zu designen.
7. … fällt durch Originalität auf. Wenn Sie sehen, dass Ihr Hook Point schon von jemand anderem verwendet wurde, wird er vermutlich nicht funktionieren.
8. … kombiniert ein verbreitetes/zugängliches Element mit etwas, das einzigartig ist und das Publikum interessiert. Ein Beispiel ist der Away-Travel-Koffer mit der Möglichkeit, sein Handy aufzuladen. Koffer gibt es schon seit Jahrzehnten, aber ein Koffer, der Ihr Handy lädt, ist eine neue Idee.
9. … kann schnell erfasst werden. Stellen Sie sicher, dass Ihr Hook Point in drei Sekunden verstanden werden kann.

10. … bietet eine Lösung für einen Schmerzpunkt Ihres Publikums. Der legendäre Werbetexter Eugene Schwartz nutzte ständig Schmerzpunkte in seinen Schlagzeilen. Zum Beispiel: »Beginnen Sie Ihre besten Jahre mit 70, 80 oder sogar 90!«, was den Schmerz des Alterns anspricht, oder: »Wie man sich die Falten einfach wegstreicht«, was einen anderen Schmerzpunkt anspricht, der mit Schönheit und Altern zusammenhängt.[46]

Wenn Sie einen guten Hook Point entwickeln, …

1. … rechnen Sie damit, dass es ein Prozess wird. Sie werden normalerweise nicht beim ersten Versuch den perfekten Hook Point finden (oder auch nur bei den ersten paar Versuchen).
2. … sollten Sie mehr Ideen und Variationen kreieren, als Sie überhaupt für möglich hielten. Wenn Sie können, erschaffen Sie 50 bis 100 potenzielle Konzepte. Das zu tun, wird Ihr kreatives Limit verschieben und Ihnen langfristig helfen, mit besseren Ideen aufzuwarten.
3. … arbeiten Sie an Ihren Ideen – schreiben Sie sie um, formen Sie sie neu, drehen Sie sie auf den Kopf und mischen Sie Variationen davon zusammen.
4. … denken Sie daran, dass ein Hook Point nicht Ihr Produkt oder Ihre Dienstleistung verkaufen muss. Er muss nur dafür sorgen, dass Ihre Kunden und/oder potenzielle Kunden auf Sie aufmerksam werden. Sobald Sie deren Aufmerksamkeit gewonnen haben, können Sie das Gespräch auf den Verkauf Ihres Produkts oder Ihrer Dienstleistung lenken.
5. … gestalten Sie Ihren Hook Point für Ihr Publikum. Finden Sie heraus, was sein Interesse weckt.
6. … versuchen Sie nicht, ihn zwanghaft lustig zu machen. Bauen Sie erst Vertrauen in Ihre eigene Fertigkeit auf, effektive Hook Points

kreieren zu können; dann können Sie sich um den Humor kümmern oder ein komödiantisches Talent einstellen, das Ihnen dabei hilft.

7. … seien Sie sich darüber im Klaren, dass ein Hook Point nicht unbedingt nur aus Wörtern besteht. Er kann auch ein Konzept sein. Zum Beispiel hat der Schöpfer des YouTube-Kanals »Ten Second Songs«, Anthony Vincent, bekannte Lieder genommen und sie alle zehn Sekunden in einem anderen Musikstil präsentiert. In diesem Video verwendete er den Katy-Perry-Song »Dark Horse« und veränderte den Stil des Liedes, damit es nach Bands klingt wie The Doors, John Mayer, Queen und so weiter. Sie können es sich hier ansehen: https://www.youtube.com/watch?v=jus7S5vBJyU.
8. … machen Sie sich die Tatsache bewusst, dass ein Hook Point sich oft von einer Tagline oder einem Unique Selling Proposition (USP) unterscheidet. »Just do it« ist Nikes Tagline, und die USP der Marke sind ihre Schuhe. Ihre stärksten Hook Points, die man in ihren verschiedenen Werbekampagnen findet, sind heute die Athleten, die von Nike gesponsert werden (wie in Kapitel 1 erläutert).
9. … verwechseln Sie einen Hook Point nicht mit Branding. Ein Hook Point aktiviert eine Marke, indem er die Menschen dazu bringt, den Produkten, Dienstleistungen und Werten der Brand Aufmerksamkeit zu schenken. Auch hier kann Nike als Beispiel dienen. Die Tatsache, dass Nike eine Sportfashion-Marke ist, ist nicht der Hook – die auf einzigartige Weise differenzierten Produkte, die das Unternehmen herausbringt (wie den Rennschuh, der bei den Olympischen Spielen verboten werden wird, weil er so effektiv ist), oder die Prominenten, die es sponsert, erregen die Aufmerksamkeit.
10. … sollten Sie wissen, dass Seltenheit und Exklusivität ausgezeichnete Tools sein können. Die Tatsache, dass ein privater Club wie

Soho House nur für Mitglieder, also exklusiv, ist, machte ihn noch begehrenswerter.

11. … bedenken Sie, dass Ihr Hook Point in jedem Format vorliegen kann. Im nächsten Kapitel werden wir über den Kochkanal von BuzzFeed, Tasty, reden und darüber, dass das Format, in dem sie ihren Content präsentieren, der Hook Point ist.
12. … vergessen Sie nicht, dass er vor allem die **Aufmerksamkeit anderer fesseln** muss.

Jetzt ist es an der Zeit, dass Sie selbst sich in der Kunst üben, einen Hook Point zu kreieren. Um das zu tun, folgen sie den »Fünf Schritten, um effektive Hook Points zu erschaffen«. Der Prozess ist unten beschrieben.

Schritt 1: Sehen Sie sich genau an, was funktioniert

Suchen Sie nach effektiven Hook Points, die von erfolgreichen Brands genutzt werden, und erstellen Sie eine Liste. Sie sind vielleicht versucht, diesen Schritt zu überspringen, aber tun Sie das nicht. Selbst der Werbetexter Craig Clemens, mit dessen Texten Produkte im Wert von über einer Milliarde Dollar verkauft wurden, benutzte diese Methode, als er damit begann, Schlagzeilen und Hook Points zu schreiben, denn seine originalen Hooks waren furchtbar. Sich die Hook Points anderer Brands anzusehen, wird Ihnen dabei helfen, handwerklich besser zu werden.

Hooks können aus folgenden Dingen entnommen werden:

- Buchtitel,
- Content in den sozialen Medien:
  - Meme-Cards (Kästchen, die unter oder über einem Video auf Facebook oder Instagram erscheinen und in die man Texte schreiben kann – sie werden noch im nächsten Kapitel näher erklärt),

  - Schlagzeilen,
  - Konzepte,
- Launchkampagnen,
- Artikelüberschriften,
- Fernsehwerbespots,
- Anzeigen in den sozialen Medien (nutzen Sie die Facebook Ad Library, um nach Anzeigen zu suchen, unter: https://www.facebook.com/ads/library/),
- Anzeigen in Printform (Werbeplakate, Magazincover).

Nehmen Sie nun die besten Hook Points von der Liste, die Sie erstellt haben, und ersetzen Sie die Angebote, Schlagworte, Geschäftskonzepte oder Dienstleistungen durch Ihre eigenen. Achten Sie darauf, wie diese Hooks (die nach den Hooks anderer Marken modelliert sind) Ihnen dabei helfen, herauszustechen. Bedenken Sie jedoch, dass Sie diese Hooks nicht für Ihre eigene Brand verwenden können (außer, Sie verändern sie auf substanzielle Weise). Der Zweck dieser Übung besteht nicht darin, die Hooks anderer Brands zu stehlen (oder zu replizieren), sondern darin, zu üben und auf Ideen für neue, originelle Hook Points zu kommen.

Schritt 2: Lernen Sie aus dem, was nicht funktioniert

Recherchieren Sie Hook Points, deren Performance unter den Erwartungen lag, und diagnostizieren Sie, wieso Sie Ihrer Meinung nach nicht funktionieren. Um das zu tun, können Sie sich auf sozialen Kanälen umsehen, nach Videos suchen und sich diejenigen ansehen, die keine gute Performance liefern. Sie können auch auf Amazon gehen, auf Google Shopping oder auf Yelp die Namen eines Produkts oder einer Dienstleistung eingeben und sehen, welche Elemente der Liste die wenigsten Reviews oder die meisten negativen Reviews in einer bestimmten Kategorie haben. Oder Sie suchen nach Unternehmen, Produkten und Dienstleistungen, die gescheitert sind, unterdurchschnittlich abgeschnitten haben oder geschlossen/beendet wurden, und nach Anzeigen, die sie nutzten, als sie untergingen. Zusätzlich können Sie auch zu einem Zeitungsstand gehen und nachsehen, welche Magazine oder Buchtitel nicht sofort Ihre Aufmerksamkeit fesseln. Zu guter Letzt können Sie Werbeplakate genauer betrachten und diejenigen analysieren, die Sie nicht faszinieren und nicht dafür sorgen, dass Sie stehen bleiben würden.

Hooks sind im Allgemeinen dann ineffektiv, wenn sie …

1. … zu wortreich sind.
2. … zu verwirrend sind.
3. … zu vage sind.
4. … zu häufig genutzt wurden: Hooks, die Tausende Male von anderen Individuen oder Unternehmen kopiert wurden.
5. … nicht relevant für ein bestimmtes Publikum sind.
6. … altmodisch sind, also nicht relevant für die heutige Gesellschaft/Kultur sind.
7. … geschaffen wurden unter der Annahme, dass die Leute bereits an einem bestimmten Thema interessiert sind.
8. … nicht authentisch sind.
9. … nicht einzigartig genug sind.
10. … uninteressant sind oder eine Sprache benutzen, die nicht sofort eingängig ist.

Schritt 3: Schaffen Sie Ihren eigenen Hook Point

Jetzt ist es an der Zeit, sich darin zu üben, wie Sie Ihren eigenen originellen Hook Point kreieren. Stellen Sie sich vor, dass man Ihnen die Coverstory in einem bedeutenden Magazin oder einer wichtigen Zeitung gibt. Das Ziel ist – sobald die Zeitung gedruckt wurde –, dass sie sich in gewaltiger Auflage verkauft und Ihrem Unternehmen eine bedeutende Anzahl neuer Kunden verschafft. Um das zu erreichen, sollten Sie sich in die Lage Ihrer Kunden hineinversetzen.

Stellen Sie sich eine Frau vor – eine potenzielle Kundin –, die eine belebte Straße entlanggeht. Autos hupen, attraktive Menschen laufen vorbei, andere rufen, und Ihre mögliche Kundin wird von links und rechts angerempelt. Dann geht sie an einem Zeitungsstand mit rund 30 Magazinen und Zeitungen vorbei, und jedes Cover könnte potenziell zuerst ihre Aufmerksamkeit erregen.

Welche Schlagzeile/welchen Hook Point würden Sie für ein solches Szenario kreieren, um die Aufmerksamkeit Ihrer potenziellen Kundin ausreichend zu fesseln, damit sie stehen bleibt, tatsächlich das Magazin oder die Zeitung mit *Ihrer* Schlagzeile darauf kauft (im Gegensatz zu den 30 anderen Magazinen, die direkt danebenliegen) *und* Ihren Artikel liest?

Sie können sich einige Inspiration holen, indem Sie tatsächlich an einen Zeitungsstand gehen oder nach alten Zeitschriftencovern in Ihrem speziellen Fachgebiet suchen. Sehen Sie sich genau die Zeitschriften und Zeitungen an, deren Cover Sie gerne zieren würden. Sei es die *Vogue*, *Sports Illustrated* oder *Entrepreneur*. Nehmen Sie sich die Zeit, um die Schlagzeilen genau zu betrachten. Welche wirken auf Sie faszinierend? Welche stechen heraus und sorgen dafür, dass Sie sich darin vertiefen und direkt den Artikel lesen wollen? Was sorgt dafür, dass Sie die Zeitschrift oder Zeitung nehmen (oder nicht nehmen) und lesen? Denken Sie in Begriffen, die Ihnen helfen, den effektivsten Hook Point für Ihre Brand zu finden.

Diese Übung können Sie mit digitalen Werbeanzeigen oder jedem anderen Typ Content ebenso machen. Stellen Sie sich vor, wie jemand durch Instagram, YouTube oder seinen Facebook-Feed scrollt – welche Überschrift oder welcher Beginn eines Videos werden dafür sorgen, dass er oder sie aufmerksam wird und noch drei oder mehr Sekunden Zeit damit verbringt?

Um das zu testen, können Sie sogar eine Photoshop-Bearbeitung der Instagram-Explore-Seite machen (eine Seite, die aus Beiträgen von Leuten besteht, denen Ihr potenzieller Kunde vielleicht folgt; Posts von Accounts, die ähnlich wie diejenigen sind, denen die potenziellen Kunden folgen; und Posts, auf die viele Reaktionen erfolgen). Wenn Sie glauben, Ihr Publikum verbringt mehr Zeit auf YouTube, können Sie auch eine Zusammenstellung von »vorgeschlagenen Videos« anfertigen. Dieser Abschnitt besteht aus den Videos, die YouTube vorschlägt, nachdem man ein Video zu Ende angesehen hat.

Sobald Sie diese Simulation erstellt haben, fügen Sie Ihre Thumbnails, Überschriften und Schlagzeilen ein, um zu sehen, welche herausstechen und die Aufmerksamkeit der Menschen erregen und welche im Hintergrundrauschen untergehen. Um noch einmal darauf hinzuweisen – Sie sollten eine Kombination wählen, die mit Dutzenden anderer Optionen konkurrieren kann. Ihr Hook Point muss so viel Aufmerksamkeit erregen, dass man auf Ihren Content klicken will, um mehr zu sehen, und nicht auf den von anderen.

Bei dieser Übung sollten Sie so viel Hook Points wie möglich erstellen. Beginnen Sie mit einer langen Liste und reduzieren Sie diese nach und nach. Oft werden Sie dabei mit Dingen beginnen, die innerhalb Ihrer Komfortzone liegen, aber treiben Sie sich weiter an und gehen Sie darüber hinaus, denn dabei entwickelt man oft die besten Hook Points. Lassen Sie sich so viele Ideen wie möglich einfallen – besonders solche, die neue Pfade beschreiten. Denken Sie daran, nur weil Sie es aufschreiben, heißt das nicht, dass Sie es auch verwenden müssen, also schreiben Sie einfach alle Ideen auf, die Ihnen einfallen. Denken Sie in großem Maßstab; denken Sie abseits der ausgetretenen Pfade.

Sobald Sie Ihre Liste fertiggestellt haben, grenzen Sie diese auf eine Auswahl der **drei besten Punkte** ein. Widerholen Sie dann den Prozess – das heißt: erneut eine Liste aufstellen, auf drei Punkte eingrenzen und wiederholen.

Schritt 4: Vergleichen Sie Ihre Hook Points

Nehmen Sie die ursprünglichen Hook Points her, die Sie eben kreiert haben, und vergleichen Sie diese mit den erfolgreichen Hooks aus Schritt 1. Um das zu tun, stellen Sie eine kombinierte Liste all dieser Hook Points auf einer Seite zusammen.

Erstellen Sie nun eine Rangliste der besten Hook Points aus dieser »Master-Liste«. Sie können auch Freunde, Familie und andere Leute in Ihrem Team bitten, diejenigen auszuwählen, die ihnen am besten gefallen. Wenn Ihre ursprünglichen Hook Points aus Schritt 3 nicht ganz oben auf dieser kombinierten Liste stehen und diejenigen von Schritt 1 ausstechen, dann ist es an der Zeit, Ihre Hooks zu überarbeiten, bis sie die erfolgreichsten Hook Points ausstechen, die Sie bei anderen Brands gefunden haben. Dieser Prozess wird Ihnen helfen, sich weiter anzutreiben, um der beste Schöpfer von Hook Points zu werden. Es kann einige Zeit dauern, ein Experte zu werden, aber dieses Investment wird Dividenden abwerfen, wenn Sie die Konkurrenz ausstechen. Vergessen Sie nicht, dass jeden Tag 60 Milliarden Botschaften online gepostet werden. Ihr Hook Point muss diesen Hintergrundlärm durchdringen.

Schritt 5: Testen, ändern und wiederholen

Nachdem Ihnen genug Hook-Point-Optionen eingefallen sind, die Ihrer Meinung nach den Test bestehen, zeigen Sie diese Ihren Freunden und Kollegen, um herauszufinden, welche die meiste Aufmerksamkeit erregen. Sie können Ihre Hook Points auch einem A/B-Test in den sozialen Medien unterziehen, anhand Ihrer E-Mail-Verteilerlisten und auf Werbeplattformen von Suchmaschinen.

Machen Sie sich keine Sorgen, wenn Sie nicht sofort erfolgreich sind – dieser Prozess braucht oft Zeit. Das Wichtigste dabei ist, dass Sie weiterhin modifizieren, den Prozess wiederholen und Ihre Hook Points verbessern, damit Sie die faszinierendsten für Ihre Brand oder Ihr Unternehmen finden.

FÜHREN SIE A/B-TESTS IHRER HOOK POINTS DURCH

Craig Clemens sagt, egal, wie erfahren man beim Erschaffen von wirkungsvollem Marketingcontent ist, man wird immer noch eine Menge Hook Points ersinnen, die kläglich scheitern. Darüber hinaus werden einige Konzepte, von denen Sie es nie erwarteten, überaus erfolgreich sein. Deswegen ist es essenziell, kontinuierlich seine Ideen A/B-Tests zu unterziehen. Ein A/B-Test ist ein Prozess, bei dem man zwei (oder mehr) Versionen von etwas (zum Beispiel einer Schlagzeile, einer Website, einer E-Mail, von sozialem Content oder einem anderen Marketing-Asset) vergleicht und misst, wie sehr sich die Performance der beiden unterscheidet.

Selbst wenn Sie Elemente finden, die funktionieren, schlage ich vor, dass Sie weitertesten und dazulernen. Sie erhalten viele Informationen darüber, wie man das tut, in meinem Buch *Eine Million Follower* (www.onemillionfollowers.com) und in Form einer Schritt-für-Schritt-Anleitung, wie man Überschriften A/B-Tests unterzieht, unter folgender URL: www.brendanjkane.com/test).

Wenn Sie Hook Points finden, die gut performen, sollten Sie Geld für Werbung und in verschiedenen Medien ausgeben, damit Ihre aktuellen und potenziellen Kunden sie sehen können. Irgendwann werden Sie einen Punkt erreichen, an dem Ihre Hook Points nicht mehr so wirkungsvoll sind. Das wird es für Sie nötig machen, neue Hook Points zu kreieren, sie zu testen und zu verfeinern. Daher besteht der Zweck dieses Buches und dieser Übungen darin, zu einem Experten für die permanente Entwicklung stets neuer Hook Points zu werden, damit Sie für Ihre Marke langfristiges Wachstum erzielen können.

KURZTIPPS UND ZUSAMMENFASSUNG

1. Wenn Sie Hook Points erstellen, denken Sie darüber nach, was Sie und Ihr Produkt oder die Informationen, die Sie zu bieten haben, einzigartig und relevant für das Leben anderer Menschen macht: Welche Schmerzpunkte werden gelöst? Was bewirken Ihr Produkt oder Ihre Dienstleistung letztlich im Leben anderer Menschen?
2. Erwartungen mit den Hook Points zu unterlaufen, ist eine gute Taktik, um Aufmerksamkeit zu erregen. Nehmen Sie allgemein für wahr gehaltene Glaubenssätze oder Aussagen, und stellen Sie diese auf den Kopf.
3. Wenn man Ihre Marke mit einem aktuellen und interessanten Thema verbindet, das die Bedürfnisse Ihres Publikums anspricht, wird man innehalten und Ihnen Aufmerksamkeit schenken.
4. Denken Sie über Ihre potenzielle Kundschaft nach und die Unterhaltungen, die diese Kunden in ihrem Kopf mit sich selbst führen – sprechen Sie die Themen an, die ihnen nachts den Schlaf rauben. Bieten Sie Lösungen für die Probleme, die Ihre Kunden lösen wollen.
5. Finden Sie Möglichkeiten, Ihre Informationen so zu verpacken, dass sie leichter zugänglich werden. Zerteilen Sie Ihre Informationen in kleine Häppchen, und testen Sie diese in Form von Hook Points.
6. Finden Sie das »next hot thing«. Seien Sie sich der Kultur bewusst, folgen sie den neuesten Trends und versuchen Sie, sich an die Spitze zu setzen.
7. Sehen Sie sich erneut die »Fünf Schritte, um einen effektiven Hook Point zu kreieren« in diesem Kapitel an, um sich davon helfen zu lassen, Hook Points zu erschaffen.
8. Denken Sie daran, wenn Ihr Publikum zu viel oder zu wenig über Ihren Hook Point nachdenken muss, haben Sie keine gute Wahl

getroffen. Stellen Sie sicher, dass man nicht mehr als drei Sekunden benötigt, um Ihr Konzept zu verstehen.

9. Wenn Sie Hook Points kreieren, beginnen sie mit einer breit angelegten Liste und reduzieren Sie diese auf die drei besten Punkte. Wiederholen Sie dann den Prozess – das bedeutet: kreieren, auf drei eingrenzen, wiederholen.
10. Suchen Sie sich Inspiration für Hook Points, indem Sie an einen Zeitschriftenstand gehen oder in einen Buchladen, sich auf sozialen Medien umsehen oder an anderen Stellen, wo Sie eine Menge Hooks begutachten können.
11. Es ist sehr wichtig, Ihre Hook Points permanent zu testen. Das wird Ihnen helfen, sich klarer darüber zu werden, welche am stärksten sind. Sie können A/B-Tests mithilfe Ihrer E-Mail-Liste, auf den sozialen Medien oder auf einer Suchmaschinen-Werbeplattform durchführen.

(Wenn Sie Hilfe dabei wünschen, die besten Hook Points für Ihre Marke oder Ihr Unternehmen zu entwickeln, besuchen Sie bitte www.hookpoint.com/agency und füllen Sie einen kurzen Fragebogen aus, um uns etwas über Ihr Unternehmen und Ihre Ziele zu erzählen.)

KAPITEL 3

60 MILLIARDEN BOTSCHAFTEN AM TAG: WIE MAN DEN HINTERGRUNDLÄRM ÜBERTÖNT

Jetzt, wo Sie die Prinzipien verstehen, die einem guten Hook Point zugrunde liegen, sehen wir uns einmal genauer an, wie Sie deren Wirkung dafür nutzen können, digitalen Content und Videos zu erstellen. Angesichts von mehr als 60 Milliarden Posts, die jeden Tag auf digitalen Plattformen online gestellt werden, sind Hook Points entscheidende Tools, die Ihnen helfen, aus dem Hintergrundlärm herauszustechen. Und Sie können sie nutzen, um Ihren Content effektiver zu verpacken, damit Sie eine größere Chance haben, bedeutungsvolle Reaktionen zu erhalten, eine starke virale Präsenz auszubilden und Wachstum zu erzielen.

In diesem Abschnitt will ich Ihnen auch erläutern, wie wichtig Bilder und visuelle Storytelling-Taktiken sind, um Aufmerksamkeit zu erlangen und aufrechtzuerhalten. Visuelles Storytelling ist lebenswichtig – 59 Prozent aller Manager würden lieber ein Video ansehen, als einen Text zu lesen, wenn sie die Option haben. Das ist ein neues Phänomen, das man »picture superiority effect« (Anm. d. Übers.:

»Bildüberlegenheitseffekt«) nennt, was bedeutet, dass Informationen, die visuell aufbereitet sind, leichter gelernt und in Erinnerung behalten werden als diejenigen ohne Bilder. Bilder in Ihre Posts auf den sozialen Medien einzubauen, erzielt 180 Prozent mehr Reaktionen und steigert die »Content Retention« um bis zu 65 Prozent.[47]

NUTZEN SIE HOOK POINTS, UM IHRE INFORMATIONEN ZU VERPACKEN

Als ich mit der Journalistin Katie Couric zusammenarbeitete, interviewten wir einige der bekanntesten Prominenten der Welt, darunter Jessica Chastain, Joe Biden, Chance the Rapper, DJ Khaled und viele weitere. Beim Testen all dieses Contents entdeckte ich, dass die Popularität eines Prominenten damals wenig damit zu tun hatte, wie gut dessen Content ankam. Die einfache Tatsache, dass jemand berühmt ist, bietet nicht genug Anreiz für Menschen, in der heutigen Welt innezuhalten und sich dem Content zu widmen. Was wirklich Aufmerksamkeit generiert, ist die Art, wie der Content verpackt, präsentiert und auf einer digitalen Plattform kommuniziert wird. Das Thema, über das ein Prominenter redet und wie dieses Thema dem Publikum präsentiert wird, war häufiger für den Erfolg des Contents verantwortlich als die Tatsache, dass ein Prominenter darin eine Rolle spielte. Mit anderen Worten: Nur den Ruhm als Hebel einzusetzen, war nicht genug; Prominente müssen auch über Themen reden, die einen starken Hook bieten, damit das Publikum nicht einfach weiter durch seinen Feed scrollt, sondern zusieht und reagiert.

Wir machten uns daran, das Standardinterviewformat für digitale Plattformen auf innovative Weise zu ändern, damit Courics Content sich besser vom Hintergrundrauschen abhob. Zu Beginn unserer Zusammenarbeit hatte sie gerade den Sprung vom Fernsehen hin zu einer

Partnerschaft mit Yahoo! gewagt, die auf »digital first« setzte, um Content zu verbreiten. Die Algorithmen favorisierten ihren Content aber nicht. Mit anderen Worten: Ihr Content wurde unterdrückt und nicht ihren Fans oder den Fans der Prominenten gezeigt, die sie interviewte. Um dieses Problem zu lösen, mussten wir die Art, wie wir ihren Content produzierten, komplett verändern, editieren und in den sozialen Medien veröffentlichen. Statt also mit den Fragen zu beginnen, die sie in einem Interview stellen würde, konzentrierten wir uns darauf, was bei dem Interview insgesamt herauskam. Um genauer zu sein: Welche potenziellen Hook Points konnten wir aus diesem Interview generieren, die in großem Maßstab die Aufmerksamkeit der Medien erregen würden? Wir entwarfen Hooks für jedes Interview, basierend darauf, wie es verschiedene Publikumsgruppen ansprechen könnte, von denen wir glaubten, dass sie nicht nur ein Interesse an dem Interview hätten, sondern es auch mit anderen Bekannten teilen würden.

Als Couric mich das erste Mal zu Meetings mit Yahoo! mitnahm, sagten mir die Manager, dass ihr Content ein sehr begrenztes Publikum habe. Mir war klar, dass sie diese spezielle Demografik adressieren wollten, um relevant zu bleiben und ihren aktuellen Werbepartnern etwas bieten zu können, aber ich wusste auch: Wenn wir skalieren und bei den Algorithmen oben mitmischen wollten, mussten wir die Attraktivität ihres Contents über dieses Publikum hinaus ausdehnen, und das schnell.

Ich wusste: Die beste Strategie, um das zu erreichen, bestand darin, wichtige Fürsprecher für jedes Interview zu gewinnen, basierend auf der Person, die wir interviewten, und/oder des behandelten Themas. Um das zu erreichen, entwickelten wir verschiedene Hooks für jedes Interview, die darauf abzielten, die statistischen Chancen zu erhöhen, dass diese wichtigen Fürsprecher das Interview mit allen teilen würden, die sie kannten. Die Idee dabei war: Wenn wir genug Menschen dazu bringen würden, jedes Interview zu teilen, würde das den Algorithmus beeinflussen, um dem Content mehr Reichweite zu verleihen und insgesamt das Potenzial zu erhöhen, viral zu gehen. Indem wir das taten, skalierten wir Yahoos Zielpublikum für ihre Werbepartner und machten Courics und Yahoos Marke gleichzeitig für neue Publikumsgruppen zugänglich. Letztlich brachten wir Leute dazu, etwas mit ihren Freunden, ihren Eltern oder ihren Geschwistern zu teilen. Indem wir Hook Points als Hebel einsetzten, konnten wir jedes Publikum, das wir ansprechen wollten, in großem Umfang erreichen.

Das erste Interview, das Couric und ich gemeinsam testeten, war eines mit Elizabeth Banks. Das Interview war um drei große Hook Points herum strukturiert, die wir im Hinterkopf hatten. Wir begannen mit den Hook Points und nicht mit den Fragen, die Couric stellen konnte. Da Banks in dem Film-Franchises *Die Tribute von Panem* und *Pitch Perfect* mitgespielt hatte und eine starke Fürsprecherin feministischer Werte war, gestalteten wird die Hook Points so, dass sie bei jeder der Publikumsgruppen, die sich für diese Themen interessierten, Anklang finden würden.

Wie oben erwähnt, trafen wir all unsere Entscheidungen in Hinblick auf den Output, den wir erzielen wollten. Welche Hook Points über *Die Tribute von Panem*, *Pitch Perfect* oder den Feminismus würden dafür sorgen, dass die Leute nicht weiter durch ihren Feed scrollten und ihre Aufmerksamkeit dem widmeten, worüber Couric und Banks im Interview diskutierten? Wie konnte man das verpacken, um das endlose Scrollen zu beenden? Die Tatsache, dass Banks über interessante Themen sprach, genügte nicht. Die Verpackung des Interviews braucht eine Menge einzigartiger Hooks – etwas, das das Publikum nicht kannte und noch nie gesehen hatte.

Als wir uns die Hook Points überlegten, nutzte ich die »Zeitschriftübung« (Schritt 3 am Ende des letzten Kapitels). Ich dachte: *Wenn Fans von* Die Tribute von Panem *die Straße entlanggehen, welche Schlagzeile würde dann ihre Aufmerksamkeit genug gefangen nehmen, damit sie stehen bleiben und den Artikel lesen?* Die Schlagzeile/der Hook, der am besten performte unter all dem Content, den wir für das Banks-Interview kreiert hatten, war: »Wie ich eine Rolle in *Die Tribute von Panem* erhielt«. Dieser Hook war nicht nur für die Fans des Films verlockend, sondern auch für alle, die Schauspieler werden wollten oder einfach neugierig waren, was es erforderte, eine Rolle in einem Blockbuster zu bekommen. Es ist wichtig, darauf hinzuweisen, dass wir über 30 Hook Points allein für dieses Interview ersonnen hatten und Hunderte verschiedener Variationen dieser Hooks testeten, um die Gewinnervariante zu finden.

Einen hochwirkungsvollen Hook zu entwickeln, bedeutet nicht nur, zu raten und dann alles auf eine Karte zu setzen. Es geht darum, zu testen, etwas zu verändern und wieder zu testen, bis man die richtige Antwort findet, die zu Resultaten führt.

(Wenn Sie mehr über den A/B-Testprozess erfahren wollen, den ich für alle Interviews nutzte, an denen ich mit Couric arbeitete, lesen Sie in meinem ersten Buch *Eine Million Follower* nach und die Schritt-für-Schritt-Anleitung über A/B-Tests unter www.brendanjkane.com/test.)

Auch wenn das Interview mit Elizabeth Banks eine Menge Reaktionen und Views hervorrief, war das Interview mit der besten Performance, an dem Couric und ich zusammengearbeitet hatten, das mit Brandon Stanton, dem Gründer des Fotoblogs »Humans of New York«. Der Top-Clip aus diesem Interview erhielt mehr als 20 Millionen Views und wurde 240 000-mal geteilt. Die Schlagzeile, die wir nutzten, lautete: »Der Schöpfer von ›Humans of New York‹ besuchte heute Nachrichtenmoderatorin Katie Couric von Yahoo! News Global, um über seinen offenen Brief an Donald J. Trump auf Facebook zu reden.« Das Video behandelt überwiegend politische und sehr emotionale Themen und egal, ob die Zuschauer Präsident Trump unterstützen oder nicht: Sie haben häufig sehr ausgeprägte Meinungen über ihn.

Bei diesem spezifischen Video stammte der Hook Point nicht aus der Überschrift, sondern aus Stantons einführenden Bemerkungen: »Ich habe gesehen, dass Sie rassistische Bilder retweetet haben ...« Und es waren nicht nur diese Worte, sondern die Intensität, mit denen er sie sprach, die das Publikum anzogen – es wollte hören, was er als Nächstes sagte. Das Timing des Videos war ebenfalls hilfreich. Es wurde auf dem Höhepunkt der Wahl 2016 gepostet, als viele Menschen extrem gespannt waren und sehr emotional. Viele Unterstützer von Hillary Clinton teilten dieses Interview mit so ziemlich jedem, den sie kannten. Das ist das perfekte Beispiel, um zu demonstrieren, dass Erfolg nicht nur mit Berühmtheit zu tun hat. Wir interviewten Prominente, die hundertmal bekannter waren als Stanton, aber dieses Interview stellte sie alle in den Schatten aufgrund des Themas, wie der Clip verpackt war, des Timings, der Persönlichkeit Stantons und eines polarisierenden Hooks.

»MEIN VIDEO IST VIRAL GEGANGEN, UND DAS IST DER GRUND«

Derek Muller, der Schöpfer des YouTube-Kanals »Veritasium«, der nahezu sechs Millionen Abonnenten hat, machte ein Video mit dem Titel »Mein Video ist viral gegangen, und das ist der Grund« (Original: »My Video Went Viral. Here's Why«). Das Video erklärt YouTubes Algorithmen und wie wichtig es ist, einen Hook Point zu haben, um Menschen für den eigenen Content zu interessieren. (Um das ganze Video zu sehen, besuchen Sie https://www.youtube.com/watch?v=fHsa9DqmId8.)

In den frühen Tagen von YouTube waren die Abonnenten entscheidend, was bedeutete, wenn Leute Ihren Kanal abonnierten, zeigte YouTube ihnen den Content des Kanals, wenn sie auf die Website gingen. Das machte es relativ einfach für die Creator – diejenigen, die eine Menge Subscriber hatten, hatten auch viel Watch Time auf ihren Kanälen.

Aber heute, wo wir in einer 3-Sekunden-Welt leben, muss sich YouTube anpassen. Um die Zuschauer auf der Plattform zu halten, musste YouTube im Gegensatz zu Facebook, Instagram und anderen Seiten seine Algorithmen ändern. YouTube entdeckte schnell, dass normalerweise Videotitel mit guten Hook Points eine bedeutende Menge an Watch Time ernteten und dass es ähnlich war, wie Zeitungen auf der Straße zu verkaufen, wenn man jemanden dazu bringen wollte, sich Content anzusehen. (Ich hab's ja gesagt!)

Muller macht sich Sorgen, dass die Algorithmen die Leute dazu bringen, sensationsheischende Nachrichtenthemen zu kreieren. Er glaubt, dass sie die Praktiken fördern, die in der Sensationspresse vorherrschen – das Teilen von Nachrichten mit nur wenig oder gar keiner echten Recherche –, die reißerische Schlagzeilen nutzen, um Verkäufe anzukurbeln. Er glaubt, dass soziale Plattformen nur dann mit wahrheitsgetreuen Storys aufwarten werden, wenn die Algorithmen die Kanäle bevorzugen, die viele Abonnenten haben. Auf diese Weise müssen die Creator keine Tricks anwenden, weil sie um die Aufmerksamkeit der Menschen kämpfen.

Dennoch bedienen YouTube und die Mehrheit der anderen sozialen Plattformen die Wünsche der 3-Sekunden-Welt. YouTube hat die Bedeutung der Abonnentenzahlen reduziert und die Wichtigkeit dessen gesteigert, was Muller »Clickbait-Thumbnails« nennt. Ich würde nicht empfehlen, unauthentisch zu sein oder Clickbait zu nutzen. Abgesehen davon ist es nicht mehr so effektiv, wie es einmal war, weil die Algorithmen mittlerweile damit rechnen. Im Moment favorisieren die Algorithmen nicht alleine Clicks, sondern auch die Watch Time und Content-Retention (was das ist, wird weiter unten besprochen). Ich werde noch die Bedeutung authentischer Hook Points und Storys eingehender in Kapitel 5 erläutern, aber fürs Erste sollten Sie bedenken, dass aufmerksamkeitserregende Überschriften (nicht Clickbait-Überschriften) wichtig sind, besonders wenn Sie auf YouTube Erfolg haben wollen.

Muller erklärt darüber hinaus, dass eines seiner viralsten Videos mit mehr als 32 Millionen Views vor dem Hintergrund dieser Theorie über Videoüberschriften entstanden ist. Er war in New York auf dem Creator Summit und zeigte MrBeast (ein YouTuber mit mehr als 34,4 Millionen Abonnenten) Videomaterial über die schwarzen Plastikbälle, die auf dem L.A. Reservoir schwimmen, um die Wasserqualität zu bewahren. MrBeast wusste, dass das Material beliebt sein würde, also besprachen die beiden, welche Überschriften und Thumbnails den besten Hook liefern würden. Muller überlegte, das Video »Schattenbälle werfen« zu nennen, aber MrBeast redete ihm diesen Titel aus. Stattdessen schlug er vor: »Wieso sind 96 Millionen Bälle auf diesem See?« Muller änderte das Wort »See« in »Reservoir« (denn das ist die genaue Bezeichnung), aber der Punkt ist, dass Muller glaubt, die Popularität des Videos hänge in großem Umfang mit dem Hook im Titel und dem Thumbnail zusammen. Sie wirkten interessant und weckten die Neugier der Leute.

Muller erklärt, dass es hauptsächlich von zwei Werten abhängt, ob man viral geht und zig Millionen Views erhält:

1. Watch Time. Wenn jemand Ihr Video für sieben bis acht Minuten ansieht, ist Ihre Performance im YouTube-Algorithmus gut. Um diese Zeitdauer zu erreichen, sollten Ihre Videos nicht weniger als 15 Minuten lang sein.
2. Eine hohe Rate an Click-Throughs. An dieser Stelle werden die Hook Points besonders wichtig. Eine hohe Click-Through-Rate besteht aus der Gesamtzahl an Klicks, die Ihre Titel und Thumbnails erhalten, geteilt durch die Anzahl, mit der Ihre Titel und Thumbnails gezeigt wurden.

MrBeast sagte Muller, wenn man sich einer Click-Through-Rate von 10, 20, 30 oder mehr Prozent nähert, macht die Zahl der Aufrufe und

Impressions einen Satz nach oben. Dieser dramatische Anstieg sorgt dafür, dass YouTube eine Website ist, auf der Überschriften und Thumbnails (die als Hook Points für die Videos dienen) von überwältigender Bedeutung sind.

»Man kann ein großartiges Video haben, aber wenn man keinen großartigen Hook hat, um Zuschauer anzuziehen, wird es nicht viral gehen«, sagt Muller. Also, da haben Sie den Beweis – dass dieses Buch genial ist! Nur ein Scherz (vielleicht nicht ganz). Aber mal im Ernst: Hook Points sind wichtig. YouTube passt sich vielleicht erneut an und verändert sich, aber das ändert nichts an der Tatsache, dass es umso wichtiger wird herauszustechen, je mehr diese Plattformen von Content überschwemmt werden.

Muller erklärt im Fortgang, wie man Thumbnails nutzen kann, um aufzufallen. Sie sind eines der ersten visuellen Elemente bei Hook Points. Um das beste Thumbnail auszuwählen, nutzen viele YouTuber Photoshop, um verschiedene Optionen in einen Screenshot ihrer aktuellen YouTube-Homepage zu basteln. Sie experimentieren mit verschiedenen Thumbnails in unterschiedlichen Positionen, um zu sehen, welche am meisten Blicke auf sich ziehen. Top-Performer auf YouTube testen verschiedene Thumbnails, weil sie wissen, dass die effektiven ihnen dabei helfen, herauszustechen und mehr Views zu erhalten.

Das wird in naher Zukunft sogar noch wichtiger werden, denn YouTube passt die Plattform daran an, Click-Through-Raten in Echtzeit anzuzeigen. Muller vermutet, dass diese Veränderung dazu führen wird, dass vermehrt Videos lanciert werden und man dann sofort Varianten von Thumbnails in Echtzeit testen kann, um zu sehen, welche die höchsten Click-Through-Raten erzielen. Muller glaubt sogar, wenn Creator das nicht tun, werden sie zurückfallen und ihre Videos werden nicht angesehen. Videothemen, -titel und die Thumbnails müssen die Zuschauer fesseln, wenn Sie nicht wollen, dass Ihr Content unter- und verloren geht. Er sagt: »Die Wahrheit ist: Das Publikum weiß nur, dass Sie da sind, wenn es Ihre Titel und Thumbnails sieht.«

Es gibt nur einen begrenzten Platz, um dem Publikum interessante Videos zu zeigen. Alle sozialen Kanäle müssen diesen Platz, auch bekannt als Feed, nutzen, um den Leuten die Videos zu zeigen, die sie sehen wollen. Das Publikum auf YouTube teilt durch Watch Time und Clicks mit, was es mag. Und auch wenn die Algorithmen sich ständig verändern, optimiert sie YouTube im Moment für lange Watch Time. Also, nutzen Sie die Macht der Hook Points und gute Storytelling-Techniken, die Sie in diesem Buch lernen werden, um Ihr Publikum zufriedenzustellen und die Algorithmen auf sämtlichen sozialen Kanälen zu besiegen.

ALGORITHMEN

Reden wir kurz über Algorithmen. Es herrscht oft Verwirrung, wenn die Algorithmen nicht zum eigenen Vorteil arbeiten, aber sie sind besonders auf eine Sache ausgelegt: sicherzustellen, dass man wieder auf die soziale Plattform zurückkehrt. Stellen Sie sich vor, Sie öffnen Facebook, Instagram oder YouTube und der Content auf Ihrem Display ist langweilig, uninteressant und nicht unterhaltsam. Was würden Sie tun? Sie würden die App schließen und etwas anderes tun. Und wenn das jedes Mal passieren würde, sobald Sie die App öffnen, würden Sie sicherlich Ihr Verhalten ändern und Ihre Zeit einer anderen Plattform widmen. Um zu vermeiden, die Aufmerksamkeit der User zu verlieren, sind die Algorithmen so gestaltet, dass sie Content finden, der jedes Mal zu Reaktionen verschiedener User führt, wenn sie die Plattform besuchen. Bei so viel Content, der jede Sekunde hochgeladen wird, und wenn man bedenkt, dass die meisten User Hunderten, wenn nicht Tausenden Accounts folgen, müssen die Algorithmen entscheiden, welchen

Content sie an die Spitze des Feeds stellen und welcher Content ganz unten landet.

Wenn Sie Accounts sehen, die hohe Followerzahlen haben, aber wenig Reaktionen, liegt es normalerweise nicht daran, dass das Publikum nicht engagiert ist, oder daran, dass der Kanal Fake-Follower hat. Es liegt normalerweise daran, dass der Algorithmus der Meinung war, es gäbe Content, der mehr Reaktionen hervorruft, und deswegen diesen Content für die Follower der Accounts priorisiert. Wenn das passiert, erhalten sie nicht mehr viele Reaktionen, denn die meisten Follower sehen den Content nicht.

Nehmen wir an, Sie haben einen Account mit 100 000 Followern und jedes Mal, wenn Sie Content posten, wird der Algorithmus ihn 500 dieser Follower präsentieren und die Kerndaten messen (zum Beispiel die Views-to-Reach-Rate, Share-to-Views-Rate, Engagement-to-Reach-Rate und so weiter). Wenn diese Raten und die Reaktionen mit dem übereinstimmen, wonach der Algorithmus sucht, wird er die Reichweite dieses Contents auf 500 weitere Leute ausdehnen. Wenn die Raten erneut gut sind, werden ihn weitere 1000 Menschen sehen, dann weitere 2000 und so weiter. Der Algorithmus wird Ihren Content dann über Ihr Publikum hinaus verbreiten, wenn er als effektiv angesehen wird. Andererseits wird Ihre Reichweite sofort an ihr Ende kommen, wenn Ihr Content an die ersten 500 Follower geschickt wird und die Raten nicht gut sind – der Algorithmus sieht dann, dass der Content nicht bei den Leuten ankommt, denen er gezeigt wurde. Und um alles noch schlimmer zu machen: Wenn Sie weiter Content hochladen, der zu keinen Reaktionen des Publikums führt, wird Ihr gesamter Account als ineffektiv angesehen und Ihre Reichweite jedes Mal, wenn Sie posten, von Anfang an limitiert. Der Algorithmus wird Ihrem Account einfach keine Chancen mehr geben.

Deswegen ist es wichtig, ständig Content zu produzieren, der nicht nur so gestaltet ist, dass er das Publikum zu Reaktionen bewegt, sondern auch dem entspricht, was die Algorithmen suchen. Wenn der Algorithmus erkennt, dass Sie effektiven Content kreieren, werden Sie jedes Mal, wenn Sie posten, mehr Reichweite erhalten. Das sorgt dafür, dass Sie dramatisches Wachstum erzielen können, so wie Content-Creator wie Jay Shetty oder Prince Ea, die massive Reichweite erzielen, enorm skalieren und damit jedes Mal, wenn sie Content teilen, Milliarden Aufrufe generieren.

(Um mehr darüber zu erfahren und über dieses Thema auf dem Laufenden zu bleiben, besuchen Sie meinen Blog: www.brendanjkane.com/bkblog.)

DIE 3-SEKUNDEN-REGEL

In meiner Kindheit redeten wir oft über die »3-Sekunden-Regel«. Es bedeutete, wenn man etwas zu essen fallen ließ, hatte man drei Sekunden Zeit, es aufzuheben und zu essen, bevor es als kontaminiert betrachtet wurde. Nun, heute gilt das gleiche Prinzip für den Konsum von Videos in den sozialen Medien. In drei Sekunden haben Zuschauer entschieden, ob sie weiter zusehen wollen oder an einem Video im Feed ihres sozialen Channels vorbeiscrollen (oft haben sie es schon in einer Sekunde entschieden).

Woher stammt die 3-Sekunden-Regel? Ich habe bereits in der Einleitung darauf hingewiesen, dass Matt Pakes, Video-Product-Teammanager, erklärt, die 3-Sekunden-Regel sei die Kennzahl, die Facebook nutzt, um Video-Views in den Newsfeeds zu registrieren. Er sagt: »Wenn Sie mindestens drei Sekunden bei einem Video verweilen, signalisiert uns das, dass Sie nicht einfach durch den Feed scrollen, und Sie die Absicht erkennen ließen, das Video sehen zu wollen.«

Je mehr Menschen Sie dazu bringen können, die ersten drei Sekunden Ihres Videos anzusehen, desto besser. Das steigert Ihre Chancen, eine hohe Zahl von Views zu erhalten und dass man sich Ihr Video länger ansieht. Im Gegenzug werden die Algorithmen zu Ihren Gunsten arbeiten und Ihren Content mehr Menschen zeigen.

Die Aufmerksamkeit innerhalb von einer Sekunde zu erregen, um jemanden dazu zu bringen, sich drei Sekunden ein Video anzusehen, ist schwierig, denn das ist eine kurze Zeitspanne. Deswegen ist es so bedeutend, einen soliden Hook Point für Ihr Video zu haben. Sehen wir uns einmal genauer an, wie Sie Ihr Wissen über Hook Points nutzen können, um Ihre Videos so zu strukturieren, dass die Zahl der Views signifikant gesteigert wird.

VERRATEN SIE DIE POINTE

Wie bereits erwähnt, ist Erick Brownstein Präsident und Chief Strategy Officer bei Shareability (und hat schon für Cristiano Ronaldo, die Olympischen Spiele, Adobe, AT&T und viele andere bedeutende Unternehmen und Prominente digitalen Content erschaffen). Er erklärt, dass lineares Storytelling für Videos in sozialen Medien nicht funktioniert – es hilft Ihnen nicht, die Aufmerksamkeit innerhalb der ersten drei Sekunden zu fesseln. Stattdessen rät er denjenigen, die sozialen Content kreieren, die Pointe gleich zu Beginn des Videos zu verraten. Videos von Shareability verraten oft die Pointe oder eine emotionale Enthüllung in den ersten zehn Sekunden. Sie tun es, weil es dem Video eine bessere Chance gibt, Reaktionen hervorzurufen und viral zu gehen. Wenn man das mit weiteren, offensichtlicheren Taktiken des sozialen Storytellings kombiniert – inklusive Contentoptimierung für Mobiltelefone, Nahaufnahmen und das Filmen mit der richtigen Beleuchtung –, hilft es, schnell Aufmerksamkeit zu erregen, wenn man die interessantesten oder emotionalsten Stellen des Contents gleich zu Beginn platziert.

WIE MAN DAS PERFEKTE VERSPRECHEN GESTALTET

Naveen Gowda, den ich bereits erwähnte, ist Stratege für digitalen Content in meinem Team und ehemaliger VP von First Media. Er hat die Performance des Social-Media-Contents von First Media auf drei Milliarden Views im Monat gebracht. Die sozialen Kanäle, die er gemanagt hat, haben Frauen und Mütter aus der Altersgruppe der Millennials angesprochen mit Content für DIY-Handarbeiten und Life-Hacks auf Blossom: https://www.facebook.com/FirstMediaBlossom/, Content zum Thema Essen auf So Yummy: https://www.facebook.com/firstmediasoyummy/, und Schönheitspflege-Content auf Blusher: https://www.facebook.com/firstmediablusher. Zu den typischen Contentkonzepten gehörten Videos, die den Zuschauerinnen die Herstellung besonderer Bilderrahmen aus leeren Babybreigläschen, einzigartige und interessante Rezepte oder besondere Methoden, wie man alltägliche Haushaltsartikel reinigt und für andere Zwecke verwendet, zeigten.

Als Gowda bei BabyFirst zu arbeiten begann (eine Marke innerhalb von First Media), erzielte der Content kaum 1000 Likes pro Post. Er war frustriert, denn er bemerkte, dass andere Publisher im digitalen Raum regelmäßig Millionen von Views hatten. Er machte sich daran, ihrem Geheimnis auf die Spur zu kommen.

Den Anfang machte er damit, den Content der Konkurrenten mit guter Performance aus einer Kommunikations- und Designperspektive zu analysieren. Gowda sah sich erfolgreiche Kanäle genauer an, wie Tasty, einen Social-Media-Channel, der von BuzzFeed ins Leben gerufen worden war und Videos teilte, die mit Kochen, Rezepten und Lebensmitteln zu tun hatten. Er analysierte, wie Tastys Ansatz bei der Contenterstellung war, und replizierte ihn durch die Linse der Marke BabyBrand. Er wählte Tasty als Modell, weil es im Bereich Lebensmittel revolutionär war. 2016 hatten sie 3,7 Millionen Abonnenten und mehr als 190 Millionen Videoaufrufe in weniger als einem Monat.[48] Aktuell ist Tastys am häufigsten aufgerufenes YouTube-Video »I Made a Giant 30-Pound Burger«, mit mehr als 33 Millionen Views. (Sie können dieses Video hier betrachten: www.brendanjkane.com/tasty oder unter https://www.youtube.com/watch?v=z4L2E6_Gmkk.)

Gowdas wichtigste Erkenntnis bestand darin, dass die ersten drei Sekunden eines digitalen Videos genutzt werden sollten, um dem Zuschauer ein Versprechen zu machen – ein Versprechen darüber, wovon der Content handelt und wie diese Nachricht übermittelt wird. Sie haben keine Zeit, das gesamte Konzept Ihrer Marke zu kommunizieren oder in drei Sekunden zusammenzufassen – die Zuschauer sind kaum darauf vorbereitet, was Sie sagen wollen. Diese Zeit lässt sich besser nutzen, um Erwartungen darüber zu wecken, wie Ihre Botschaft rübergebracht werden soll. Wird sie deutlich und fesselnd sein oder chaotisch und schwer zu verstehen? Sie sollten anstreben, dass Ihre Zuschauer die ersten drei Sekunden unterhaltsam finden und Ihnen gerne noch mehr ihrer Zeit opfern.

Tatsächlich wäre es jedes Mal, wenn Sie ein Video in den sozialen Medien oder irgendwo sonst posten, hilfreich, sich vorzustellen, dass Sie sich für eine Arbeitsstelle in der Welt des Zuschauers bewerben. Der Job ist die Zeit Ihres Publikums, und Sie bewerben sich darum, einen Teil dieser wertvollen Ressource zu erhalten. Zuschauer können eine Myriade anderer Dinge tun, wenn Sie also Ihr Anliegen so präsentieren, dass es das anspricht, was die Zuschauer im Moment brauchen, werden Sie den Job bekommen.

Zuschauer und Algorithmen werden Ihnen vertrauen, wenn Sie tatsächlich liefern. Wenn Sie das Vertrauen Ihres Publikums gleich zu Beginn verlieren, werden Ihre Videos nicht weitläufig geteilt werden, und das macht diese ersten drei Sekunden so entscheidend.

DER HELD IST DER EFFEKT

Wenn Sie sich an die Erstellung von Videos machen und über Kommunikationsdesign für soziale Plattformen nachdenken, ist der Effekt, den Sie beim Publikum erzielen, der wahre Held. Zu den besonders erwünschten Effekten gehört, bei den Leuten eine instinktive Reaktion hervorzurufen, die dazu führt, dass sie das Gefühl haben: »Oh, wow, das war so clever«, »Wow, das kann ich wirklich gut nachempfinden« oder »Das anzusehen ist wirklich sehr befriedigend«. Sie wollen, dass Ihr Publikum eine instinktiv-emotionale Reaktion auf Ihren Content hat, statt sich Gedanken darüber zu machen oder das Bedürfnis zu verspüren, das Video aus logischer Perspektive zu analysieren. Viralität entsteht aus dem Gefühl Ihres Publikums, einen Wert geboten zu bekommen, nicht aus den Gedanken, die sie sich über Sie machen, über Ihr Produkt oder Ihre Ideale.

Sobald Sie wissen, welche intuitive Reaktion Sie bei Ihren Zuschauern hervorrufen wollen, stellen Sie sicher, dass alle Ihre Entscheidungen über das Messaging – den visuellen Stil, das Tempo, die Darsteller, die Musik und so weiter – diese getroffene Wahl unterstützen. Die Luxusmarke Gucci ist zum Beispiel Expertin darin, bei den Leuten ein bestimmtes Gefühl in Bezug auf ihre Produkte auszulösen. Sie kreieren eine ganze Marketingkampagne, damit Sie das Gefühl haben, wenn Sie ihre Produkte tragen, verfügen Sie über Status, Macht und guten Geschmack und sind begehrt. All ihr Messaging unterstützt diesen Effekt, den sie für diese Saison erzielen wollen. Sobald Sie in eines der Geschäfte gehen, wird Ihnen ein ganz anderes Erlebnis präsentiert, als Sie es von traditionellen Geschäften gewohnt sind, in denen Stapel mit gefalteten Hemden in den Regalen liegen und es Ständer mit reduzierter Ware gibt. Gucci gibt Ihnen das Versprechen von Luxus und Exklusivität, und das werden Sie sofort verspüren, wenn Sie eines der Geschäfte betreten oder auch nur daran vorbeigehen und ins Schaufenster sehen.

Weil die Marke Gucci versteht, wie man einen Effekt erzielt, kann sie T-Shirts für 450 Dollar verkaufen, die in der Herstellung sehr wahrscheinlich nur 20 Dollar kosten. Gekonnt gestalteter Content erreicht dasselbe – er bietet 450 Dollar Wert, während anderer Content in diesem Medium (Facebook, Instagram, YouTube) nur 20 Dollar Wert oder weniger bietet.

Wählen Sie Ihren Hook Point aus mit dem Wissen, welchen Effekt Sie bei Ihren Zuschauern erzielen wollen. Zum Beispiel ist In-N-Out Burger erfolgreicher als ein Großteil der Konkurrenz, weil die Marke weiß, welchen Effekt sie bei ihren Kunden erzielen will. Ihr Hook besteht nicht nur in der Tatsache, dass sie ein Burger-Restaurant ist, sondern darin, dass man das Gefühl hat, befriedigt zu sein, wenn man das Restaurant verlässt, und das nächste Mal, wenn man Hunger hat, an sie denkt. Gowda glaubt, dass alle Entscheidungen von In-N-Out diese Wirkung unterstützen, unter anderem auch die begrenzte Auswahl auf der Speisekarte. So wird man weniger abgelenkt oder überwältigt und kann sich einfach auf die Qualität der Speisen konzentrieren. Etwas zu reduzieren und zu vereinfachen, ist harte Arbeit, aber es stellt sicher, dass man eine kontrollierte Consumer-Experience hat: Die Kunden erhalten genau das, was In-N-Out will, und die Marke kann sich darauf konzentrieren, diese bestimmten Elemente so hervorragend zu gestalten, dass sie ihrer Tagline treu bleibt: »Qualität, die man schmeckt«.

Jedes Mal, wenn Sie einen bestimmten Content erschaffen, stellen Sie sich selbst die Fragen »Welchen Effekt wird das auf meine Zuschauer haben?« und »Welchen Effekt will ich damit erzielen?«. Sobald Sie diese beiden Fragen beantwortet haben, recherchieren Sie, um herauszufinden, ob andere Content-Creator einen Präzedenzfall dafür geschaffen haben – das heißt, ob sie ihr Publikum erfolgreich erreicht haben. Studieren Sie den Bereich, in dem Sie gerne Content kreieren wollen. Sonst realisieren Sie vielleicht in einem halben Jahr, dass Sie eine Unmenge Zeit und Geld hätten sparen können, hätten Sie aus den Erfolgen und Fehlschlägen anderer gelernt.

Hook Points zu kreieren – und die ersten drei Sekunden eines Videos – mit Ihrem angestrebten Ziel im Kopf wird Ihnen helfen, effektiveren Content zu gestalten. Interessieren Sie Ihr Publikum für Ihren Content, sodass es ihn in seiner Gesamtheit sehen will und der Algorithmus Ihren Content neuen potenziellen Zuschauern präsentiert.

(Wenn Sie von unserem Team an Experten für Content-Creation, die Milliarden von Views online generiert haben, lernen wollen, wie man effektive Videos gestaltet, gibt es hier einige Optionen: www.brendanjkane.com/work-with-brendan/.)

WIE MAN NICHT LANGWEILIG IST: KOMMUNIZIEREN SIE IM RICHTIGEN TEMPO

Präsentieren Sie den Wert, den Sie aufs Tapet bringen wollen, in schnellem und befriedigendem Tempo, statt langsam und methodisch vorzugehen. Naveen Gowda erinnert uns daran, dass wir drei Sekunden haben, um die Struktur zu präsentieren und ein Versprechen abzugeben in Bezug auf den Effekt, den das Video auf die Zuschauer haben wird. Seien Sie nicht langsam, aber springen Sie auch nicht zu schnell in ein Thema und überstürzen Sie nichts. Nutzen Sie stattdessen die ersten drei Sekunden, um eine Szene zu gestalten. Bieten Sie Action oder präsentieren Sie ein ungelöstes Problem. Sobald die drei Sekunden vorbei sind, können Sie damit anfangen, an der Idee zu arbeiten, die Sie präsentieren wollen.

Eine Menge Leute versuchen, zu viele Informationen zu schnell zu kommunizieren, und bringen die Zuschauer damit in eine Situation, in der sie nicht mehr folgen können. Sobald die Zuschauer nicht mehr folgen können, werden sie das Gefühl haben, etwas aufholen zu müssen – das ist, als würden Sie den Kinosaal 20 Minuten nachdem der Film bereits angefangen hat betreten – ein sehr unbefriedigendes Gefühl. Wenn die Leute sich verloren fühlen, werden sie den Rest des Videos nicht ansehen. Außerdem geben Videos, die zu viel Informationen auf einmal liefern, dem Publikum das Gefühl, dass alles zusammengequetscht wurde, und das führt dazu, dass es das Interesse verliert.

Gowda fügt hinzu, dass Ihre Videos nicht unbedingt aufregend sein müssen, aber man sollte ihnen leicht folgen können und sie sollten unterhaltsam sein. Es geht nicht darum, ein Spektakel zu liefern, sondern darum, das Video bis zum Ende fesselnd zu gestalten. »Langweilige« Teile des Videos oder Abschnitte, die keine Reaktionen hervorrufen, schaden der Performance des Videos mehr, als die Leute glauben. Seien Sie ehrlich mit sich selbst, wenn es darum geht, wie fesselnd Ihr Content ist, und denken Sie kreativ darüber nach, wie man Segmente vermittelt, die nicht ganz so fesselnd sind (und entscheiden Sie außerdem, ob diese Abschnitte wirklich nötig sind).

Beim Produzieren von Do-it-yourself-Videos, bei denen man die Zuschauer durch einen Prozess führt, etwas herzustellen oder zu lernen, wie man eine Aufgabe erledigt oder Aktivität durchführt, ist es laut Gowda eine gute Idee, in den ersten drei Sekunden das Tempo vorzugeben, indem man mit einer statischen Szene beginnt, bei der die Kamera sich nicht bewegt oder den Winkel ändert. Dann kann man einen Gegenstand in die Szene einbringen, und es passiert etwas damit. Zum Beispiel kreierte Gowdas Team ein Video, das mit einem roten Plastikbecher begann. Die ersten drei Sekunden zeigten:

1. Ein roter Plastikbecher wird präsentiert.
2. Der Becher wird von der Hand zerdrückt, die ihn hält.
3. Der zerdrückte Becher wird hingelegt.

Nach dieser Einleitung beginnt der eigentliche Content des Videos. Das wirkt vielleicht sehr primitiv und einfach, aber diese Simplizität macht es einfach, zu folgen, und weckte beim Zuschauer Interesse. Die Zuschauer hörten auf, durch den Feed zu scrollen, und sahen sich die nächsten zehn Sekunden des Videos an. Tatsächlich hat das Video mehr als 2,2 Millionen Aufrufe erhalten: https://www.facebook.com/watch/?v=10155697878679586.

Stellen Sie sicher, dass die Leute den Schritten oder Informationen in den Videos, die Sie produzieren, folgen können, genauso, als würde jemand sich darüber unterhalten. Gowda sagt, dass die visuelle Gestaltung dem Rhythmus folgen sollte: »Tu erst das, dann das und dann das.« Dieses einfach zu verstehende Format bereite die Bühne. Es lässt das Publikum glauben: *Dem werde ich folgen können.* Es stößt die Gedankenkette an: *Okay, was kommt als Nächstes?* Außerdem, so fügt er hinzu, gilt diese lineare Form der Kommunikation nicht nur für Anleitungsvideos – tatsächlich sollten *alle* Videos linear strukturiert sein.

Ein Beispiel für ein Video, das ein gutes Tempo hat und zeigt, wie bestimmte Marken ihre ersten drei Sekunden gestalten, ist »Wenn es nicht wehtut, zählt es nicht« (»If It Doesn't hurt, It Doesn't Count«), das Sie sich auf meinem Instagram-Account hier ansehen können: www.brendanjkane.com/count. Die ersten drei Sekunden sind effektiv, weil das Video dem Zuschauer Zeit gibt, die fest eingebaute Überschrift, auch als »Meme-Card« bekannt, zu lesen (was als Hook Point dient), bevor die Untertitel und das Voice-Over beginnen. Außerdem entwickeln sich die visuellen Elemente langsam genug, sodass man sich nicht darauf konzentrieren muss, während man die Überschrift liest und dem Voice-Over zuhört.

Die Struktur eines Videos ist so gestaltet, dass sie die Zuschauer durch den folgenden Prozess führt: *Lies zuerst die Überschrift, schau dir dann die visuellen Elemente an und verstehe, welchen Kontext ich biete.*

Höre dann zu, was ich zu sagen habe. Die später folgende Dynamik, von den ersten visuellen Elementen zu Aufnahmen überzugehen, in denen man sieht, wie ich etwas erzähle, weckt im Zuschauer die Erwartung, dass das nicht nur eine Serie von langweiligen Aufnahmen ist, sondern eine durchdachte Kommunikation in Form einer Unterhaltung mit dem Zuschauer. Die Aufnahmen, in denen ich etwas erzähle, sind gleichzeitig ein nonverbaler Storytelling-Hinweis, der den Zuschauern hilft, mir nahtlos zu folgen.

BEREITEN SIE DIE BÜHNE, UM WÜNSCHE ZU BEFRIEDIGEN

Als allgemeine Regel sollten Sie nicht mit zu viel Action starten, bevor die drei Sekunden vorbei sind. Bis zu diesem Punkt ist es Ihr Ziel, die Bühne zu bereiten und Interesse zu wecken. Aber auch wenn die Story sich noch nicht entwickeln muss, sollten Sie den Zuschauern zeigen, dass das Video ein gutes Tempo hat und es nicht langsam, langweilig und statisch sein wird.

In den ersten drei Sekunden müssen Sie auch kommunizieren, dass es ein befriedigendes visuelles Erlebnis sein wird, das Video anzusehen. Dieses Konzept kann nicht immer in logischen Begriffen definiert werden. Man kann es sich auch als Rhythmus vorstellen. Der Rhythmus der visuellen Elemente in den ersten drei Sekunden sollte sich befriedigend anfühlen und die Aufmerksamkeit Ihres Publikums weiter fesseln. Es ist damit zu vergleichen, wie man sich fühlt, wenn man die ersten drei Sekunden eines tollen Liedes in einem Club hört, zu dem man tanzen kann. Wenn ich Sie in Bewegung versetzen kann, werden Sie begeistert sein, den Rest zu hören.

Das bedeutet nicht, dass Ihre Videos einen hohen Produktionswert haben müssen oder etwas Beeindruckendes passieren muss. Sie könnten

Ihr Video auch mit einer Schüssel beginnen und dann auf interessante Weise eine Dose Cola hineingießen. Man denkt vielleicht, dass es langweilig wäre, so etwas anzusehen, aber das ist zu logisch analysiert. Einleitungen wie diese funktionieren, weil sie visuell ansprechend sind. Es ist die Art von Sequenz, die Gowda genutzt hat, um online Milliarden von Views zu generieren.

BRINGEN SIE IHR PUBLIKUM NICHT ZUM NACHDENKEN

Bringen Sie Ihr Publikum in den ersten drei Sekunden nicht zum Nachdenken. Sie sollten es im Grunde im Verlauf Ihrer meisten Videos nicht zum Nachdenken zwingen. Wenn Sie Zuschauer bitten, nachzudenken, dann muss es wirkungsvoll sein. Wo wir gerade dabei sind, im Gegensatz zu traditionellem Clickbait und der fast religiösen Bedeutung von Überschriften wird diese Wirkung nicht immer im Sinne von Schock oder Überraschung angestrebt. Manchmal können Sie genauso viel Impact erzielen und aufrichtiges Interesse an einem Video wecken, indem Sie ein genau richtiges Tempo wählen und eine gute Komposition. Dann, sobald Sie das richtige Gesamtgefühl erzielen, wird es einfacher und verdaulicher für Ihr Publikum, Stellen zu finden, an denen Sie technischere, verkopftere oder gedankenanregende Botschaften einbauen. Gowda fügt hinzu, dass es für Sie hilfreich ist, das richtige Feeling Ihres Contents zu etablieren, wenn Sie nicht zum superintelligenten, aber langweiligen Professor werden wollen, der zwei Stunden lang Fakten herunterleiert, im Gegensatz zu jemandem, der Storys und praktische Anwendungen einbaut, um Begeisterung darüber auszulösen, dass man als Zuschauer mehr über die technischen Details hinter diesen Anwendungen lernt.

Wie man in drei Sekunden Befriedigung auslöst

Die ersten drei Sekunden eines effektiven Videos für soziale Medien …

1. … sind befriedigend anzusehen. Sie nehmen das Publikum gefangen und überzeugen es, seine Zeit zu investieren, um den Rest Ihres Contents zu betrachten.
2. … haben das richtige Tempo. Die Zuschauer müssen wissen, dass sie dem Video folgen können.
3. … haben einen linearen Aufbau (das bedeutet: Lassen Sie nicht die Zuschauer Ihre Arbeit machen).

Gowda zitiert drei Beispiele von Videos, die eine tolle Komposition haben, damit Sie sich einen visuellen Eindruck verschaffen können, wovon er redet:

a) Verschönern Sie Ihren Tag mit diesen fünf überraschenden Hacks: www.brendanjkane.com/bright
b) Sie sind das, wonach Sie gesucht haben, von Adam Roa: www.brendanjkane.com/adam
c) Wenn jemand, den Sie lieben, Ihren Traum nicht unterstützt: www.brendanjkane.com/dreams

WIESO FILMTRAILER MIT FÜNF SEKUNDEN EIGENWERBUNG BEGINNEN

»Jason Bourne nimmt die Jacke ab, schlägt einen Mann bewusstlos, wirft einen einsamen Blick an der Kamera vorbei und dann erscheint ein Zwischentitel.« Das ist der erste 5-Sekunden-Teaser für den Trailer für *Jason Bourne*, der unmittelbar darauf folgt. Teaser vor den Trailern wurden zur Norm. Die Trailer für *Die zwei Päpste*, *The Irishman*, *Once*

Upon a Time in Hollywood und *Fast & Furious: Hobbs and Shaw* sind auf die gleiche Weise strukturiert. Diese Mikro-Teaser zu Beginn fungieren als Hook Points beim Versuch, die Zuschauer dazu zu bringen, ihre Zeit zu opfern und sich den gesamten Trailer anzusehen.

Teaser in Trailern existieren alleine zu dem Zweck, die Aufmerksamkeit der Zuschauer in den ersten drei Sekunden zu fesseln. Einer der Trailer für *Independence Day: Wiederkehr* beginnt mit lauten und spektakulären Bildern, die nicht erklären, was vor sich geht, aber einprägsam sind und Interesse wecken. Der tatsächliche Trailer nimmt sich Zeit, zu erklären, was in den ersten drei bis fünf Sekunden passiert ist. Filmstudios fingen damit an, weil diese Trailer auf den sozialen Medien geteilt werden und die Vermarkter nur ein paar Sekunden haben, um die Zuschauer zu überzeugen, mit dem Scrollen aufzuhören und zuzusehen.

Latham Arneson, der ehemalige Vice President für Digitalmarketing bei Paramount Pictures, glaubt, dass es gute und schlechte Methoden gibt, um die Gestaltung dieser Trailer umzusetzen. Er warnt, nur weil die Bilder laut und grell sind, bedeutet das nicht, dass sie die Aufmerksamkeit der Menschen erregen. Die Bilder brauchen einen gewissen Pegel an Faszination. Bringen Sie das Publikum dazu, dass es sich die Frage stellt: »Oh, was ist das?« Wecken Sie den Wunsch, mehr zu sehen. Wenn die Leute wieder und wieder von grellen und lauten Bildern überwältigt werden, wird diese Taktik ineffektiv. »Achten Sie auf das, was es bereits gibt, damit Sie niemanden kopieren«, rät Arneson. Finden Sie neue Möglichkeiten, ein hohes Maß an Faszination auszulösen.

Interessant ist, dass die Studios, die Millionen von Dollar in einen Content investieren, dennoch hart arbeiten müssen, um sich Taktiken einfallen zu lassen, die die Aufmerksamkeit der Menschen erregen. Die Tatsache, dass sie einen Trailer vor dem Trailer brauchen, spiegelt das hohe Maß an Konkurrenz wider, gegen das sie ankommen müssen, um Aufrufe in den sozialen Medien zu erhalten.

WAS PASSIERT, WENN SIE SCHLAFEN

Arneson arbeitete an den Marketingkampagnen für den Film *Paranormal Activity*, der zwei wirklich starke Taglines/Hook Points hatte. Die lauteten »Was passiert, wenn du schläfst?« und »Schau ihn dir nicht allein an«. Der visuelle Hook des Trailers war, dass man die ängstlichen Reaktionen des Publikums sah, die den Film im Kino ansahen. Der Trailer zeigt kaum einen Teil des Films. Die Bilder zeigen überwiegend das Publikum, das mit Angst, Schock und Überraschung reagiert. Diese gewählte Struktur des Trailers sorgt dafür, dass Zuschauer sich fragen, was so gruselig ist, dass die Leute derart ausflippen.

Der Trailer war so strukturiert, weil *Paranormal Activity* ein Low-Budget-Film war, der langsam Spannung aufbaute. Im Format als ein kurzes Stückchen Content weckte der Film nicht genug Interesse. Arneson ist sogar der Meinung, hätte der Trailer einfach aus Filmausschnitten bestanden, wäre er ziemlich langweilig gewesen. Es war kein Film mit einem großen Budget, der einen auf den ersten Blick in den Bann zieht, oder ein visuell beeindruckender Actionfilm. Er hatte kein Budget wie *Avengers* oder *Star Wars*, also machte es keinen Sinn, mit Trailern für Filme in dieser Liga konkurrieren zu wollen. Indem man stattdessen Leute filmte, die den Film im Kino ansahen (und völlig verängstigt waren), schuf das eine Situation, in der die Zuschauer des Trailers begeistert waren, weil sie ähnliche Reaktionen erleben wollten.

Zusammengefasst sollten Sie sich der Stärken Ihres Produkts bewusst sein und Ihren Content auf eine Art und Weise präsentieren, die diese Eigenschaften hervorhebt. Es gibt eine unendliche Zahl an Formen, wie Sie Ihren Content verpacken können. Nutzen Sie Versuch und Irrtum, um die Methoden zu finden, die für Ihr Produkt oder Ihre Brand am meisten Sinn ergeben.

200 000 INSTAGRAM-FOLLOWER IN EINEM MONAT

Ich habe viel Zeit damit verbracht, Strategien zu entwickeln, um schnell auf Instagram zu wachsen. Die schnellste Methode für dieses Wachstum, die ich gefunden habe, mit einem Zuwachs von etwa 150 000 bis 300 000 Followern in einem einzigen Monat, besteht darin, den Content auf anderen Accounts mit einer großen Followerzahl zu testen und zu verbreiten. Das ist die Strategie, die mir geholfen hat, eine Million Follower auf Instagram und mehrere Millionen Follower für andere Klienten und Partner zu gewinnen.

Die Account-Typen, mit denen ich den größten Erfolg beim Verbreiten von Content hatte, beschäftigten sich mit Memes. Ein Meme-Account stellt keine einzelne Person, keinen Influencer und keine Marke dar, sondern ist ein Account, der sich auf eine spezielle Nische spezialisiert hat. Es gibt Meme-Accounts für beinahe jede bedeutende Nische: Inspiration, Mode, Essen, Sport, Comedy und so weiter. Eine eher formelle Definition des Begriffs »Meme« ist: »ein Video, ein Bild oder ein Satz, den viele Leute sich über das Internet zuschicken«. Einige populäre Beispiele für Meme-Accounts sind unter anderem: @thegoodquote, @noteforself und @thefatjewish.

Creator von Meme-Accounts müssen sehr gut darin sein, tollen Content zu sammeln, um die Aufmerksamkeit von Millionen von Zuschauern und Followern zu gewinnen. Eine Methode, die mein Team nutzbringend einsetzte, um schnell auf Instagram zu wachsen, bestand darin, meinen Content auf den Seiten von Meme-Accounts zu posten, um die Leute auf *meine* Accounts zu locken.

Das kann man auf zwei Arten bewerkstelligen:

1. Organisch, indem man Share gegen Share tauscht (was bedeutet, dass Creator von Meme-Accounts Ihren Content teilen werden, wenn Sie es umgekehrt auch mit dem ihrigen tun) oder eine andere Form von Distributionspartnerschaft eingehen, bei der jemand bereit ist, Ihren Content kostenlos zu posten. Das funktioniert typischerweise nur dann, wenn Ihr Content viele Reaktionen hervorruft oder Sie eine andere Art von Wert für den Account und seinen Besitzer bieten können.
2. Sie können diesen Anschub erreichen, indem Sie etwas kaufen, das man einen *Shout-out* nennt. Das ist ein anderer Begriff dafür, Werbung auf dem Account von jemand anderem zu kaufen. (Für weitere Informationen darüber, wie man auf Meme-Accounts auf der ganzen Welt Werbung macht, sehen Sie sich meinen Kurs Rapid Audience Growth an: https://www.rapidaudiencegrowth.com/.)

Wenn Sie einen Shout-out bei einem Meme-Account kaufen, sollten Sie Content bieten, der Interesse an Ihrem Account weckt. Im Grunde machen Sie Werbung für Ihren Account mit einem starken Hook. Oft geschieht das in Form eines Fotos, zusammen mit einer Botschaft, die andere dazu anregt, Ihnen zu folgen.
Um erfolgreich zu sein, müssen Sie herausfinden, welche Art von Content und welche Hooks das Publikum dazu motivieren, Ihrem Account zu folgen. Das hört sich simpel an, aber das ist es eigentlich nicht. Es ist von enormer Wichtigkeit, einen starken Hook Point zu kreieren, sonst funktioniert dieser Prozess nicht. Zum Beispiel hat einer unserer Partner, der Memes on-

line stellt, mehr als 19 Millionen Follower. Als wir Content mit einem ineffizienten Hook auf deren Account posteten, resultierte das in 200 weniger Followern, während ein Shout-out mit einem starken Hook 5000 bis 20 000 mehr Follower in 24 Stunden einbringen konnte. In beiden Szenarien wird der Content auf demselben Account gepostet und demselben Publikum präsentiert, aber der Content, der den effektiveren Hook hat, erregt die Aufmerksamkeit der Leute und schafft ausreichend Motivation, sodass die Zuschauer mehr über den Account lernen wollen, der beworben wird, und letztlich auf den »Follow«-Button klicken.

Etwa 99 Prozent der Menschen, die dieses Buch lesen, sollten ihren Content mit großer Kreativität und effektiven Hook Points verpacken – ich selbst praktiziere das jeden Tag mit meiner Marke und meinen Klienten. Um in einer 3-Sekunden-Welt herauszustechen, denken Sie über die Reaktionen nach, die Sie bei Menschen hervorrufen wollen, wenn diese Ihren Content sehen. Definieren und testen Sie, was dieses Publikum dazu motiviert, Ihrem Account zu folgen. Wie bei Hook Points ist es auch hier wichtig, zu bedenken, dass die Dinge, die funktionieren, sich stets verändern und weiterentwickeln. Die obigen Beispiele könnten sich zu einem anderen Format weiterentwickelt haben, weil das alte nicht mehr funktionierte.

MEME-CARDS: WAS SIND SIE UND WIE NUTZT MAN SIE?

Indem ich in den letzten paar Jahren Hunderttausende Variationen von Content getestet habe, lernte ich, dass es unglaublich wichtig ist, klare und eindeutige Erwartungen in Bezug auf die Informationen hervorzurufen, die Sie präsentieren wollen (was sich durch eine Überschrift,

Meme-Card oder Beschriftungen innerhalb des Contents erreichen lässt), um jemanden dazu zu bewegen, zuzusehen, zu klicken, etwas zu kaufen und/oder Ihre Videos zu teilen.

Eine Meme-Card – ein Textkästchen, das oben oder unten in einem Video auf Facebook oder Instagram erscheint – kann Ihnen helfen, ihre Hook-Points schnell und eindeutig denjenigen zu präsentieren, die sich durch Ihren Social-Media-Feed scrollen. Wenn Sie soziale Medien nutzen, haben Sie vermutlich schon einmal eine Meme-Card gesehen. Sie sieht so aus:

Gowda erläutert, dass Meme-Cards ein wichtiger struktureller Aspekt in der Sprache von Instagram und Facebook sind – wenn Sie diese nicht in Ihren Kommunikationsstil integrieren, werden Sie es vermutlich schwerer haben, auf diesen Plattformen Aufmerksamkeit zu erregen. Das liegt daran, dass Meme-Cards die Erwartungen festlegen, auf welche Art Sie kommunizieren, und als erster Eindruck oder Einführung für Ihre Zuschauer dienen. Wenn Sie an eine Kasse kommen und die Person hinter dem Tresen nicht lächelt oder unmittelbar unhöflich ist, wird das die Erwartung nähren, dass die Interaktion unangenehm wird. Ist die Person hingegen freundlich, lächelt und ist geduldig, bevor sie überhaupt etwas sagt, hat dieses Individuum die Erwartung geweckt, dass Sie die Interaktion genießen werden. Meme-Cards helfen Ihnen auch, Erwartungen festzulegen. Sie können damit das Versprechen machen, dass Sie Ihre Interaktion (also Ihren Content) auf eine bestimmte Weise präsentieren werden.

Gowda erklärt, dass oft uneindeutige Meme-Cards kreiert werden mit Sätzen wie: »Das musst du bis zum Ende ansehen.« Eine Meme-Card, die so wenig Wert bietet, sagt den Zuschauern im Grunde, dass sie Mehrarbeit für den Creator leisten müssen, im Gegensatz dazu, etwas Faszinierendes und Verständliches von diesem Creator zu erhalten.

Vor Kurzem hat Werbetexter Craig Clemens ein Video mit einer Meme-Card gepostet, die lautete: »Beeindrucke sie, indem du gesund isst.« Dieser Satz ist der Beginn einer Story darüber, wie er seine Frau beeindruckte, indem er sich gesund ernährte. Im Folgenden erläutert er die Wichtigkeit einer gesunden Ernährungsweise. Indem er den Hook Point durch eine Meme-Card präsentiert, bietet Clemens seinen Zuschauern genug Wert, um zu wissen, dass sie nicht ihre Zeit verschwenden, wenn sie sich den Content ansehen, und dass sie nicht gezwungen werden, allzu intensiv darüber nachzudenken – sie können den Content passiv konsumieren. Letztlich kann er diese Aufmerksamkeit in Aktion verwandeln, aber nicht sofort. Das liegt daran, dass man seine Zuschauer nicht in jedem Content, den man produziert, bitten kann, etwas für einen zu tun. Zuschauer haben tonnenweise andere Optionen und werden sich dafür entscheiden, andere Videos anzusehen, die ihnen mehr Wert bieten, ohne dass sie harte Arbeit leisten müssen.

Ein effektiver Hook Point für eine Meme-Card weckt Faszination. Gowda stellte klar, dass dieser faszinierende Hook Point nicht eine Zusammenfassung der gesamten Story im entsprechenden Post sein muss. Sie können mit einer sehr kontroversen oder abseitigen Aussage beginnen, während die Story, die Sie erzählen, motivierend oder inspirierend ist – solange die Kommunikation auf authentische Weise stattfindet. Das bedeutet: Kreieren Sie keine Meme-Cards, die nur Clickbait sind, und stellen Sie sicher, dass der Satz, den Sie auswählen, Sinn ergibt und mit dem Content Ihres Posts auf einer Linie liegt.

Ein Beispiel für einen Post, der das effektiv bewerkstelligt, ist dieser Clip von Adam Roa, der eine motivierende Rede auf dem Instagram-Account von Mindvalley hält. (Sie können dieses Video hier ansehen: www.brendanjkane.com/roa.) Ein eingeblendeter Text (der in diesem Fall die Rolle der Meme-Card übernimmt) beginnt mit einer Aussage, die ein wenig schockierend klingt: »Kaufe dieses Auto, und du wirst die Frauen um den Finger wickeln. Kaufe diesen BH, und du wirst dir die Männer angeln.« Dann erzählt Roa eine Story, die das Gegenteil dieses Hook Points nahelegt. Die Story ist motivierend und erklärt, wieso Sie nicht auf eine Konsumgesellschaft hören sollten, die versucht, Ihnen einzureden, Sie bräuchten materielle Güter, um Partner anzulocken. Mindvalley nutzte diese provozierenden Aussagen als den vorangestellten Hook Point, denn sie weckten Aufmerksamkeit, und die wahre Absicht dieser Aussage kann von den Zuschauern verstanden werden, sobald sie den Rest der Story gesehen haben. Es ist nicht einfach nur eine provozierende Clickbait-Überschrift – es steht ein Zweck dahinter, der von der Story unterstrichen wird.

Mindvalley benutzt erst seit Kurzem Hook Points in Videos. Durch die Verwendung von Hook Points in Form von Meme-Cards konnte Mindvalley die Performance seiner Videos verdreifachen. Die Top-Performer unter Mindvalleys Videos haben vor der Verwendung von Hook Points zwischen 20 000 und 30 000 Views erhalten, und nun sind sie in der Lage, auf Instagram mit den meisten Videos über 100 000 Views zu erhalten. Tatsächlich erhielten einige der am besten performenden Videos auf Facebook sogar Millionen von Views. Indem Mindvalley die Videos auf diese Weise verpackte und mit einem bestimmten Kommunikationsdesign ausstattete, wurde ein deutliches Versprechen gemacht, und Zuschauer reagieren darauf, indem sie diesem Content mehr von ihrer Zeit und Aufmerksamkeit widmen.

(Wenn Sie sich eingehender mit Meme-Cards und anderen viralen Formaten beschäftigen wollen, die wir bei unseren privaten Klienten verwenden, können Sie sich einen detaillierten Bericht hier ansehen: www.brendanjkane.com/viralreport.)

MEME-CARDS TESTEN

Um es Ihnen einfacher zu machen, die besten Sätze für Ihre Meme-Cards zu finden, empfiehlt Gowda, mehrere Versionen zu testen. Denken Sie daran: Ihre Meme-Card sollte Ihre Botschaft unterstützen, sie aber nicht notwendigerweise wiederholen. Wenn Sie ein komplexes Thema in einer Botschaft oder einem Video vermitteln wollen, nutzen Sie eine Meme-Card, um Ihrem Konzept eine Basis oder ein Fundament zu verleihen, auf denen es verankert ist. Nur wenn die visuelle Darstellung zu Beginn ein langsameres Tempo aufweist, können Sie komplexere Formulierungen und durchschlagende Phrasen für Ihre Meme-Card nutzen.

Wenn die Meme-Card zum Beispiel lautet: »Lach über dich selbst, oder andere werden es tun« (www.brendanjkane.com/laugh), so präsentiert sie damit eine recht umfangreiche Idee – die man erst einmal verarbeiten muss –, weswegen wir sie mit relativ simplen visuellen Elementen kombiniert haben: der Darstellung einer Frau, die einen verschneiten Hügel hinabrutscht. So bleibt die visuelle Entwicklung in den ersten drei Sekunden des Videos minimal, und die Zuschauer haben Zeit, die Meme-Card zu verarbeiten. Gowda hält fest: Wenn Sie einen komplexen Gedanken in der Meme-Card transportieren wollen und gleichzeitig komplexe visuelle Elemente zeigen, überfordert das die Zuschauer oft. Denken Sie daran und stellen Sie sicher, eine gute Balance zwischen Text und visuellen Elementen in Ihrem Kommunikationsdesign beizubehalten.

Sie können die richtige Balance für Ihr Kommunikationsdesign ermitteln, indem Sie kleinere Elemente davon testen. Gowda und ich haben verschiedene Meme-Cards in A/B-Tests in drei Sekunden langen Einleitungen erprobt, um die richtige Balance zu finden. Vielleicht verzögerte Option A den Beginn des Voice-Overs um eine halbe Sekunde, sodass wir anhand der Zuschauerreaktionen erfuhren, an welcher Stelle genau wir das Video schneiden mussten, um es perfekt mit der Meme-Card auszubalancieren. Und bei weiteren Variationen testeten wir vielleicht verschiedene Überschriften in den Meme-Cards und/oder begannen die ersten drei Sekunden mit verschiedenen Clips, die aus verschiedensten Quellen stammen konnten (sogenannte Found-Footage-Clips, A. d. Ü.). Wie Sie sehen, gibt es viele nuancierte Details, die einfließen, wenn man hochvirale Clips in den sozialen Medien kreieren will. Wir haben Jahre mit dem Testen und Verfeinern dieses Prozesses verbracht. Angesichts dessen im Folgenden einige einfache Tipps, die Sie als Grundlage für diesen Prozess des Testens und Lernens nutzen können.

Drei Tipps für die Erstellung effektiver Meme-Cards

1. Vergleichen Sie sich mit der Konkurrenz. Betrachten Sie die erfolgreichen Videos Ihrer Konkurrenten und sehen Sie sich an, welche Meme-Cards diese verwenden. Platzieren Sie Ihre Ideen daneben und sorgen Sie dafür, dass sie herausstechen. (Sie können sich dabei auf die Übung zum Erstellen von Hook Points beziehen, die am Ende von Kapitel 1 steht.)
2. Bieten Sie einen Wert. Es ist leicht, Meme-Cards mit Text zu erstellen, der etwa lautet: »Schau dir das bis zum Schluss an«, »Das wird Sie inspirieren« oder »Du wirst nicht glauben, was als Nächstes passiert«, aber diese Sätze bieten keinen Wert. Das Publikum blendet solche vagen Botschaften im Allgemeinen aus. Versuchen Sie stattdessen, einen handfesten Wert in Ihren Meme-Cards zu bieten.
3. Achten Sie auf Ihr Typografie-Design. Identifizieren Sie den Schlüsselsatz oder das Schlüsselwort im Satz oder in der Phrase Ihrer Meme-Cards. Wenn möglich, heben Sie diese hervor und trennen Sie den Satz oder die Phrase an der Stelle, an der Sie einen Zeilenumbruch haben wollen. Sie sehen das in der Meme-Card »Lache über dich selbst oder andere werden es tun«. (Dieses Video können Sie sich erneut ansehen, unter: www.brendanjkane.com/laugh.)

Sie werden sehen, dass mein Team das »Lache über dich selbst« als den Schlüsselteil dieses Satzes herausgestellt hat. Wir haben uns entschieden, die eine Zeile von der nächsten abzutrennen. Sie sehen, dass wir außerdem die erste Zeile fett gesetzt haben. Dadurch kommunizieren wir unterbewusst, wie man diesen Satz lesen sollte, und das hilft, ihn für das Publikum einfacher verdaulich zu machen. Wir hätten auch »Lache« als Schlüsselwort in Fettschrift setzen können, aber in diesem Fall wäre das ein Fehler gewesen, denn es ist keine vollständige Gedankenfolge. Gowda empfiehlt, sofort einen greifbaren Wert zu bieten, wann immer das möglich ist. Für sich allein sagt »Lache« dem Publikum wenig – es ist nur ein Wort –, wohingegen »Lache über dich selbst« eine abgeschlossene Idee ist, die einen Wert bietet.

(Diese Prinzipien des Typografie-Designs für Meme-Cards erläutern wir in unserem viralen Video und einem Framework-Bericht, der hier verfügbar ist: www.brendanjkane.com/viralreport.)

NUTZEN SIE SOCIAL ANALYTICS UND SUCHMASCHINEN, UM HOOK POINTS ZU TESTEN UND ZU FINDEN

Als er bei Paramount Pictures arbeitete, testete Arneson seine Hook Points mithilfe von Social Media Analytics. Wann immer sein Team neuen Content veröffentlichte, erhielten sie Tausende und manchmal sogar Hunderttausende Kommentare auf den sozialen Kanälen. Anhand dieser Daten konnten sie einschätzen, wie ihre Botschaften bei den Menschen ankamen. Sie erfuhren, welche Themen und Ideen den Menschen am wichtigsten waren und auf welche sie am meisten reagierten.

Wenn Arnesons Teammitglieder zum Beispiel Horrorfilme veröffentlichten, wussten sie, dass sie auf der richtigen Spur waren, wenn jemand kommentierte: »Ich habe mir vor Angst fast in die Hosen gemacht!« Das war ein offensichtliches Signal, dass der Content oder der Trailer funktionierten. Bei der Werbekampagne für *Paranormal Activity* gab es Kommentare, dass die Werbespots den Leuten den Schlaf raubten. Das ist genau die Wirkung, die sein Team erzielen wollte – es wollte, dass die Zuschauer so verängstigt waren, dass sie nicht schlafen konnten. Die Unterhaltungen, die Arnesons Team in den sozialen Medien sah, waren einige der deutlichsten Hinweise auf den Erfolg ihrer Taktik.

Gowda warnt jedoch, dass man vorsichtig sein sollte, wenn man auf die Kommentare des Publikums hört. Im Allgemeinen hat er den Eindruck, dass Analysedaten wie Views, Retention oder Shares wichtiger sind als Kommentare. Er stimmt zu, dass man Anhaltspunkte aus den Kommentaren erhält und sich der Wirkung seiner Videos auf das Publikum bewusst sein sollte, dass es aber gefährlich ist, die Kommentare zu wörtlich zu nehmen. Denn dies kann das Wachstum behindern oder einen in die falsche Richtung lenken. Stattdessen sollte man sich die Reaktionen der Menschen im Sinne von Wachstum und dem Verhältnis positiver zu negativer Reaktionen ansehen und sie nicht als punktuelle Ratschläge sehen. Lesen Sie die Analysedaten und ziehen Sie Ihre Schlussfolgerungen, bevor Sie sich die Kommentare ansehen, damit Sie diese präziser einschätzen können. Nutzen Sie die Kommentare, um Ihre Analyse zu unterstützen, und nicht als alleinige Richtschnur.

Wenn zum Beispiel Ihre Analysedaten zeigen, dass der Content gut performt und Sie vielleicht ein sehr gutes Verhältnis von Shares zu Views haben, können Sie sich die Kommentare im Wissen ansehen, dass Ihre Kampagne funktioniert hat. Auf diese Weise wird es nicht Ihre künftigen Entscheidungen beeinflussen, wenn Kommentatoren Ihr Video kritisieren. Stattdessen werden Sie den positiven Kommentaren mehr Aufmerksamkeit widmen, um zusätzliche, vielleicht nuancierte Einsichten darüber zu gewinnen, wieso der Content so gut performt. Sehen Sie sich diese Daten an, bevor Sie den Kommentaren Ihres Publikums zu viel Gewicht beimessen.

DATEN SUCHEN

Ein weiterer Erfolgsindikator für Arnesons Team war das Ausmaß an Google-Suchen und Suchanfragen in anderen Suchmaschinen. Als der erste *Cloverfield*-Filmtrailer erschien, hatte der Film noch keinen Titel. Paramount beschloss, das Veröffentlichungsdatum an das Ende des Trailers zu setzen statt den Titel. Arneson leitete die Abteilung bei Paramount, die sich mit Internetsuchen beschäftigte, und er stellte fest, dass es nach der Veröffentlichung des Trailers einen Anstieg an Suchanfragen betreffs des Veröffentlichungsdatums des Films gab. Das zeigte, dass viele daran interessiert waren, mehr über den Film herauszufinden. Daher steckte sein Team mehr Geld in die Werbung für den Film, um dieses Momentum zu nutzen und noch mehr Aufmerksamkeit zu erregen.

Sie können ebenfalls Suchdaten nutzen, um die effektivsten Ansatzpunkte für Ihre Hook Points in Marketingkampagnen zu finden. Gowda sieht es ebenfalls so, dass mehr Menschen sich bewusst sein sollten, wie wirkungsvoll es ist, über mehrere Plattformen hinweg Recherchen und Suchen zu betreiben. Facebook, Instagram, YouTube, Reddit und Google haben alle eigene Algorithmen, die spezifisch darauf ausgelegt sind, den wirkungsvollsten Content zu finden. Nutzen Sie das zu Ihrem Vorteil, aber seien Sie sich der Fallstricke bewusst. Ein solcher Fallstrick besteht darin, dass der Algorithmus die Content-Creator und Social-Media-Manager zur Faulheit verleiten kann – sie lassen die Algorithmen die ganze Arbeit für sich machen, was ihre Analyse allein auf den am besten performenden Content der bekanntesten Contentschaffenden der Welt in ihrem Bereich eingrenzt. Sie brauchen jedoch eine breiter angelegte Perspektive, warnt Gowda, als nur den Content, der in Ihrem eigenen Fachgebiet existiert. In den meisten Fällen ist es schwer, mit großartigen Ideen aufzuwarten, wenn man sich selbst zu sehr einschränkt. Sein Geheimnis besteht darin, Ideen in Content auf mehreren Plattformen zu finden und in Content, der nicht notwendigerweise eine gute Performance aufweist (Erklärung unten).

Reddit

Für Gowda ist Reddit eine der besten Plattformen, um neue Ideen zu finden. Er hat den Eindruck, Reddit erhalte oft den besten Content als erste Plattform, denn dort hat der Algorithmus sehr viel weniger Gewicht – der Content wird durch die Reaktionen der User an die Spitze gepusht. Das liegt daran, dass Reddit eine Plattform ist, die auf aktives Engagement Wert legt. Das bedeutet, die User bekommen nicht nur den Content gezeigt, um durchzuscrollen, sondern sie müssen aktiv auf Posts klicken, was sie dazu zwingt, selbst etwas zu tun, um den Content zu kuratieren. Die Plattform trainiert die Zuschauer darauf, intelligent vorzugehen, wenn sie auf Content reagieren. Wenn also ein GIF, Video oder Konzept es tatsächlich bis an die Spitze des Feeds schafft, ist es sehr viel wirkungsvoller, als wenn es das auf anderen Plattformen schafft. Reddit ist der Ort, an dem man den besten Content findet (unabhängig vom Prestige des Content-Creators).

Sie können normalerweise ein Subreddit finden (eine spezifische Online-Community und die Posts, die mit dieser verbunden sind), das die breitesten Kategorien abdeckt. Gowda meint, dass es schwierig ist, bei der eigenen Suche extrem spezifisch vorzugehen, deswegen empfiehlt er, verschiedene Subreddits zu abonnieren, damit man Posts vorgeschlagen bekommt, die auf breiter Ebene Themen ansprechen, die mit dem eigenen Fachgebiet zu tun haben. Er empfiehlt außerdem, Google zu nutzen, um nach Themen zu suchen, und dabei das Wort »Reddit« nach dem Suchbegriff einzufügen, denn eine Google-Suche ist effektiver als die Suchfunktion von Reddit. Sobald man dann seine Subreddits gefunden hat, betrachtet man den Content und findet etwas, bei dem man sich denkt: *Wow, das ist cool!* Das ist die Grundlage, um Hook Points und Storys zu kreieren.

Tubular Labs

Gowda empfiehlt außerdem, Suchen auf Tubular Labs durchzuführen, ein fortgeschrittenes Tracking-Tool, das Videocontent auf YouTube, Instagram und Facebook trackt. Damit kann man Suchen nach Views, Shares und Likes sortieren und hat die Möglichkeit, Daten zu exportieren, die nach verschiedenen Kennzahlen organisiert sind. Das ist eine gute Methode, um die am besten performenden Videos und Contentschaffenden zu finden. Gowda achtet dabei am meisten auf die Views innerhalb einer bestimmten Zeitspanne oder das Verhältnis von Shares zu Views. Er warnt jedoch, dass man beim Lesen der Daten aufpassen muss. Manchmal treibt Paid Media die Performance eines Posts hoch, und man sollte sich nicht täuschen lassen über den Erfolg eines Videos, das in Wahrheit nur eine erfolgreiche Werbekampagne war. Erledigen Sie Ihre Hausaufgaben, indem Sie auf jedes Video klicken und (basierend auf den Kennzahlen) entscheiden, ob es so aussieht, als wären die Abrufe das Resultat einer bezahlten Kampagne oder nicht.

YouTube

Das letzte Tool, das Gowda empfiehlt, um sich Ideen für Content und Hook Points einfallen zu lassen, ist YouTube. Indem man nach den offensichtlichen Schlüsselwörtern sucht, die von den meisten Leuten in Ihrem Bereich verwendet werden würden, können Sie einen weiteren Schritt machen, intensiver recherchieren und Content finden, der nicht Unmengen an Views erhielt und vielleicht keinen großartigen Produktionswert aufweist, sich aber dennoch als ein kleines Goldnugget erwies. Indem er eine präzise Suche dieser Art durchführte, fand Gowda Ideen für einige der am besten performenden Videos, die er je kreiert hat.

Einmal hat er zum Beispiel das Video einer älteren Frau in China gefunden, die Wäsche faltete. Sie hatte eine sehr ausgefeilte Technik – es waren nur drei Schritte, wodurch sie T-Shirts in Sekunden zusammenfalten konnte. Gowdas Team übernahm das Konzept, verpackte die Idee auf originelle Weise und erhielt damit mehr als 300 Millionen Views.

Als Alternative dazu können Sie auch YouTube-Videos mit hohem Produktionswert, die aber nicht angemessen verpackt wurden, nach Ideen durchsuchen, die Sie auf neue Weise nutzen können. Gowda stieß einmal auf ein hochwertig produziertes Video eines Aprilscherzes, das nur 4000 Views hatte. Sein Team übernahm die Idee und wandelte sie ab, senkte den Produktionswert und erhielt 150 Millionen Views. In diesem Fall wirkte die weniger hochglanzpolierte Version authentischer für das Publikum und funktionierte besser.

Es gibt keine eindimensionale Wahrheit in diesem Bereich. Sie müssen suchen, testen und lernen, um sich die besten Hook Points und das beste Kommunikationsdesign für jeden Content einfallen lassen. Seien Sie bereit, stets dazuzulernen und nach und nach immer bessere Methoden zu finden, um Ihre Botschaft zu vermitteln.

KURZTIPPS UND ZUSAMMENFASSUNG

- Den richtigen Hook Point zu wählen und den Content gut zu verpacken, ist von entscheidender Bedeutung, wenn man die Leute dazu bringen will, etwas anzusehen, zu teilen, anzuklicken oder Ihren Content, Ihre Produkte und Ihre Dienstleistungen zu kaufen.
- Wecken Sie eindeutige Erwartungen in Bezug auf Ihren Content, indem Sie Überschriften, Meme-Cards oder eingeblendete Texte verwenden.
- Die ersten drei Sekunden Ihres digitalen Contents sollten ein Versprechen an Ihre Zuschauer beinhalten. Stellen Sie sicher, dass dieses Versprechen eindeutig ist und Neugier weckt.
- Ihr angestrebtes Publikum kann seine Zeit für eine Myriade anderer Dinge nutzen, präsentieren Sie Ihren Content also auf eine Weise, die seine Bedürfnisse anspricht und ihm einen Wert bietet.
- Fragen Sie sich jedes Mal, wenn Sie einen bestimmten Content kreieren: »Welche Wirkung hat das auf meine Zuschauer?«
- Stellen Sie eine Wettbewerbsanalyse anderer Content-Creator in Ihrem gewählten Fachgebiet an. Schauen Sie sich an, was es bereits gibt, damit Sie aus den Erfolgen und Fehlschlägen anderer lernen können.
- Stellen Sie sicher, dass die ersten drei Sekunden Ihres Videos erfreulich anzusehen sind, das richtige Tempo haben und so präsentiert werden, dass Ihre Zuschauer nicht zu angestrengt darüber nachdenken müssen oder das Gefühl haben, etwas aufholen zu müssen.
- Es gibt unendliche Möglichkeiten beim Verpacken Ihres Contents. Nutzen Sie Versuch und Irrtum durch A/B-Tests, um die Methoden zu finden, die für Ihr Produkt oder Ihre Marke am meisten Sinn ergeben.

- Meme-Cards sind wichtige Tools, die Ihnen helfen, Erwartungen darüber zu wecken, wie Sie mit Ihren Zuschauern kommunizieren, und die eine Einführung für Ihre Videos darstellen.
- Lassen Sie sich von den Analysedaten sozialer Plattformen leiten, um Ihren Erfolg zu überwachen und zu entscheiden, was Sie als Nächstes kreieren wollen.
- Nutzen Sie Reddit, Tubular Labs und YouTube, um Content, Hook Points und Story-Ideen zu finden.

KAPITEL 4

WERDEN SIE PRÄSIDENT UND RETTEN SIE DEN PLANETEN: DIE KUNST DES STORYTELLINGS MEISTERN

Ob es sich um einen jungen Erwachsenen handelt, der gerade seinen Uniabschluss gemacht hat, oder einen Milliardär, der enormen Erfolg hatte, viele Menschen haben Schwierigkeiten, ihr Nutzenversprechen zu verpacken. Sie sind nicht sicher, was sie einzigartig macht, und wissen nicht, wie sie sich eine fesselnde und originelle Story einfallen lassen können, die in einer 3-Sekunden-Welt die Aufmerksamkeit der Menschen fesselt und aufrechterhält. Storys zu erzählen, die das Publikum ansprechen und ihrem Kommunikationsstil und ihren Bedürfnissen entsprechen, ist eine der wichtigsten Fertigkeiten, die Sie erlernen können. Wenn Sie versuchen, bei einem Meeting einen neuen Deal an Land zu ziehen, ein virales Video für soziale Medien kreieren wollen oder Werbetexte zur Vermarktung Ihrer Marke schreiben wollen, müssen Sie wissen, wie man schnell und effizient eine Geschichte erzählt, die den Leuten den Wert aufzeigt, den Sie oder Ihr Produkt ihnen bieten können.

Über die Jahre habe ich mehrere Storys entworfen – darüber, wer ich bin und was ich tue –, die Fallstudien über die Klienten beinhalteten, mit denen ich gearbeitet habe. In Meetings stellte ich Fragen, um die Schmerzpunkte meiner potenziellen Kunden besser zu verstehen. Dann wählte ich, basierend auf ihren Antworten, an ihren Bedarf angepasste, strategisch ausgeklügelte Variationen meiner Storys aus, die ich ihnen erzähle.

Einmal saß ich in einem Meeting mit einem Gentleman namens Michael Wright, der damals der CEO von Steven Spielbergs Produktionsfirma Amblin Entertainment war. Einer meiner Geschäftspartner hatte das Treffen arrangiert, und weder Wright noch ich hatten eine Vorstellung davon, worum es in dem Meeting gehen sollte – wir wussten nur, dass es weniger als 25 Minuten dauern sollte, denn Wright hatte einen vollgestopften Terminkalender.

Wir setzten uns, und ich verbrachte die ersten sieben oder acht Minuten damit, Wright Fragen über Amblin Entertainment und dessen Hauptfokus zu stellen. Ich fragte, was seine Ziele als CEO waren, was dabei die wichtigsten Hindernisse und Blockaden waren, die den Erfolg verhinderten, und wie die aktuelle Strategie des Unternehmens aussah, um diese Herausforderungen zu überwinden. Ich wollte genau verstehen, wie er arbeitete, was seine größten Schmerzpunkte waren und was ihm wertvoll erschien.

Wright erzählte mir, dass Amblin Entertainment eine Menge Geld investierte, um eine neue Markeninitiative zu starten. Sie wollten denselben Grad an Markenbekanntheit haben wie Marvel – denn selbst wenn man weiß, wer Steven Spielberg ist, weiß man oft nicht, dass Amblin Entertainment Filme wie *E.T. – Der Außerirdische*, *Jurassic Park* oder *Der Soldat James Ryan* produziert hat. Das Team investierte eine Menge Geld und Zeit, um eine Website zu lancieren, auf der man Content von Amblin konsumieren und darauf reagieren konnte, aber aufgrund der geringen Markenbekanntheit fürchtete Wright, die Website würde nur ein paar Tausend Aufrufe im Monat erhalten, sobald sie online war.

Indem ich die richtigen Fragen stellte und zuhörte, stellte ich fest, dass es ein wichtiges Ziel für Wright war, Amblin in eine Marke zu verwandeln, die genauso viel Bekanntheit erreicht wie Marvel, und dass die Website dabei einer der entscheidenden Schritte war. In diesem Moment realisierte ich, dass ich eine Lösung für dieses Problem hatte und, was noch wichtiger war, einen Hook Point und eine Story, um diese Lösung effektiv zu kommunizieren. Ich wusste, ich konnte dabei helfen, in großem Maßstab Traffic auf die Website zu leiten, um Wrights Sorgen zu zerstreuen. Der Hook Point war die Tatsache, dass wir in einem Monat nahezu sieben Millionen Menschen auf die Website von Yahoo! geholt hatten, um den Content von Katie Couric zu konsumieren. In der Story erläuterte ich dann die Strategie, die wir für Couric und Yahoo! angewendet hatten, um in großem Maßstab Traffic von Facebook zu ihren Interviews auf der Yahoo!-Website zu leiten.

Innerhalb von 20 Minuten vermittelte ich eine sehr deutliche Vorstellung, wie man das Problem überwinden konnte, und Wright war schwer begeistert, endlich vorankommen zu können, und über die Möglichkeit einer Zusammenarbeit. Unsere Strategie war es, starke Hook Points in der Filmbibliothek von Amblin zu finden, einzelne Filmausschnitte und Interviews einzusetzen, die diese Hooks am besten zum Ausdruck brachten, und A/B-Tests durchzuführen, um die Variationen zu ermitteln, die am meisten Interesse wecken und in großem Maßstab Traffic auf die neue Website bringen würden.

Letztlich haben wir dieses Projekt nie ins Rollen gebracht, denn es kam eine Menge Firmenpolitik ins Spiel, an denen noch andere

Parteien beteiligt waren, und Wright verließ Amblin Entertainment, um Präsident von EPIX zu werden. Dessen ungeachtet funktionierten der ursprüngliche Hook und die Story, die ich genutzt hatte. Ich weckte damit Wrights Aufmerksamkeit, baute eine Beziehung auf und weckte bei ihm Begeisterung darüber, mit meinem Partner und mir zu arbeiten.

Manche Meetings verlaufen gut und führen zu neuen Geschäftsmöglichkeiten, während andere das nicht tun. Was Sie dabei mitnehmen sollten, ist die Tatsache, dass ich, auch ohne vorher zu wissen, was das Thema des Meetings sein würde, einen Schmerzpunkt fand, aus dem Stegreif eine Strategie entwickelte und diese in eine fesselnde Story verpackte, um zu zeigen, welchen Wert ich aufs Tapet bringen konnte.

BLEIBEN SIE FLEXIBEL: EINE WICHTIGE LEKTION, DIE MAN IHNEN NICHT IM YOGAKURS BEIBRINGT

Bereiten Sie sich auf Meetings vor, indem Sie sich eine Story einfallen lassen, die zu den Hook Points passt, die Ihnen geholfen haben, das Meeting überhaupt zu erhalten, aber wenn Sie sich im Meeting befinden, sollten Sie flexibel sein. Oder wenn Sie, wie in meinem Fall bei Amblin Entertainment, den Hook nicht kennen, der Ihnen die Tür geöffnet hat, gehen Sie mit dem Vorsatz hinein, zuzuhören, denn das wird Ihnen helfen, einen der größten Fehler zu vermeiden, den man machen kann, und der besteht darin, einen vorgefertigten Pitch zu haben. Diese Art Pitch führt dazu, dass Sie immer dasselbe sagen, egal, wer auf der anderen Seite des Tisches vor Ihnen sitzt, und das ist keine effektive Strategie. Geschickter ist es, einen Schritt zurückzutreten, über die Menschen nachzudenken, mit denen man redet, und zuzuhören, was sie zu sagen haben.

Nehmen Sie sich die Zeit, Körpersprache zu lesen und die Stimmung der Menschen im Raum einzuschätzen. Wie reagieren sie auf Ihre Fragen? Versuchen Sie herauszufinden, wer sie sind, und gehen Sie die Unterhaltung sachte an. Sie und ihre Bedürfnisse umfassend zu verstehen, wird Ihnen Vorgaben an die Hand geben, wie Sie Ihre Informationen verpacken sollten. Nicht jede Story schlägt bei jedem an. Manchmal müssen Sie eine andere Story erzählen – oder Ihre aktuelle Story auf leicht abgewandelte Art erzählen –, um effektiv zu sein.

ICH BIN EIN SUPERHELD, KEIN KOMIKER: WIE MAN DIE EIGENEN STÄRKEN HERAUSSTELLT

Wenn Sie Storys erzählen, ist es wichtig, die persönlichen Stärken hervorzuheben. Ich bin zum Beispiel kein Komiker. Für gewöhnlich reiße ich keine Witze und erzähle keine lustigen Geschichten. Ich bin ein eher ernster und analytischer Mensch. Meine Storys sind strukturiert, um dieser Wahrheit zu folgen. Wenn Sie hingegen eine überbordende Persönlichkeit haben und lustige Witze erzählen können, dann arbeiten Sie das in Ihre Story ein. Solange es nicht zu sehr ablenkt und Sie nicht das Vertrauen und die Glaubwürdigkeit Ihrer Zuhörer verlieren, kann Humor wertvoll sein. Nutzen Sie Ihre authentischen Stärken, um die Leute dazu zu bringen, Ihnen Aufmerksamkeit zu schenken und in ihnen den Wunsch zu wecken, mit Ihnen zu arbeiten.

ACHTEN SIE AUF DIE ZEIT: BRECHEN SIE DEN WELTREKORD FÜR DAS KÜRZESTE MEETING

Sie sollten sicherstellen, dass Sie sich gut ausdrücken; klar, knapp und auf den Punkt. Die Storys, die ich in Meetings erzähle, dauern typischerweise zwischen zwei und sechs Minuten. Ich überziehe diese Zeitspanne nicht, weil die Storys sich dann zu lange hinziehen. Sie sollten auch Zeit für Feedback, Fragen und für eine Einschätzung der Reaktion Ihres Gegenübers lassen. Sie wollen ja keine halbstündige Präsentation halten, nur um dann festzustellen, dass es für die Leute auf der anderen Seite des Tisches keinen Wert hat, wie sie Ihre Story positionieren. Abgesehen davon sind wirklich wichtige Meetings meistens kurz, denn wichtige Leute haben wenig Zeit.

Wenn Sie Content für soziale Medien erstellen, fehlt Ihnen diese unmittelbare Feedbackschleife und die Möglichkeit, sich aus dem Stegreif anzupassen. Aber Sie können den Erfolg von Content messen; achten Sie auf Länge, Format und Struktur und behalten Sie das für das nächste Video, das Sie produzieren, im Hinterkopf. Denken Sie daran, sich die Analysedaten anzusehen und sich davon leiten zu lassen. Darüber hinaus können Sie einen genauen Blick auf die Konsumverhaltensmuster auf den jeweiligen Plattformen werfen. Facebook und Instagram sind zum Beispiel für kürzere Contents bekannt, während YouTube ein Konsumverhalten begünstigt, bei dem auch längerer Content eine Rolle spielt und manche Zuschauer sich Videos ansehen, die eine Stunde oder länger dauern. Testen Sie verschiedene Plattformen und verschiede Contentformate, um herauszufinden, was bei Ihrem Publikum am besten ankommt.

STORYTELLING FÜR ÖFFENTLICHE VORTRÄGE

Sobald Michael Breus, der Schlafdoktor, für einen Vortrag gebucht wird, redet er mit dem Event-Promoter, um ein Gespür für die Zusammensetzung seines Publikums zu erhalten. Er will wissen, wie das Verhältnis von Männern zu Frauen ist, wie viel sie verdienen, welchen Berufen sie nachgehen und wo sie wohnen. All dies ist von entscheidender Bedeutung, denn es hilft Breus dabei, seinen Vortrag anzupassen, um die Bedürfnisse des Publikums zu befriedigen. Ich wende diese Taktik ebenfalls an, und sie hat sich für meine Rednerkarriere als wirkungsvoll erwiesen.

Wenn Breus vor einem Publikum spricht, das zu 90 Prozent aus Männern und 10 Prozent aus Frauen besteht, stellt er sicher, dass er drei Fallstudien über Männer präsentiert. Selbst wenn die Männer sich mit bestimmten Aspekten einer Frau in einer Fallstudie identifizieren können, ist es sinnvoller, für den Vortrag Folien zu wählen, die besser zur Demografie des Publikums passen und es direkt ansprechen.

Sobald er in dem Raum ist, in dem er seine Rede halten soll, präsentiert Breus normalerweise ein Charakterprofil und liest es dem Publikum vor. Dann fragt er: »Wie viele von Ihnen identifizieren sich mit dieser Person? Wenn Sie es tun, heben Sie die Hand.« Üblicherweise hebt die Hälfte der Gruppe sofort die Hände. Dann fügt er hinzu: »Okay, von denjenigen, die nicht die Hand gehoben haben, könnten davon drei jetzt die Hand heben?« Nachdem diese drei Menschen die Hand gehoben haben, fragt er: »Also, was an diesem Profil traf nicht auf Sie zu?« Er hört zu und findet für gewöhnlich eine andere Fallstudie in seinen Folien, die auf ihre Bedürfnisse zutrifft. Er lässt sie wissen, dass er sie in die Unterhaltung miteinbezieht, indem er sagt: »Oh, das ist ja toll, denn ich werde später noch über jemanden reden, der einiges mit Ihnen gemein hat, also warten Sie noch ein Weilchen.« Diese Übung ermöglicht es ihm, sein Publikum besser zu verstehen und seine Kommunikation entsprechend anzupassen.

Wenn Ihr Publikum sich nicht angesprochen fühlt, wird es Ihnen nicht zuhören, und deswegen versucht Breus, seine Botschaft auf die Zuhörer im Raum maßzuschneidern. Das Profil des Publikums zu kennen, hilft ihm dabei, es während der Präsentation bei der Stange zu halten, denn er passt jede Präsentation an ihre Bedürfnisse an.

Ich habe kürzlich erlebt, wie wirkungsvoll es ist, seine Botschaften an die Bedürfnisse des Publikums anzupassen, als ich eine Keynote vor mehr als 7000 Zahnärzten hielt. Ich hatte noch nie eine Keynote vor Zahnärzten gehalten, also versuchte ich, so viel Recherche und Untersuchungen über diejenigen, die im Raum waren, durchzuführen, wie ich konnte. Sobald ich diese Informationen hatte, überarbeitete ich meine Rede, um sie an die Bedürfnisse des Publikums anzupassen und ihre Schmerzpunkte, ihre Herausforderungen und ihre Ziele anzusprechen.

Ein weiterer Trick, den Breus anwendet, um das Interesse des Publikums aufrechtzuerhalten, besteht darin, zu jeder einzelnen Person im Raum Augenkontakt herzustellen. Irgendwann während seines Vortrags sieht er jeden Einzelnen einmal an, und wenn es nur eine halbe Sekunde lang ist, denn er will, dass jede Person sich gesehen fühlt. Das sorgt dafür, dass alle im Publikum präsent bleiben, und es wird weniger unangenehm, von persönlichen Schlafproblemen zu erzählen.

Zu guter Letzt benutzt Breus noch eine Storytelling-Technik, um aus seinen Vorträgen das Beste zu machen, indem er mit einer Frage-und-Antwort-Runde beginnt, wobei die Fragen sich auf seine besten Hook Points beziehen. Er eröffnet zum Beispiel eine solche Fragerunde, indem er sagt: »Eine der besten Fragen, die ich häufig zu hören bekomme, lautet: ›Hey, Doktor Breus, auf welcher Matratze schläft man am besten?‹, oder: ›Hey, Doktor Breus, was ist der beste Zeitpunkt für Sex vor dem Schlafengehen?‹« Diese Themen für Hook Points sind interessant, pikant und wecken den Wunsch, mehr erfahren zu wollen.

Finden Sie heraus, wer Ihr Publikum ist, damit Sie seine Bedürfnisse bestmöglich ansprechen. Sie werden hilfreicher sein, und das Publikum ist viel mehr bei der Sache, wenn Sie es wirklich verstehen.

DAS PROCESS COMMUNICATION MODEL

Das Process Communication Model (PCM) ist ein Verhaltensbeobachtungswerkzeug, das es Ihnen ermöglicht, effizienter zu kommunizieren. Es wurde schon bei der NASA eingesetzt, von Bill Clinton und Pixar, um ihnen zu helfen, ihre Business- und Kommunikationsziele zu erreichen. Jeff King, ein Experte für PCM, liefert eine kurze Übersicht über die besten Methoden, wie man das Publikum erreicht und dafür sorgt, dass es interessiert und engagiert bleibt, indem er dieses Modell anwendet.

King erklärt: Wenn man eine Story erzählt, muss man dabei an das eigene Publikum denken. Wenn Sie hingegen nur Storys erzählen, die sich darauf konzentrieren, wie *Sie* selbst die Welt sehen, befinden Sie sich auf den Holzweg. Leider tut die Mehrheit der Menschen genau das – sie neigen unterbewusst dazu, ihr eigenes Vokabular zu verwenden und in den Begriffen zu sprechen, die ihnen wichtig sind. Alle Geschichten, die sie erzählen, orientieren sich dann daran.

Beim PCM gibt es sechs Sprachschatzgruppen, die sich auf die sechs verschiedenen Persönlichkeitstypen im PCM beziehen. Dazu gehören: Logiker, Beharrer, Empathiker, Träumer, Rebell und Macher. Jeder Persönlichkeitstyp nimmt die Welt auf eine andere Weise wahr.

Logiker nehmen die Welt durch Gedanken wahr, die Logik ist ihre Währung. Beharrer nehmen die Welt anhand von Meinungen wahr, und ihre Währung ist Wert. Empathiker nehmen die Welt durch Emotionen wahr, und Mitgefühl ist ihre Währung. Träumer nehmen die Welt durch Nichthandeln wahr. Ihre Währung ist die Vorstellung. Rebellen nehmen die Welt durch Reaktionen wahr, und ihre Währung ist Humor. Und Macher nehmen die Welt durch Aktionen wahr. Ihre Währung ist Charme. All diese Persönlichkeitstypen stecken in jedem von uns, aber wir haben einen Grundpersönlichkeitstyp, mit dem wir geboren werden und der sich im Laufe unseres Lebens nicht ändert. Dieser Grundtyp der Persönlichkeit diktiert, wie wir mit anderen kommunizieren, er legt fest, auf welche Weise andere Menschen am liebsten mit uns kommunizieren, und bestimmt, wie wir die Welt wahrnehmen und mit ihr interagieren.

Wenn Sie zum Beispiel ein Logiker sind, ist Ihr bevorzugter Wortschatz logischer Natur und Sie erzählen Geschichten, deren Botschaft zu 70 bis 80 Prozent aus logischem Vokabular besteht. Wenn Logiker ihre Storys auf diese Weise strukturieren, werden sie leider an 75 Prozent der Bevölkerung vorbeireden, die selbst nicht zum Persönlichkeitstyp der Logiker gehören. Effektives Storytelling wird hingegen Vokabular nutzen, das Logik, Werte, Humor, Vorstellung, Aktion und Emotion zur Grundlage hat. Es wird Botschaften für alle sechs Persönlichkeitstypen beinhalten, damit man 100 Prozent des Publikums ansprechen kann. Einige Angestellte bei Pixar Animation Studios sind in PCM ausgebildet und setzen dieses Modell erfolgreich ein. Wenn Sie einen Pixar-Film ansehen, werden Sie alle sechs Wortschatz-Typen des PCM im Storytelling wiederfinden (im Allgemeinen dadurch repräsentiert, dass es eine Figur für jeden der Persönlichkeitstypen gibt). Die Tatsache, dass alle Persönlichkeitstypen angesprochen werden, ist einer der Gründe, wieso Pixar-Filme so erfolgreich sind.

DER PCM-WORTSCHATZ FÜR WERBEANZEIGEN

Versuchen wir uns an einer Übung, bei der wir einen Werbetext für ein Auto schreiben wollen. Anhand des PCM erläutert King, wie er den Content so gestalten würde, dass sichergestellt wird, die deutlichste Botschaft über das Auto auf eine Weise zu verpacken, die für jeden dieser Persönlichkeitstypen einen Sinn ergibt. King schlägt vor, dass man diesen Text etwa folgendermaßen formulieren könnte:

> Denken Sie an ein Auto. Dieses Modell verbraucht 4,7 Liter auf 100 Kilometern. Das ist der niedrigste Verbrauch im Vergleich zu anderen Modellen dieser Klasse. Wir glauben, dass dieses Auto unseren Kunden mehr Wert bietet für den Preis, den Sie dafür bezahlen. Das Fazit: Es ist der beste Wagen auf dem Markt. Er fühlt sich gut an, sieht gut aus und bietet Ihnen jeden erdenklichen Fahrkomfort. All Ihre Freunde werden mehr Zeit mit Ihnen verbringen wollen, denn dieser Wagen ist unglaublich.

Lassen Sie uns das in seine Bestandteile zerlegen, um zu sehen, welcher Persönlichkeitstyp mit jedem Satz angesprochen wird.

- Diese Sätze nutzen LOGIK und sprechen die Logiker an: »Denken Sie an ein Auto. Dieses Modell verbraucht 4,7 Liter auf 100 Kilometern. Das ist der niedrigste Verbrauch im Vergleich zu anderen Modellen dieser Klasse.«
- Dieser Satz adressiert den WERT und spricht die Beharrer an: »Wir glauben, dass dieses Auto unseren Kunden mehr Wert bietet für den Preis, den Sie dafür bezahlen.«
- Dieser Satz nutzt CHARME und spricht die Macher an: »Das Fazit: Es ist der beste Wagen auf dem Markt.«

- Dieser Satz verwendet EMOTIONEN/MITGEFÜHL und spricht die Empathiker an: »Es fühlt sich gut an, sieht gut aus und bietet Ihnen jeden erdenklichen Fahrkomfort.«
- Dieser Satz nutzt HUMOR und spricht die Rebellen an: »All Ihre Freunde werden mehr Zeit mit Ihnen verbringen wollen, denn dieser Wagen ist unglaublich.«

Diese Werbeanzeige wird die Mehrheit der Bevölkerung ansprechen, wohingegen die meisten Anzeigen das nicht tun – sie sind normalerweise im Kommunikationsstil der Person gestaltet, die sie kreiert, und ignorieren damit einen großen Prozentsatz der Bevölkerung, der die Welt auf eine andere Weise wahrnimmt. Das bedeutet, wenn eine Frau diese Werbeanzeige gestaltet, die die Welt durch Meinungen wahrnimmt, wird sie sich vermutlich in ihrer Kommunikation auf die Währung Wert beziehen und damit die Aufmerksamkeit der Menschen verlieren, die die Welt durch Logik, Aktion, Reaktion und Gefühle wahrnehmen.

PCM BEI MEETINGS UND VORSTELLUNGSGESPRÄCHEN

Jeff King ist Leiter der MUSE School und CEO von MUSE Global. Die Schüler werden dort von früher Kindheit bis zur zwölften Klasse unterrichtet. Alle Lehrer der Schule erhalten eine fundierte Ausbildung in PCM. Auf diese Weise können MUSE-Lehrer jeden Schüler einschätzen, eine Verbindung mit ihm herstellen und ihn motivieren, egal, was der bevorzugte Kommunikationsstil dieses Schülers ist.

Bis sie ihren Abschluss machen und auf die Highschool gehen, werden alle Schüler ebenfalls gründlich in PCM ausgebildet. Campusbesucher sind oft schockiert, wie gut sich die Schüler ausdrücken können, egal, ob sie 2 oder 18 Jahre alt sind. Bis die Studenten die ersten Bewerbungsgespräche fürs College oder für Arbeitsstellen haben, wissen sie, wie man andere effektiv motiviert, basierend darauf, wie diese die Welt wahrnehmen. Es ist sogar bekannt, dass viele Colleges und Universitäten schon kommentiert haben, wie gut MUSE-Schüler kommunizieren.

King glaubt, dass viele Bildungseinrichtungen unsere Jugend nicht auf die Arbeitswelt vorbereiten. Oft liegt der Fokus darauf, sich Informationen zu merken und wiederzugeben, aber man zeigt ihnen nicht, wie man kommuniziert, mit Stress umgeht oder Konflikte löst – und da kommt PCM ins Spiel.

Wenn jemand keinen Schimmer von PCM hat, stehen die Chancen höher, dass sich das Gegenüber beim Bewerbungsgespräch ausklinkt. Wenn zum Beispiel ein Interviewer eine Frage stellt, die auf Logik basiert, wie: »Wie lange haben Sie für Apple gearbeitet?«, und die bevorzugte Sprache des Befragten ist Emotion, wird die Person vielleicht die folgende emotionale Antwort geben: »Ich habe ein paar Jahre dort gearbeitet, und ich liebte es. Apple ist so ein toller Arbeitgeber.« Wenn jemand hingegen in PCM ausgebildet ist, wird die Person mit einer logikbasierten Antwort reagieren wie: »Ich habe vier Jahre und drei Monate dort gearbeitet.« Diejenigen, die in PCM ausgebildet sind, neigen eher dazu, im gleichen Sprachraum zu bleiben, sodass derjenige, der sie bei einem Bewerbungsgespräch befragt, nicht den Bezug zu ihnen verliert und die Verbindung aufrechterhält.

Effizienz bei Bewerbungsgesprächen und in Meetings entsteht, indem man die Perspektive der Person auf der anderen Seite des Tisches versteht. Sie sollten deren Bedürfnisse befriedigen. Es geht nicht darum, den Raum zu betreten und einfach zu sagen, was einem gerade in den Sinn kommt, versuchen Sie eher, die Menschen auf der anderen Seite des Tisches tatsächlich zu verstehen und auf Ihrem Level zu kommunizieren, damit Sie nicht aneinander vorbeireden.

WIE BILL CLINTON PCM NUTZTE, UM PRÄSIDENT ZU WERDEN

Bill Clinton ist ein großartiges Beispiel dafür, wie PCM Ihre Karriere beschleunigen kann. Er nutzte es ständig, um andere einzuschätzen und eine Verbindung mit ihnen herzustellen, und er verwendete häufig alle sechs PCM-Sprachräume in seinen Reden. Als Clinton sich um die Präsidentschaft bemühte, schaffte er es, sein Publikum zu 100 Prozent anzusprechen. Alle hörten ihm zu – und genau das will man, wenn man öffentliche Reden hält.

Einer der entscheidenden Wendepunkte während der Präsidentschaftswahl 1996 war der Moment, als Clinton eine entscheidende Debatte gegen George Bush gewann. King berichtet, dass eine Frau während dieser Debatte fragte, wie die Parteien die Wirtschaftskrise angehen wollten und inwiefern diese das Leben der Menschen beeinflusste. Sie sagte auch, sie habe das Gefühl, die wirtschaftliche Rezession beeinträchtige ihr eigenes Leben sowie das ihrer Freunde und ihrer Familie. Bush reagierte auf die Frage mit Überlegungen und Logik sowie Werten und Meinungen. Aber die Frau nahm die Welt durch Gefühle und Emotionen wahr, also drang Bush mit seiner Antwort nicht zu ihr durch.

Bill Clinton hingegen erkannte sofort ihren Kommunikationsstil. Er reagierte auf persönlicher Ebene und sagte, er könne ihren Schmerz nachempfinden. Außerdem erklärte er, wie er sich angesichts der Rezession fühlte und welchen Einfluss sie auf ihn und sein Leben hatte. Er stellte eine Verbindung auf einer tiefen und gefühlsbasierten Ebene her, denn er sah, dass *sie* die Welt auf Gefühlen basierend wahrnahm (wie 30 Prozent der nordamerikanischen Bevölkerung). Indem er diese Worte verwendete, gewann er sofort das Vertrauen der Menschen in dieser Gruppe und gab der Frau (und denjenigen, die waren wie sie) das Gefühl, verstanden und gehört zu werden.

Hillary Clinton hingegen trat nicht in die Fußstapfen ihres Mannes. Einer der Gründe, wieso sie die Wahl gegen Donald Trump verlor, bestand darin, dass sie nur zwei Sprachräume verwendete: den der Logik und den der Werte. King glaubt, dass Hillary Clinton vielleicht die qualifizierteste Person war, die sich je um das Präsidentenamt in den Vereinigten Staaten beworben hat, aber weil sie nur Logik und Werte ansprach, erreichte sie einen bedeutenden Teil der nordamerikanischen Bevölkerung nicht.

PCM lehrt: Wenn man sich im Leben in einer positiven Lage befindet, kann man von allen sechs Sprachräumen aus angesprochen werden, es entsteht eine effektive Verbindung und alle sechs Persönlichkeitstypen werden miteinbezogen. In einer negativen Lebenssituation hingegen befinden wir uns laut PCM in *Bedrängnis*. Sind wir in Bedrängnis, verhalten wir uns auf eine Weise, die einen negativen Einfluss auf die Menschen um uns herum hat. Daher legen wir keinen Wert auf das Wohlergehen anderer oder darauf, mit anderen eine Verbindung einzugehen, um sie auf positive Weise zu motivieren.

Trump kommuniziert normalerweise von einem Standpunkt der Bedrängnis, auf Basis des Persönlichkeitstyps des Machers. Macher unter Bedrängnis sind bereit, alles Mögliche zu sagen, um ihr Publikum zufriedenzustellen. Das Verhalten von Machern in Bedrängnis ist darauf angelegt, Menschen zu manipulieren und sie dazu zu bringen, miteinander zu streiten und zu kämpfen. King weist darauf hin, dass Trump Sachen gesagt hat wie »Ich werde meine Steuererklärung offenlegen« oder »Ich werde mich mit Robert Mueller an einen Tisch setzen«. Trump hatte nie die Absicht, dergleichen zu tun, davon ist King überzeugt – er sagte das nur, weil er wusste, dass es sein Publikum hören wollte.

Macher sind oft sehr geschickt darin, Menschen zu manipulieren und Gruppen gegeneinander aufzuhetzen. In den letzten paar Jahren und selbst als Trump für die Präsidentschaft kandidierte, hetzte er

Gruppen gegeneinander auf, damit er sich hinstellen und sagen konnte: »Also, sie kommen nicht miteinander aus. Ich muss einschreiten und die Lage unter Kontrolle bringen.«

Wenn Macher nicht in Bedrängnis sind, können sie auf positive Weise wirken, genau wie jeder andere Persönlichkeitstyp. Jede Persönlichkeit hat eine positive und eine negative (bedrängte) Seite. PCM lehrt, wie man selbst eine positive Stellung im Leben einnimmt und wie man anderen hilft, aus der Bedrängnis ebenfalls in eine positivere Position zu gelangen.

SIE WOLLEN DEN PLANETEN RETTEN?

Leider stellte King fest, dass Umweltschützer häufig sehr schlecht im Kommunizieren sind. Die Mehrheit derjenigen, die Storys erzählen, um einen Sinneswandel zu bewirken, stoßen dabei im Allgemeinen auf ein verbreitetes Problem. Auch wenn sie sich normalerweise leidenschaftlich für eine Sache engagieren, gehen sie dabei oft in die Irre. Sie werden selten einem Umweltschützer begegnen, der eine Rednerbühne betritt und alle sechs Persönlichkeitstypen anspricht, wie Bill Clinton das vermochte. Stattdessen neigen viele dazu, Werte oder Logik zu betonen, womit sie nur einen Bruchteil der Bevölkerung erreichen. Sie schaffen es nicht, einen Großteil des Publikums anzusprechen und dadurch ebenso wenig einen Großteil des gesamten Landes. King ist überzeugt: Das Versagen, effektiv zu kommunizieren, hemme den Fortschritt beim Lösen von Umweltproblemen.

Ein Beispiel für eine wenig effektive Kommunikation liegt vor, wenn Umweltschützer sagen: »Sie wissen doch, dass wir keinen Fisch mehr essen sollten, denn die Meere sind bald leer gefischt. Abgesehen davon enthält Fisch Mikroplastik. Wenn Sie Fisch essen, stimmt etwas mit Ihnen nicht, denn Ihnen sind die Ozeane und unsere Umwelt egal.«

Seien wir ehrlich: Wer hört schon auf so etwas? Vom Standpunkt der Fakten aus mag der Umweltschützer zu 100 Prozent richtigliegen, aber wenn Redner ihr Publikum von oben herab behandeln und angreifen, schreckt das die Zuhörer ab und sie verlieren das Vertrauen in diese Menschen. Worte wie »soll« oder »muss« oder Aussagen wie »Mit dir stimmt etwas nicht, wenn du nicht tust, was ich will« werden niemanden dazu anregen, sein Verhalten zu ändern.

Stattdessen würden Umweltschützer – wie übrigens wir alle – davon profitieren, eine Botschaft zu verbreiten, die alle sechs Sprachwährungen beinhaltet. Eine bessere Rede könnte folgendermaßen aussehen:

> Wir lieben die Meere und die Fische. Die Daten besagen, dass es bis 2030 keine Fische mehr geben wird. Wir glauben fest daran, dass wir Alternativen zu Fisch finden müssen, denn wir wollen die wunderbaren Meere für viele Generationen erhalten. Stellen Sie sich eine Zukunft vor, in der es überreiche Fischbestände gibt und das Wasser nicht verschmutzt ist. Unterstützen Sie mich und lassen Sie uns jetzt gemeinsam handeln.

Jeder Satz in dieser Rede spricht direkt einen der sechs PCM-Persönlichkeitstypen an.

PCM UND FILME

Nur fünf Prozent der nordamerikanischen Bevölkerung haben eine Macherpersönlichkeit (Menschen, die die Welt durch die Brille der Aktion wahrnehmen und Charme als ihre Währung nutzen). Sie sind einzigartig, denn sie gehen große Risiken ein und verfügen über eine Menge Charisma. Faszinierend an den Machern ist, dass sie die anderen 95 Prozent der Bevölkerung inspirieren, denn die Nicht-Macher empfinden es als unangenehm, diese Risiken einzugehen. King zufolge haben viele erfolgreiche Filmtrailer und Filme eine Hauptfigur mit einer Macher-Persönlichkeit, was die Leute ins Kino lockt. Wenn das Publikum Figuren wie Iron Man, James Bond oder sogar Betrüger wie Frank Abagnale (gespielt von Leonardo DiCaprio in *Catch Me If You Can*) sehen, fühlen sie sich in gewisser Weise angesprochen und denken: *Ich würde liebend gerne diese Figur sein.* Außerdem kann man feststellen, dass Macher aufgrund dessen oft in bedeutenden Führungsrollen landen (zum Beispiel Steve Jobs, Bill Clinton oder Donald Trump).

PCM FÜR FERNSEHWERBESPOTS

Auch wenn Filme und Trailer normalerweise besser funktionieren, wenn Macher in den Geschichten die Hauptfiguren sind, müssen die Werbeschaffenden die Botschaft für Fernsehwerbespots auf eine breitere Grundlage stellen. Laut King hat es sich in diesen Werbespots bewährt, wenn die Marketingfirmen auf die Zahlen achten und mit 30 Prozent ihrer Botschaft Emotionen ansprechen, zu 25 Prozent Logik, den Humor mit 20 Prozent und vielleicht zu 10 Prozent Werte. Sie müssen also im Grunde eine große Bandbreite der Sprachräume des PCM verwenden, wenn sie ein größeres Publikum ansprechen wollen.

The Dollar Shave Club hat ein Video gedreht mit dem Titel *DollarShaveClub.com – Our Blades Are F***ing Great*, das sehr effektiv die PCM-Sprache nutzte. Das Video ging viral, kurz nachdem es 2012 veröffentlicht worden war, und hat aktuell mehr als 26 Millionen Views. Es half dem Unternehmen beim Launch und führte letztlich dazu, dass es für mehr als eine Milliarde Dollar von Unilever gekauft wurde.[49] King glaubt, das Storytelling in diesem Video erzielte seine Wirkung, weil es Logik, Emotion und Humor für seine Botschaft nutzte und damit einen Großteil der Bevölkerung erreichte. Das erregte extrem wirkungsvoll die Aufmerksamkeit des Publikums.

PCM FÜR SOCIAL CONTENT DESIGN

Wenn man Content kreiert, um diesen online zu verbreiten, sollte die Story, die man erzählt, all die verschiedenen Arten ansprechen, wie Menschen die Welt wahrnehmen. Erneut sind hierbei Emotionen, Logik und Humor die drei wichtigsten Sprachräume in Nordamerika; wenn das also Ihr Hauptpublikum ist, versuchen Sie, Content so zu gestalten, dass er diese drei Elemente in Videos, Artikeln und Posts beinhaltet.

Leider konzentrieren sich die meisten Contentdesigner zu sehr darauf, wie sie selbst die Welt wahrnehmen, und verprellen damit einen hohen Prozentsatz der Bevölkerung. Sie kommunizieren letztlich mit sich selbst, wenn sie eigentlich mit ihrem Publikum kommunizieren sollten. Wenn Ihr bevorzugtes Vokabular die Logik ist, erzählten Sie Ihre Story nicht ausschließlich mit diesem Vokabular. Denken Sie daran, dass Kommunikation sich nie um *Sie* dreht, sondern immer um diejenigen, mit denen Sie kommunizieren.

ES WAR EINMAL VOR LANGER ZEIT, IN EINER WELT VOLLER HELDEN UND DRACHEN …

Eine Story in einem Raum zu erzählen, in dem niemand zuhört, ist wenig effektiv. Um das zu vermeiden, beginnt Erick Brownsteins Team bei Shareability beim Erzählen einer Story damit herauszufinden, wieso den Leuten die Marke am Herzen liegt, für die sie Content erstellen. Mike Jurkovac, Regisseur, Produzent und Emmy-Award-Gewinner bei TheBridge.co, macht dasselbe und sagt: Wenn man keine Möglichkeit findet, eine emotionale Verbindung zu seinen Kunden herzustellen, verschwendet man seine Zeit.

Brownstein erläutert: Wenn man zum Beispiel Turnschuhe verkauft, genügt es nicht, eine Story darüber zu erzählen, welch guten Halt man in den Schuhen hat. Es gibt eine Menge Sneakers, die guten Halt bieten, deswegen gehen Marken wie Nike Risiken ein. Sie erregen Aufmerksamkeit mit Werbespots, die Emmys gewonnen haben, wie »Dream Big« mit Colin Kaepernick, dem ehemaligen NFL-Quarterback. Kaepernicks Protest gegen Polizeibrutalität und Rassendiskriminierung bei der Nationalhymne war umstritten. Die Marke Nike ergriff die Chance und engagierte ihn für ihre Werbespots, aber sie machte dadurch ihre Werte bekannt und die Leute redeten darüber. Es lohnte sich, denn der Aktienkurs erreichte unmittelbar nach der Veröffentlichung des Spots ein Allzeithoch.[50]

Werbetexter Ernest Lupinacci verrät diesen Tipp, der dafür sorgen kann, dass Storys häufiger geteilt werden: »Theoretisch könnte man argumentieren, dass jede Brand-Story wie ein Märchen aufgebaut ist, was ihr Versprechen an den Kunden angeht. Wir alle sind mit Märchen vertraut.« Jahrhundertelang wurden sie erzählt, und sie sind alle nach folgendem Format in drei Akten aufgebaut: »Es war einmal vor langer Zeit, als alle zufrieden lebten, bis ein Drache auftauchte. Dann kam ein Held daher, tötete den Drachen und im Epilog erfahren wir, dass alle hinterher in der neuen Welt zufrieden bis an ihr Lebensende lebten.«

Lupinacci schlägt vor, dass man seine Brand-Story wie ein Märchen strukturieren sollte, weil sie auf diese Art leichter geteilt wird. Wenn er ein Märchen für BMW erschaffen sollte, würde es so lauten:

> Es war einmal vor langer Zeit, da wollte jeder ein gutes Auto aus heimischer Herstellung fahren. Man träumte natürlich davon, einen Cadillac zu besitzen. Und dann kam ein Drache daher namens Zu-viel-Auswahl. Dazu gehörten günstige oder teure japanische Autos, sehr teure europäische Wagen und viel zu viele einheimische Hersteller. Plötzlich erschien keines der Autos, die man kaufen konnte, mehr befriedigend. Dann

tauchte ein Ritter namens BMW auf – die ultimative Fahrmaschine. Jeder, der dieses Auto fuhr, lebte glücklich bis ans Ende seiner Tage.

Man könnte also sagen: Wenn Ihr Produkt die Lösung für den »Drachen« Ihres Kunden ist und Sie das auf eine Weise erzählen, die dazu führt, dass viele Menschen diese Story teilen, werden vermutlich mehr Leute darauf achten, was Sie zu sagen haben.

SIE WISSEN DOCH, DASS SIE SICH EINE EINFACHE ERFOLGSFORMEL WÜNSCHEN, ODER?

Lupinaccis beliebteste Phrase, um Konzepte für neue Hook Points oder Werbetexte für jede Brand, jedes Produkt oder jede Dienstleistung zu finden, lautet: »Sie wissen doch …?« Im Grunde erzählen Sie anderen von einer Idee, indem Sie jeden Satz mit der Phrase »Sie wissen doch …« beginnen, um zu sehen, ob sie zustimmen. Als Lupinacci zum Beispiel einen Relaunch der Marke Dasani durchführte, war ihm bewusst, dass die anderen Marken, die Wasser in Flaschen verkauften, Selling Points anführten, die auf der Prämisse beruhten, dass ihr Wasser gesund sei und aus einer guten Quelle käme. Lupinacci war jedoch intuitiv klar, dass die meisten Menschen, wenn sie etwas trinken, das ihnen schmeckt, nicht so sehr darauf achten, wie gesund das ist oder woher es kommt – entscheidend ist, ob sie den Geschmack mögen oder nicht. Darüber hinaus glauben die meisten Menschen, Wasser habe keinen Geschmack, aber Lupinacci wusste, dass das einfach nicht stimmt. Die meisten Menschen schmecken heraus, ob sie Wasser aus dem Wasserhahn oder in Flaschen abgefülltes Wasser trinken, und jedes Mineralwasser hat einen anderen Geschmack.

Also nutzte Lupinacci all diese Einsichten und Wahrheiten und nutzte die »Sie wissen doch …?«-Logik, um herauszufinden, ob andere seiner Theorie zustimmen würden. Er strukturierte seine Gedanken folgendermaßen:

> **Sie wissen doch, dass** es 75 000 Marken Mineralwasser auf dem Markt gibt und wir angeblich acht Gläser Wasser pro Tag trinken sollen, oder? »Ja, das weiß ich. Das hört man ja immer. Jeder sagt das. In unserem Büro haben wir einen dieser großen Wasserkühler. Wasser, Wasser, Wasser, Wasser.« **Nun, Sie wissen doch, dass** Sie nicht herausfinden können, ob eines besser ist als das andere, oder? »Ja.« **Nun, Sie wissen doch, dass** letztlich alles, was Sie trinken oder essen, Ihnen auch schmecken muss, oder? Es muss gut schmecken, sonst könnte es auch Hustensaft sein, stimmt's? »Ja, das weiß ich.« Nun, Sie sollten Dasani probieren. »Was ist daran besonders?« Dasani ist das Wasser, das Ihnen das Wasser im Mund zusammenlaufen lässt.

Mithilfe dieser Übung kann Lupinacci schnell herausfinden, wie effektiv seine Ideen für Werbekampagnen tatsächlich sind.

Das nächste Mal, wenn Sie sich einen Hook einfallen lassen, eine Story oder einen neuen Businessplan, schildern Sie Ihr Konzept jemandem, indem Sie der »Sie wissen doch …?«-Struktur folgen und prüfen, ob es den Test übersteht. Wenn Ihre Botschaft bei der Mehrheit nicht ankommt, wissen Sie, dass Sie auf dem Holzweg sind. Und wenn Sie Zustimmung und Nicken ernten, sind Sie Ihrem nächsten Hook Point einen Schritt nähergekommen.

WOLLEN SIE WIRKLICH DIESE ART AUFMERKSAMKEIT?

Wenn Sie ein Produkt oder eine Dienstleistung vermarkten, besteht Ihre Aufgabe darin, Aufmerksamkeit zu wecken. Aber es ist wichtig, genau darauf zu achten, welche Art der Aufmerksamkeit Sie hervorrufen.

Nicht immer erwächst daraus Erfolg, besonders wenn Ihre Botschaften nicht mit der Natur Ihrer Produkte auf einer Linie liegen.

Um zum Beispiel den Film *Rings* zu vermarkten, den dritten Film in der *Ring*-Trilogie, entwickelte Paramount einen Hook, der dafür sorgte, dass ihr Werbevideo viral ging. Das Team für digitales Marketing filmte die Reaktionen der Leute, die in diversen Elektronikgeschäften vor den Hauptfiguren des Films erschraken. Kunden suchen im Geschäft nach einem neuen Fernseher und schreien dann vor Angst, weil das gruselige Mädchen aus dem Film aus dem Fernseher auf sie zukommt. (Sie können sich die Kundenreaktionen in folgendem Video ansehen: »Rings (2017) – TV Store Prank«: www.brendanjkane.com/rings.)

»Rings (2017) – TV Store Prank« hat etwa zehn Millionen Views erhalten. Aber auch wenn der Content, der den Film bewarb, viral ging, tat es der Film selbst nicht. Das Video brachte die Leute zum Lachen, und das war ein Teil des Hooks, aber *Rings* ist ein Horrorfilm, also lag es nicht auf einer Linie mit dem Thema des Films oder der Reaktion der Menschen darauf, eine Story zu erzählen, die Gelächter hervorrief. Um das richtige Publikum anzuziehen, wäre es vermutlich effektiver gewesen, in dem Video Angst statt Gelächter hervorzurufen.

Etwas zu erschaffen, das die Menschen anzieht, bewirkt nichts, wenn es nicht die richtige Art Hook ist. Stellen Sie sicher, dass Ihre Geschichten auf eine Weise Aufmerksamkeit erregen, die mit der Botschaft und dem Thema Ihrer Produkte auf einer Linie liegt. Wenn Sie das nicht tun, kreieren Sie vielleicht einen Hype, aber letztlich werden Sie die Menschen nicht erreichen, die das wollen, was Sie zu bieten haben.

IHRE MARKE IST NICHT DER HELD IHRER STORY

Erick Brownstein von Shareability erklärt: Wenn wir Storys erzählen, sollte die Marke nicht als der Held positioniert werden. Shareability hat zum Beispiel mehrere Videos für Adobe erstellt, die Storys erzählen, welche schwierige Themen behandeln. Ein Video trägt den Titel »Studierende helfen Opfern von Hurrikan Harvey, verlorene Erinnerungen wiederherzustellen/Adobe Creativ Cloud«. Es zeigt, wie Studierende helfen, Familienfotos wiederherzustellen, die im Hurrikan verloren gingen. Wenn die Storys in diesen Videos nicht authentisch und/oder zu reißerisch wären, würden das die Leute schnell bemerken. Um diese Situation zu vermeiden, musste sich die Marke Adobe im Hintergrund positionieren. Die Helden in diesen Videos waren die Opfer, die Studierenden und die lokalen Non-Profit-Organisationen, die ihnen halfen. Adobe versuchte nicht, sich ins Rampenlicht zu drängen, sondern bereitete die Bühne, auf der diese Probleme und Helden beleuchtet wurden. Je mehr eine Marke sich hintanstellt gegenüber diesen heldenhaften Gestalten, desto mehr Vertrauen und Glaubwürdigkeit baut sie bei ihrem Publikum auf.

Red Bull hat eine ähnliche Marketingstrategie nutzbringend eingesetzt. Auf ihrer Website und in ihrem Content in den sozialen Medien präsentieren sie Athleten diverser Sportarten. Ob es ein Kletter-, Basketball- oder Cricket-Star ist – sie stellen die Bühne bereit für die Storys dieser erfolgreichen Athleten. Dabei reden sie nicht über ihre Energydrinks; stattdessen machen sie die Athleten zu den Helden ihrer Storys.

Red Bull hat 2012 sogar mehr als 600 Millionen Dollar ausgegeben, um den Stratos-Event vorzubereiten, zu filmen und zu bewerben, bei dem Felix Baumgartner mit Überschallgeschwindigkeit mit dem Fallschirm aus einem Heliumballon in der Stratosphäre aus mehr als 38 Kilometern Höhe absprang.[51] Baumgartner erreichte dabei eine Geschwindigkeit von bis zu 1166 km/h und brach drei Weltrekorde, inklusive des Durchbrechens der Schallmauer bei Mach 1,24.[52] Red Bull veranstaltete den Event und nutzte seine Produktionsfirma Red Bull Media House und den Fernsehkanal ServusTV, um die Bilder verschiedenen anderen Sendern zur Verfügung zu stellen. Darüber hinaus hat der Livestream auf YouTube »mehr als 340 Millionen Site-Views vor dem eigentlichen Sprung erreicht«. Damals half der Event YouTube, einen neuen Rekord aufzustellen, mit mehr als acht Millionen Zuschauern zur selben Zeit.[53] Owen Gibson von *The Guardian* berichtete, dass große Marken »seit Jahren davon sprechen, zu Content Producern zu werden, statt einfach nur die Medien und Rechteinhaber zu bezahlen, um Werbung zu machen oder ihre Logos auf T-Shirts und Plakatwände zu klatschen. Aber niemand hat das so ernst genommen wie Red Bull.«[54] Wie viel Zeit und Geld Red Bull in diesen Event investiert hat, beweist, dass sie den Impact ernst nehmen, den man damit erzielen kann, indem man die Athleten zu den Helden der eigenen Storys macht – darüber hinaus ist »Fallschirmspringen aus dem Weltall« ein verdammt guter Hook Point.

Brownstein erklärt, selbst wenn man Videos im Bereich Business-to-Business (B2B) produziert, wird man nicht das Unternehmen, für das man das Video produziert, ins Rampenlicht stellen. Zum Beispiel machten sie ein B2B-Video für die Adobe Experience Cloud. Einer von Adobes Kunden, der dieses Produkt nutzt, ist das St. Jude Children's Research Hospital. In dem Content, den Shareability für Adobe kreierte, erzählten sie eine Story darüber, dass ein Krankenhaus die Technologie von Adobe nutzt, um effektiver zu arbeiten. St. Jude und seine Kunden sind die Helden der Geschichte, während Adobe – wie Red Bull – als Bühne fungiert.

Ein weiteres Unternehmen, das weiß, wie man sich selbst bei den eigenen Marketinganstrengungen zurücknimmt, ist Nike. Als es die bereits erwähnte Kampagne mit dem ehemaligen Quarterback Colin Kaepernick entwarf, drehte sich dieser Content gar nicht um Nike. Kaepernick und sein Aktivismus waren die Helden der Geschichte. Viele glaubten, eine solche Position zu beziehen, würde der Todesstoß für das

Unternehmen sein, aber stattdessen trieb es – wie bereits erwähnt – seinen Aktienwert durch die Decke.

Ein weiteres herausragendes Beispiel für großartiges Storytelling von Nike ist das Video »Dream Crazier«. In diesem Video werden Bilder von Athletinnen und Trainerinnen, die in verschieden Sportszenarien schreien oder weinen, zusammengeschnitten, und es wird erklärt, dass man oft weibliche Emotionen oder Offenheit als »verrückt« abtut. Dann sieht man Bilder des ersten Boxkampfes einer Frau oder die erste Frau, die Trainerin wurde, und es wird erklärt, dass auch diese Frauen zuerst als verrückt bezeichnet wurden. Die Botschaft ist: Wenn angeblich verrückte Frauen nicht aufgeben, werden sie stärker und widerlegen die Mythen darüber, wie Frauen sich verhalten sollten. Nike ermuntert Frauen dazu, »mehr Verrücktheit zu wagen«, damit sie jedem zeigen können, was man mit ein bisschen Verrücktsein erreichen kann.

Das Video dreht sich erneut nicht um Nike. Es erzählt einfach eine fesselnde Story über die Kraft und Stärke von Frauen. Nike ist nur deswegen mit von der Partie, weil viele der Athletinnen ihre Kleidung tragen. Wir sehen die Logos am Ende des Videos, und Nike hat nur die Bühne bereitet.

Brownstein erinnert uns daran, dass Storytelling nicht auf Ratio zielt – es ist emotional –, ein guter Grund, die Kunden dazu zu bringen, sich in Ihre Marke zu verlieben. Er rät, um das zu erreichen, sollte man sich daran orientieren, wie Liebesbeziehungen tatsächlich entstehen. Zum Beispiel werden sie nicht durch Manipulation aufgebaut oder dadurch, dass man den anderen ständig darum bittet, etwas für einen zu tun. Um Liebe zu erhalten, muss man Liebe geben. Wenn Sie großzügig sind, erhalten Sie auch etwas. Bei Marken und ihrem Publikum besteht die beste Methode, Aufmerksamkeit zu erregen und das Recht zu erwerben, um Kunden zu werben, darin, einen Wert zu bieten. Indem Sie sich darauf konzentrieren, eine Beziehung zu Ihrem Publikum aufzubauen, die auf Zuneigung beruht, werden Sie bessere Storys erzählen und mehr Menschen emotional erreichen.

Abgesehen davon sind Menschen meistens mehr an sich selbst interessiert als an Ihrer Brand. Wenn Ihre Marke im Rampenlicht steht, verlieren die Leute das Interesse. Konzentrieren Sie sich stattdessen auf die Reaktionen, die Sie in Ihrem Publikum hervorrufen können, und bieten Sie ihm einen Wert.

WO MARKEN FEHLER MACHEN

Brownstein weist darauf hin, dass die Kennzahlen, anhand derer Content bewertet wird, oft nichts damit zu tun haben, ob Marken eine gute Story erzählen. Return on Investment passt nicht unbedingt zu Brand-Building und »return on ad spend«, das heißt, der Mehrertrag, den man durch Werbung erzielt, steht nicht immer in Beziehung zu dem Wert, den man durch Content erzielt, der die eigene Marke aufbaut. Wenn Sie Content kreieren, der auf Storytelling, Markenbildung und starke Publikumsreaktionen abzielt, versuchen Sie nicht unbedingt, jemanden dazu zu bringen, etwas anzuklicken und Produkte oder Dienstleistungen zu erwerben. Kampagnen, die auf Engagement und Conversion abzielen, können kombiniert werden, aber sie sind nicht notwendigerweise ein und dasselbe. Brownstein beobachtet bei vielen Marken, dass sie mit demselben Content zwei unterschiedliche Resultate erreichen wollen, was meist wirkungslos und ineffizient ist und oft als unauthentisch wahrgenommen wird. Wer versucht, zwei verschiedene Ziele zu mischen, ruft beim Publikum das Gefühl hervor, es würde einen Werbespot ansehen statt Content, der Wert hat.

Es ist essenziell, den Unterschied zwischen Content oder einer Botschaft zu erkennen, die eine Story erzählen und eine Marke aufbauen soll, und einem Content oder einer Botschaft, der oder die kreiert wurde, um ein Produkt zu verkaufen. Wenn sie beide Ziele erreichen wollen, nutzt Brownsteins Team bei Shareability eine »full-funnel activation«-Strategie. Zuerst beginnen sie oft mit beeindruckendem viralem Content, der häufig geteilt wird; dann gehen sie über zu Content, der weitere Reaktionen hervorruft, aber immer noch nicht notwendigerweise einen bewussten »Call to Action« beinhaltet; und schließlich liefern sie den Leuten Content, die mit dem Content in Stufe eins und zwei interagiert haben, und rufen dazu auf, eine bestimmte Aktion durchzuführen (etwas zu klicken, herunterzuladen oder zu kaufen), die mit den Zielen ihres Klienten in Zusammenhang steht.

Das Video zur Cricket-Wireless-Kampagne 2016 mit John Cena, »The Unexpected John Cena Prank«, führte zu einem Internet-Meme, als Cena Fans überraschte, die dachten, sie würden für einen Werbespot von Cricket Wireless vorsprechen. Als die Fans John Cena vorstellen sollten, sprang er tatsächlich durch ein Poster, das ihn selbst darstellte. Die Reaktionen der Fans waren unbezahlbar – Sie können sie sich hier ansehen: www.brendanjkane.com/cena. Shareability lancierte dieses Video auf Facebook und YouTube und generierte damit insgesamt mehr als 235 Millionen Views! Dann produzierten sie ein zweites Folgevideo, »John Cena Reacts«, das tatsächlich Teil einer größeren Werbekampagne namens »John Cena liebt das Internet« war, die von Shareability lanciert wurde.

»John Cena Reacts« drehte das Skript des Originalvideos auf den Kopf. Es war das umgedrehte Konzept des originalen »Unexpected John Cena«. Im zweiten Video überraschten die Fans Cena statt Cena die Fans. Er öffnete eine Fan-Mail von Fans, die ihm für das »Nie aufgeben«-Motto dankten, das ihnen geholfen hatte, sich von Verletzungen zu erholen und Sorgen zu überwinden. Im Verlauf des Videos ist Cena gerührt, als er einen Videoclip eines Jungen ansieht, der ihm dankt, weil Cena seiner Mutter bei ihrem Kampf gegen den Krebs half. Als der Clip vorbei ist, überrascht der Sohn Cena, indem er zusammen mit seiner Mutter durch das gleiche Poster aus dem ersten Video kommt, um Cena persönlich zu danken. Er ist sehr gerührt, und wir sehen einen wunderbaren Austausch zwischen allen Beteiligten, die sich bedanken.

Einer der Gründe, wieso diese Kampagnen so erfolgreich waren, besteht darin, dass sie nicht um irgendetwas baten – ihr einziger Zweck war, dem Publikum einen Wert zu bieten; sie entweder im ersten Cena-Video zum Lachen zu bringen oder im zweiten ihre Herzen anzurühren. Das zweite Video wurde 2017 die weltweit am meisten geteilte Werbeanzeige und erklomm den dritten Platz unter YouTubes »Trending Videos«. Auf Facebook führte es zu mehr als 2,5 Millionen Shares und 110 Millionen Views beim ersten Upload und zu mehr als 175 Millionen Views insgesamt, inklusive neue Uploads durch das Publikum. Die gesamte »John Cena Loves the Internet«-Kampagne wurde insgesamt fast drei Millionen Mal geteilt und es gab zehn Millionen Reaktionen des Publikums quer über alle Plattformen hinweg.

Nach dem Erfolg der ersten beiden Videos lieferte Shareability weiter Wertvolles für die Kampagne mit der Produktion von Video-Werbeanzeigen, um die Zuschauer erneut anzusprechen, die auf den Content reagiert hatten. Darauf folgten Botschaften von Cena, der die Zuschauer ermunterte, die Website von Cricket Wireless zu besuchen. Die Leute, die diese eher traditionelleren Anzeigen sahen, hatten bereits eine starke Verbindung zu Cena (und dadurch auch zu Cricket) aufgebaut, denn der ursprüngliche Content war emotional und rief Reaktionen hervor. Fans, die eine authentische Verbindung verspüren, werden eher reagieren, aufmerksam werden und eine gewünschte Aktion ausführen.

Brownstein fügt hinzu, dass man großartige und manchmal unerwartet wunderbare Resultate erzielen kann, wenn man sich darauf konzentriert, einen Wert zu bieten. Einmal schaffte es Shareability, dass 800 000 Menschen sich von zwei Videos weiter durchklickten auf eine

Website. Diese Videos waren gar nicht als Traffic Driver gedacht gewesen. Das passierte, weil der Content so fesselnd war, dass er die Effektivität des Call to Action am Ende des Videos steigerte: »Wenn Sie mehr darüber erfahren wollen, wie wir die Welt zu einem besseren Ort für Haustiere machen, besuchen Sie uns.«

Ich stimme zudem dem Entrepreneur Gary Vaynerchuk zu, der glaubt, dass diejenigen, die Informationsprodukte verkaufen, nur schnell Geld verdienen und Produkte verkaufen wollen – und auch *wenn* sie damit Geld verdienen, haben sie keine langfristige Vision, eine Marke aufzubauen, weswegen sie letztlich zu kämpfen haben werden. Stattdessen ermutigen Vaynerchuk und ich Menschen dazu, sich darauf zu konzentrieren, mit ihrem Content kostenlosen Wert zu liefern, um eine Brand aufzubauen, die mehr Klienten anzieht mit diesem Gedanken im Hinterkopf: Man kann durchaus eine Menge Wert durch Werbecontent erhalten, der auf direkte Reaktionen abstellt. Die meisten begehen dabei nur den Fehler, Content herzunehmen, der für Markenbildung geeignet ist, und machen daraus einen Content, der nach dem Direct-Response-Prinzip funktioniert und eine direkte Reaktion hervorrufen soll, und umgekehrt. Ich habe jedoch experimentiert, recherchiert und getestet, wie man Brand-Building-Content und Direct-Response-Content gemeinsam nutzen kann, und bisher waren die Ergebnisse bemerkenswert. Sie sollten dabei aber von einem Standpunkt der Authentizität kommen und von Werten getrieben sein – wenn Sie dann Brand-Building-Content und Direct-Response-Content wechselweise einsetzen, können beide Resultate erzielen.

VISUELLE DESIGNTIPPS FÜR DIGITALES STORYTELLING

Der Stratege für digitalen Content Naveen Gowda hat viel Zeit damit verbracht, zu analysieren, wie man auf YouTube zum Top-Performer wird. YouTube ist eine Plattform für Konsumverhalten, die längeren Content bietet und auf der man die Menschen dazu bringen kann, eine Menge Zeit zu investieren. Gowda betrachtete Vlogger und einzelne Marken auf der Plattform und stellte fest, dass diejenigen, die erfolgreich waren, ähnliche Kommunikationsstile hatten.

Effektives Kommunikationsdesign entsteht aus Faktoren wie Farbgebung, Tempo und Beleuchtung eines Videos – zahlreiche anscheinend unwichtige Details hatten einen enormen Einfluss auf den Erfolg eines Videos. Zum Beispiel hat Gowda herausgefunden, dass eine unverhältnismäßig große Zahl der Top-Performer, die durchschnittlich vier bis fünf Millionen Views bei einem einzigen Video erzielten, Wörter überbetonten. YouTuber, die nicht überbetonten, hatten nicht so viele Views, egal, wie ähnlich das Messaging in ihrem Content war. Nachdem er all die Details genau betrachtet hatte, die Videos erfolgreich machen, hat Gowda ein tiefgehendes Verständnis von Kommunikationsdesign entwickelt. Heute nutzt er ein Videokonzept, das vielleicht nicht unbedingt sehr wirkungsvoll ist, und erhält damit Hunderte Millionen Views.

Denken Sie daran: Es ist wichtig, die visuellen und auditiven Aspekte Ihrer Storys zu bedenken, denn Konzepte, die mit visuellen Aspekten präsentiert werden, lassen sich leichter lernen und wieder abrufen. Diese Tatsache zum eigenen Vorteil einzusetzen, bewirkt, dass die Leute sich anhaltend dafür interessieren, Ihren Content anzusehen. Und vergessen Sie nicht, Ihre Konkurrenz zu studieren, um schneller die richtige Auswahl für visuelle Aspekte zu treffen. Wenn Sie sich die Zeit nehmen, um zu betrachten, wie andere das Kommunikationsdesign ihrer Videos gestalten, können Sie Stunden an Arbeit sparen und schneller bessere Resultate erzielen.

(Wenn Sie Mühe haben, die Performance Ihres sozialen Contents zu verbessern und gerne Hilfestellung von Naveen Gowda und mir hätten, so haben wir mehrere verschiedene Optionen für Sie, um mit uns zusammenzuarbeiten: www.brendanjkane.com/work-with-brendan/.)

BEFRIEDIGEND ANZUSEHEN

Gowda glaubt, dass der wichtigste Faktor beim Storytelling auf digitalen Plattformen darin besteht, Videos zu kreieren, die befriedigend anzusehen sind. Glücklicherweise gibt es unzählige Möglichkeiten, befriedigende visuelle Effekte zu generieren. Er nennt das Beispiel, ein Video anzusehen, in dem jemand einen Finger in Schleim steckt – »es ist unterhaltsam anzusehen, selbst wenn man nicht genau erklären kann, wieso«. Befriedigung kann auch daraus resultieren, dass man jemandem beim Speed-Painting zusieht oder dabei, wie er ein Whiteboard füllt – während man dem Video folgt, will man gerne weiter zusehen, weil man das Gefühl mag, am Ende etwas zu sehen, das vollendet ist. Das ist besonders wirkungsvoll, wenn man Videos von wachsenden Pflanzen im Zeitraffer ansieht – sie neigen dazu, visuell befriedigend zu sein, weil man sieht, wie sich die gesamte Pflanze entwickelt, und das auf eine Weise, wie man es nie im wirklichen Leben könnte. Man erhält das Gesamtbild und erneut ein Gefühl der Vollendung.

Denken Sie über die Befriedigung Ihres Publikums nach, während Sie Content kreieren, denn das führt zu höheren Zuschauerzahlen. Visuelle Überraschungen und freudige Momente können Ihr Marketingmaterial und Ihre Videos in den sozialen Medien verbessern.

STORYS PER E-MAIL ERZÄHLEN: ENTWERFEN SIE E-MAILS FÜR DIE KALTAKQUISE

Verkäufe entstammen aus Beziehungen, weswegen Referenzen die beste Methode sind, um mit Unternehmen in Kontakt zu treten, mit denen Sie gerne arbeiten wollen. Doch auch wenn Sie keine Verbindungen zu den Leuten haben, die Sie gerne treffen würden, haben Sie eine Chance. In diesem Fall müssen Sie eine Möglichkeit finden, eine Beziehung aufzubauen. Tools wie LinkedIn können Ihnen helfen, diese Art von Verbindung herzustellen, aber weil man auf diesen Plattformen mit Nachrichten geradezu bombardiert wird, ist eine E-Mail immer noch die beste Wahl.

E-Mails sind effektiver als Direktnachrichten auf LinkedIn, denn weniger Menschen haben Zugang zu den E-Mail-Adressen von Leuten, die sie nicht kennen – es ist immer noch die Standardmethode, anderen Ihre Produkte und Dienstleistungen anzubieten. Abgesehen davon überprüfen die Leute auf LinkedIn selten ihre Posteingänge; sie gehen damit nicht so gewissenhaft um wie mit E-Mails. Wenn Sie jemanden nicht kennen, ist eine E-Mail zur Kaltakquise außerdem besser als ein Anruf. Es ist normalerweise am besten, wenn Sie schon vorgestellt wurden oder wenigstens ein persönliches Treffen hatten, bevor Sie einen Anruf zur Kaltakquise machen. Deswegen kann die Fertigkeit, andere dazu zu bringen, aufmerksam Ihre E-Mails zu lesen, Ihre Karriere enorm beschleunigen und Ihnen vielleicht sogar helfen, Ihre größten Deals abzuschließen.

Einmal hat ein Freund von mir einen Deal abgeschlossen, der mehrere zig Millionen Dollar schwer war und der mit einer E-Mail zur Kaltakquise begann. Er recherchierte auf LinkedIn, um die wichtigsten Player in dem Unternehmen zu finden, das er ins Visier nehmen wollte. Als er den Präsidenten der Abteilung fand, die er erreichen wollte, fand er die E-Mail-Adresse der Person heraus, indem er verschiedene

E-Mail-Formate ausprobierte (ein Prozess, der später in diesem Kapitel beschrieben wird). Sobald er diese herausgefunden hatte, schickte er eine Nachricht, die folgendermaßen lautete: »Hey, ich habe ein paar Freunde, die ein Unternehmen gegründet haben. Es wäre großartig, zu erfahren, was Sie davon halten, denn ich überlege, dort eine Stelle anzutreten.«

Diese Person meldete sich relativ schnell bei meinem Freund und bot ihm an, sich auf einen Kaffee mit ihm zu treffen. Am Ende dieses Treffens sagte der Leiter dieser Abteilung: »Nehmen Sie die Stelle an und sagen Sie denen, sie sollen in die Stadt kommen. Ich glaube, wir könnten bei einer Menge Dinge zusammenarbeiten.« Dieses Meeting führte zu einer neuen Arbeit für meinen Freund und außerdem einem Deal, der zig Millionen Dollar wert war und mit einer »kalten« E-Mail begonnen hatte, um mit jemandem Kontakt aufzunehmen. Die meisten erhalten keine Antworten auf diese Art E-Mail, aber wenn Sie Ihren Ansatz durch A/B-Tests verfeinern können, kann daraus etwas Großes erwachsen.

E-Mail-Überschriften für die Kaltakquise

Der erste Trick, um erfolgreiche E-Mails an Menschen zu schreiben, die Sie nicht kennen, besteht darin, eine Überschrift zu finden, die Ihre Hook Points beinhaltet. In der E-Mail, die mein Freund an den Abteilungsleiter schrieb, lautete die Betreffzeile: »Hey, kann ich von Ihnen einen Ratschlag bekommen?« Er versuchte nicht, dieser Person etwas zu verkaufen. Lassen Sie mich das wiederholen: *Er versuchte nicht, dieser Person etwas zu verkaufen.* Und doch führte die E-Mail zu einem der größten Verkäufe seiner Karriere.

Ich betone diesen Punkt, weil die meisten eine solche »kalte« Kontakt-E-Mail völlig falsch angehen (besonders auf LinkedIn). Sie versuchen direkt, anderen ihre Produkte oder Dienstleistungen zu verkaufen.

Ich werde in Kapitel 7 näher darauf eingehen, warum dieser Ansatz nicht funktioniert, aber fürs Erste sollten Sie sich einfach klarmachen, dass Sie besonders bei der ersten Runde E-Mails zur Kaltakquise *nicht* versuchen sollten, jemandem etwas zu verkaufen.

Der Text einer E-Mail zur Kaltakquise

In seiner E-Mail verfasste er einen Text, der herausstach und nicht aufdringlich wirkte. Er bat einfach nur um eine Einschätzung dieser Person: »Wir kennen uns nicht, aber diese Gelegenheit wirkt wirklich interessant. Ich überlege, ob ich dort arbeiten sollte, und ich würde gerne Ihre Meinung dazu hören.« Bei diesem Ansatz konnte sein Gegenüber denken: *Hey, okay, der Typ versucht wenigstens nicht, mir etwas zu verkaufen*, was auch authentisch war – als mein Freund diese erste E-Mail schickte, versuchte er tatsächlich nicht, demjenigen etwas zu verkaufen; er wollte einfach nur seinen Rat und seine Ansichten dazu hören. Der ehrliche Wunsch, etwas zu lernen, öffnete ihm die Tür zu etwas, das letztlich ein hochlukrativer Deal wurde.

Unterziehen Sie E-Mails zur Kontaktaufnahme einem A/B-Test

Ich empfehle Ihnen, sowohl Ihre Überschriften als auch den Text Ihrer E-Mail einem A/B-Test zu unterziehen, um herauszufinden, welche Variationen am wirkungsvollsten sind, um Ihre Zielperson zu erreichen. Zuerst sollten Sie durch Recherche auf LinkedIn eine E-Mail-Liste Ihrer Ziele aufstellen. Wenn Sie zum Beispiel ein Unterhaltungsunternehmen in Los Angeles erreichen wollen, identifizieren sie 100 davon und suchen Sie nach den Gründern oder Managementteams. Versuchen Sie dann, deren E-Mail-Adressen herauszufinden.

E-Mail-Adressen zu finden, ist normalerweise der langweiligste und zeitaufwendigste Teil dieses Prozesses. Es gibt einige Online-Tools, die Ihnen dabei helfen können, mit hoher Wahrscheinlichkeit zu ermitteln, wie die E-Mail-Adressen lauten könnten, wie etwa hunter.io, findthatemail.io oder Clearbit. Sie können auch nach einer der vorgeschlagenen E-Mail-Adressen suchen und sehen, ob Sie einen Treffer auf Google landen. Eine andere Strategie besteht darin nachzusehen, ob diese Person einen Artikel geschrieben hat, denn oft wird in einem Artikel deren E-Mail-Adresse erwähnt.

Sobald Sie die E-Mail-Adressen herausgefunden haben, die auf Ihrer Zielliste stehen, geben Sie Ihre Liste in eine Software für Consumer Relationship Management (CRM) ein, wie HubSpot, Salesforce oder Freshsales. Dann stellen Sie eine Reihenfolge von E-Mails mit bis zu fünf E-Mails zusammen. Ich würde nicht empfehlen, mehr als vier oder fünf E-Mails aufeinanderfolgen zu lassen. Wenn Ihr Ziel nach vier oder fünf E-Mails nicht reagiert, ist es an der Zeit, den Text neu zu formulieren und sich einer anderen Person in diesem Unternehmen zu widmen.

Ein Beispiel für eine 4-E-Mail-Sequenz sieht folgendermaßen aus:

- **E-Mail 1:** Knappe Übersicht, wie Sie einen bestimmten Schmerzpunkt für das Unternehmen Ihrer Zielperson durch Ihre Dienstleistungen oder Produkte beseitigen können.
- **E-Mail 2:** Formulieren Sie neu, was Sie an Dienstleistungen und Produkten liefern können, und finden Sie heraus, ob Interesse besteht. Fügen Sie vielleicht ein Beispiel hinzu oder listen Sie relevante Klienten auf, mit denen Sie schon gearbeitet haben.
- **E-Mail 3:** Entschuldigen Sie sich dafür, noch mal nachzuhaken, und fragen Sie, um herauszufinden, ob die Ziele oder Vorgaben der Person mit Ihren Dienstleistungen übereinstimmen.

- **E-Mail 4:** Schicken Sie eine einfache E-Mail, in der Sie die Person fragen, ob sie Zeit hat, sich mit Ihnen zu treffen oder zu kommunizieren.

E-Mail 1 schicken Sie an Tag eins, E-Mail 2 an Tag drei, E-Mail 3 an Tag fünf und E-Mail 4 am siebten Tag. Testen Sie drei Versionen der ersten E-Mail, indem Sie den Text im ersten Absatz von Version 2 ändern; verändern Sie dann die Betreffzeile von Version 3. Versuchen Sie, die veränderten Variablen einfach zu halten, damit es leichter ist, die Veränderung zu identifizieren, die zu einer erfolgreichen Reaktion führt.

Wenn Sie zum Beispiel in einer Reihe zwei verschiedene Wertversprechen in E-Mail 1 verwenden, um zu sehen, ob eines von beiden mehr Interesse weckt, könnte die erste E-Mail von Gruppe A eine Betreffzeile haben, die lautet: »Das Wachstum von (Unternehmensname des Zieles) durch Social-Media-Marketing«, während die Betreffzeile in der ersten E-Mail von Gruppe B lauten könnte: »Social-Media-Marketing und wie es die Kundenzahl von (Unternehmensname des Zieles) in Los Angeles vergrößern kann.«

Wenn Sie diese beiden verschiedenen E-Mails losschicken, sollten Sie die »Leads« aufteilen, das heißt, Sie senden 50 verschiedenen Unternehmen die E-Mail für Gruppe A und 50 weiteren Leuten bei anderen Unternehmen die E-Mails für Gruppe B. Sehen Sie sich dann an, welche E-Mails eine Reaktion erhalten. Falls Sie keine Reaktion auf irgendeine der E-Mails für Gruppe A erhalten, schreiben Sie einer anderen Person im selben Unternehmen eine E-Mail für Gruppe B. Hören Sie nicht mit den A/B-Tests auf, bis Sie den absolut wirkungsvollsten Text für eine E-Mail ermittelt haben.

WIE SIE TEXTE VERFASSEN, DIE IHRE VERKÄUFE VERVIERFACHEN

Fesselnde Texte zu verfassen, ist eine wichtige Fertigkeit. Wenn Sie Ihre Hooks nicht effektiv kommunizieren, werden Sie auch nicht gesehen oder gehört. Um ein besserer Texter zu werden, empfehle ich ein Buch von Michael Masterson und John Forde mit dem Titel *Great Leads: The Six Easiest Ways to Start Any Sales Message*. In diesem Buch reden sie über die besten sechs Eröffnungen für einen Werbetext, zu denen gehören: »der Angebotslead«, »der Problemlösungslead«, »der Das-große-Geheimnis-Lead«, »der Verkündungslead« und »der Story-Lead«. Für unsere Zwecke werde ich mich auf den Verkündungslead konzentrieren, denn ich glaube, dass er ein Tool ist, das Ihnen dabei helfen kann, effektive Hooks und Storys zu schreiben.

Ein Verkündungslead beginnt mit einem emotional fesselnden Statement in Form einer Überschrift. Es ist kühn, verspricht einen vorgestellten Nutzen und betrifft ein relevantes Thema für den potenziellen Kunden. Außerdem basiert es oft auf einer Vorhersage über ein künftiges Ergebnis, das die Menschen überrascht. Das Ziel ist, Neugier zu wecken mit einem Versprechen, das »die Grenzen des Möglichen erweitert«. Damit diese kühne Aussage jedoch funktioniert, muss der folgende Text Informationen bieten, die beweisen, dass diese Behauptung/dieses Versprechen stichhaltig ist. Darüber hinaus enthüllt ein guter Verkündungslead den wichtigsten Aspekt des Produkts oder der Dienstleistung erst am Ende des Textes.

Das Buch *Great Leads* erläutert, dass einer der erfolgreichsten Verkaufsbriefe, die jemals geschrieben wurden, um das *Journal of Alternatives* zu verkaufen, mit der Überschrift »Lies das oder stirb« begann. Dieser Text erweckt die Aufmerksamkeit potenzieller Kunden und wirft bei den Lesern die Frage auf, was so wichtig sein könnte, dass sie sterben würden, wenn sie es nicht hätten. Sobald der Hook die Aufmerksamkeit gefesselt hat, macht der folgende Werbetext (»Copy« genannt) eine kühne Vorhersage: »Sie laufen heute zu 95 Prozent Gefahr, an einer Krankheit oder einem Gebrechen zu sterben, wofür es bereits irgendwo auf der Welt ein Heilmittel gibt.« Dieser Lead bringt die Menschen zum Nachdenken. *Oha, wenn diese Aussage wirklich stimmt, dass man zu 95 Prozent an einer heilbaren Krankheit stirbt, sollte ich besser mehr darüber herausfinden.* Jemand, der sich für gesundheitsbezogene Informationen interessiert, wird weiterlesen wollen.

Ein weiteres Beispiel für einen Verkündungslead in Form einer Vorhersage lautet: »Countdown bis zur Krise! Drei schockierende Ereignisse werden bis 31. Dezember 2006 Investoren Millionenbeträge kosten …« Die Leser fragen sich sofort, welche drei Ereignisse bis Ende des Jahres diese Wirkung haben könnten – ihre Neugier ist geweckt. Die Copy, die folgt, macht dann die Vorhersage glaubhafter und erklärt, dass sie von einem »bekannten Marktanalysten« stammt. Die emotional bestechende Aussage ist der Hook für den Leser, der in die darauffolgende Story gezogen wird. Masterson und Forde fügen hinzu, dass ein guter Verkündungslead »nicht geschrieben, sondern nur gefunden werden kann«, und die beste Methode dafür ist Recherche. Sie müssen Belege haben, die Ihre These untermauert, damit sie wirklich herausragt und glaubhaft disruptiv wirkt.

Um einen guten Verkündungslead (oder irgendeinen anderen Lead/Hook, wo wir schon dabei sind) für Ihre Marke zu finden, schlägt Copywriter Craig Clemens vor, einen Absatz über die Ängste, Wünsche und Bedürfnisse Ihres potenziellen Kunden zu verfassen. Denken Sie dann darüber nach, wie Ihr Produkt oder Ihre Brand das Leben Ihres potenziellen Kunden verbessern kann. (Wenn Sie Daten haben, die genau belegen, wie schwerwiegend das Problem Ihres potenziellen Kunden oder wie gut Ihre Lösung dafür ist, umso besser.) Schließlich sollten Sie den Schnittpunkt finden, an dem die Probleme ihres potenziellen Kunden und Ihre Lösung sich treffen, und eine Copy schreiben (oder ein Skript für ein Video in den sozialen Medien), wobei Sie diesen Schnittpunkt zur Hauptbotschaft machen.

DIE ZAUBERFORMEL, DAMIT IHRE BOTSCHAFT ANKLANG FINDET

Im Podcast *Business Lunch with Roland Frasier* skizziert Clemens eine vierstufige Formel für das Schreiben von Copy, die er »Impact-ARCS« nennt, um die Aufmerksamkeit des Publikums zu erringen. Der Prozess sieht folgendermaßen aus:

1. A(sk): Stellen Sie eine »Ja«-Frage; eine, die Ihr potenzieller Kunde mit Ja beantworten würde – etwas wie: »Wollen Sie eine maximale Rendite für das Geld erzielen, das nur auf Ihrem Bankkonto herumliegt? – ›Ja‹ – Dann sollten Sie es in Erwägung ziehen, Kunst zu kaufen.«
2. R(eveal): Enthüllen Sie, dass Sie in der gleichen Position waren wie Ihr Publikum – eine Position, die normalerweise so weit vom Erfolg entfernt ist, wie sich das Publikum in diesem Bereich sieht. Bereiten Sie die Bühne, um zu zeigen, dass Ihnen durch Ihre Erfahrung entscheidende Informationen zuteilwurden, die dem Publikum helfen können, ebenfalls dorthin zu gelangen. Enthüllen Sie eine Wahrheit, die Sie selbst dazu antrieb, mehr erfahren zu wollen – zum Beispiel: »Ich habe überlegt, wo ich mein Geld investieren soll, aber ich wusste nicht, dass ich durch Kunstinvestitionen eine so hohe Rendite erzielen konnte«, oder: »Ich wollte das tun, aber ich wusste nicht, wo ich anfangen soll.«
3. C(all out): Verkünden Sie, welche Entdeckung Sie aus dem Nebel herausgeführt hat. Hier können Sie erklären, was Sie gelernt haben,

was Sie in die Position gebracht hat, in der Sie sich heute befinden. Das wird Ihrem Publikum helfen, ebenfalls dorthin zu gelangen – zum Beispiel: »Ich habe das Buch *Reich sein* von J. Paul Getty entdeckt, in dem er erklärt, wie er mit Kunst reich geworden ist. Es war wirklich interessant, aber ich bin mir nicht sicher, ob diese Prinzipien sich auf die gegenwärtige Kunstwelt anwenden lassen. Ich beschloss daher, mich mit einem bekannten Kunstinvestor zu treffen, der mit Kunst zig Millionen Dollar gemacht hat. Ich zeigte ihm das Buch und er erklärte mir, wie man die Informationen auf die heutige Kunstwelt anwenden kann. Nach diesen Prinzipien richtete ich mich, und ich habe damit in den letzten fünf Jahren eine durchschnittliche Rendite von 30 Prozent erzielt, was mehr war als der Ertrag, den ich mit Aktien erzielt habe.«

4. S(end): Schicken Sie das Publikum los, um etwas zu tun. Das ist Ihr Call to Action und der angestrebte Impact, den Sie mit Ihrer Kommunikation erzielen wollten. An dieser Stelle bringen Sie die Leute dazu, sich in Ihrem E-Mail-Verteiler einzutragen, Ihr Buch zu kaufen oder Ihrem Account zu folgen – zum Beispiel: »Ich veröffentliche die Strategien auf einer Website, die kostenlos ist und die Sie sich hier ansehen können«, oder: »Tragen Sie sich auf meiner E-Mail-Liste ein, und ich werde diese Tipps einen nach dem anderen verraten.«

Diese Formel kann man für einen Satz, einen Artikel, ein Video oder für eine stundenlange Präsentation nutzen. Sie können sich hier anhören, wie Clemens diese Technik erläutert: https://podcasts.apple.com/us/podcast/business-lunch/id1442654104?i=1000429481263.[55]

KURZTIPPS UND ZUSAMMENFASSUNG

1. Versuchen Sie, die Bedürfnisse Ihres potenziellen Kunden möglichst genau nachzuvollziehen. Das entscheidet letztlich darüber, wie Sie Ihre Informationen verpacken und eine Verbindung zu Ihrem Publikum herstellen.
2. Nutzen Sie PCM, um Ihr Publikum zu erreichen und sicherzustellen, dass Sie dieselbe Sprache sprechen. Effektive Storyteller setzen die Vokabularien von Logik, Werten, Humor, Vorstellungskraft, Aktion und Emotionen ein. Sie kreieren Botschaften für alle sechs Persönlichkeitstypen, damit sie 100 Prozent des Publikums mit ihren Storys erreichen und diese sich engagieren und reagieren.
3. Testen Sie Ihre Hooks, Storys und Geschäftspläne mit der »Sie wissen doch …?«-Struktur, um zu sehen, ob Ihre Ideen beim Publikum ankommen.
4. Machen Sie Ihre Marke nicht zum Helden der Storys, die Sie erzählen. Konzentrieren Sie sich stattdessen auf die Reaktionen, die Sie beim Publikum hervorrufen, und darauf, ihm einen Wert zu bieten.
5. Erzählen Sie eine Story, die bei Ihrem Publikum das Gefühl hervorruft, mit anderen emotional verbunden zu sein, sich zu verlieben und sich die Story, die Sie erzählen, zu eigen zu machen. Wenn Sie sich darauf konzentrieren, eine Beziehung zu Ihrem Publikum aufzubauen, die auf gegenseitiger Zuneigung basiert, werden Sie loyalere Kunden haben.
6. Um möglichst viele Video-Views zu erhalten, machen Sie sich Gedanken über das Kommunikationsdesign, also um die visuellen und auditiven Aspekte Ihrer Videos, sowie um das Maß an Zufriedenheit, das bei Ihrem Publikum durch das Ansehen Ihrer Videos hervorgerufen wird.

7. Geschickt eingesetzt, sind E-Mails zur Kaltakquise eine Goldmine, wenn man sich mit potenziellen Kunden in Verbindung setzen will, die einen hohen Wert liefern können.
8. Nutzen Sie die Betreffzeile Ihrer »kalten« Kontakt-E-Mail, um Ihren Hook Point zu nennen. Nutzen Sie dann A/B-Tests für Ihre Copy, um zu sehen, welche E-Mail die meisten Reaktionen hervorruft.
9. Wenn Sie Werbetexte (Copy) schreiben, um Produkte oder eine Dienstleistung zu verkaufen, suchen Sie eine Verbindung, wo Sie für die Probleme Ihres potenziellen Kunden eine Lösung haben, und schreiben Sie eine Copy (oder das Skript für ein Video in den sozialen Medien), wobei Sie diese Verbindung zur Hauptbotschaft machen.
10. Nutzen Sie die »Impact-ARCS«, die vierstufige Formel für Copywriting, um potenzielle Kunden zu gewinnen.

KAPITEL 5

WIE MAN ES VERMEIDET, INS GEFÄNGNIS ZU KOMMEN: KURS FÜR FORTGESCHRITTENE ZU AUTHENTIZITÄT, VERTRAUEN UND GLAUBWÜRDIGKEIT

Whitney Wolfe, Gründerin der Dating-App Bumble, befindet sich auf einer Mission für das Empowerment von Frauen. Sie wollte den doppelten Standard abschaffen, der in der Datingwelt herrscht und bei dem man von Frauen erwartet, dass sie zurückhaltend sind und nicht hinter dem her, was sie wollen. Sie hoffte, diese Dynamik zu ändern, indem sie Frauen dazu brachte, den ersten Schritt zu machen, also schuf sie eine Dating-App, die von den Frauen verlangt, die erste Nachricht an Männer zu schicken, an denen sie auf der Plattform Interesse haben.

Als Absolventin der Southern Methodist University besuchte Wolfe die verschiedenen Verbindungshäuser für Studentinnen und sprach darüber, dass Frauen ein Recht haben, das zu bekommen, was sie wollen. Beziehungen müssen nicht von den Männern dominiert sein, erklärte sie, und viele Männer würden es schätzen, wenn sie von dem Zwang befreit werden, Frauen stets umwerben zu müssen. Indem sie ihre Begeisterung darüber vermittelte, die sozialen Normen zu ändern, inspirierte Wolfe diese Frauen dazu, die App herunterzuladen. Dann ging sie zu den Verbindungshäusern für männliche Studenten und erzählte den Jungs, dass es Hunderte Mädchen gab, die mit ihnen ausgehen wollten. Darüber hinaus gab sie den Männern ein Stück Pizza und Kekse, damit sie sich die App herunterluden.

Der Hook Point, eine Plattform zu erschaffen, die darauf ausgelegt war, die Dynamiken beim Dating zu ändern und Frauen mehr Macht zu verleihen, führte dazu, dass die App bisher 52 Millionen Mal heruntergeladen wurde und 335 Millionen Dollar Gewinn gemacht hat.[56] Das war eine erstaunliche Leistung, besonders wenn man bedenkt, wie viele Dating-Apps es bereits gab, als Wolfe ihre im Dezember 2014 an den Start brachte.[57]

Ein Teil von Bumbles Erfolg beruht auf der Authentizität von Wolfe. Die Marke ist verbunden mit ihrer Mission im Leben und wurde mit diesem Gefühl eines Lebenszwecks geschaffen. Dieses authentische Verlangen, einen Wandel herbeizuführen, hebt sie von anderen ab, ließ sie aus der Menge hervorstechen und verhalf ihrem Unternehmen zum Erfolg.

WIESO STEHEN SIE MORGENS AUF?

Authentizität verbessert Ihre Fähigkeit, in unserer 3-Sekunden-Welt einen Eindruck zu hinterlassen, denn sie sorgt dafür, dass Ihre Hook Points ankommen. Ohne Authentizität und Purpose hinter Ihren Hooks, Storys und Produkten/Dienstleistungen wird es ihnen an Substanz fehlen und sie werden ihren Zweck verfehlen. Wenn Sie mit Simon Sineks Buch *Start With Why* (deutsch: *Frag immer erst: Warum*) vertraut sind, wissen Sie, dass er Brands dazu auffordert, »klar zu formulieren, wieso sie tun, was sie tun«. Das »Warum« einer Marke ist ihr »Zweck, Existenzgrund oder Glaubenssatz«. Sinek regt Brands dazu an, sich die Frage zu stellen: »Wieso existiert dein Unternehmen? Wieso stehst du morgens auf? Und wieso sollte es jemanden interessieren?« Die Antwort auf diese Fragen hat nichts damit zu tun, was Sie herstellen, wie viel Ihre Produkte oder Dienstleistungen kosten oder wo man diese verkauft. Sich über Ihr »Warum« klar zu sein, wird Ihnen dabei helfen, authentisch zu bleiben und bei Ihren Kunden Vertrauen aufzubauen.

Viele Unternehmen konzentrieren sich darauf, Geld zu machen, und stellen sich nie die Frage, wieso Kunden überhaupt ihre wertvolle Zeit und ihr Geld in ein Produkt oder eine Dienstleistung investieren sollten. Kunden geht es nicht darum, Ihr Gehalt bezahlen – sie wollen etwas von Wert erhalten. Wenn sie sehen, dass hinter dem, was Sie tun, ein tieferer Sinn steckt, wird dies Ihren Wert erhöhen und das Publikum dazu inspirieren, ein Teil Ihrer Welt werden zu wollen.

Marken wie Apple und Nike sind Meister darin, ihr »Warum« authentisch zu kommunizieren. Sie sehen es in den Medienprodukten, die mit ihren Marken zusammenhängen, im Design und in der Verpackung ihrer Produkte sowie im Grundriss ihrer Geschäfte. Jede Entscheidung, die diese Unternehmen treffen, unterstützt ihre Vision als Brand. Sinek erläutert zum Beispiel, dass das Unternehmen Apple mit seinen Kunden auf eine besondere Weise kommuniziert, indem es quasi folgende Philosophie nutzt: »Mit allem, was wir tun, bringen wir den Glauben an eine Änderung des Status quo zum Ausdruck. Wir glauben daran, anders zu denken. Wir stellen den Status quo infrage, indem wir unsere Produkte wunderschön designen, sie so gestalten, dass sie einfach zu verwenden und nutzerfreundlich sind. Und wir machen zufällig auch tolle Computer. Wollen Sie einen kaufen?« Weil Apple sein »Warum«

klar vor Augen hat und kommuniziert, können wir Apple-Produkte als einen authentischen Ausdruck seiner Ideale ansehen.

Sinek fügt hinzu: »Apple glaubte, dass der ursprüngliche Apple-Computer und der Macintosh die vorherrschende DOS-Plattform von IBM herausforderte. Apple glaubt, dass iPod und iTunes den Status quo und die Musikindustrie herausfordern. Und wir alle wissen, warum Apple tut, was es tut.«

Der legendäre Werbetexter Ernest Lupinacci ist ein bedeutender Vertreter der Ansicht, dass Menschen »nicht das kaufen, was Sie machen, sondern das, was Sie glauben«. Während er für die Werbeagentur Wieden+Kennedy arbeitete, reiste Lupinacci nach Europa, um für Nike eine Werbekampagne zu entwickeln, die für das Unternehmen den Zugang zum europäischen Fußballmarkt öffnen sollte. Das war zu einer Zeit, als der Fußball gerade einen umfassenden Wandel durchlief – wie Sie vielleicht wissen, haben Frankreich und England eine lang andauernde Rivalität, die aus diversen historischen Gründen bis auf den September 1066 zurückgeht, als die Schlacht bei Hastings stattfand. 1992 wurde jedoch zur Überraschung vieler ein französischer Fußballsuperstar namens Éric Cantona zum *Kapitän* der Mannschaft Manchester United in England. Das war ein historisches Ereignis. Aber obwohl sie bereits Cantona sponserte, war den Verantwortlichen bei Nike nicht klar, wie sie diese Tatsache in ihrer Marketingkampagne gewinnbringend einsetzen sollten – sie hatten nicht den Eindruck, genügend Glaubwürdigkeit oder Authentizität zu haben, um über europäischen Fußball zu sprechen, weil sie so neu in dieser Sportart waren. Als Lupinacci mit ihnen darüber sprach, wie man seiner Meinung nach die Marke europäischen Fußballfans präsentieren sollte, erklärte er, das sei eine Riesenchance für eine Marke, deren Motto »Just do it« lautete. Lupinacci sagte: »Also, wenn es Nike schon gegeben hätte, als Jackie Robinson die Rassenbarriere in der Major League durchbrach, hätte

Nike ihn gesponsert. Genau darum geht es bei Nike. Deswegen steht diese Marke morgens auf.«

Für seine Präsentation bei Nike hatte Lupinaccis Team ein Bild vorbereitet, dass von Che Guevara inspiriert war und auf dem all die großartigen Footballspieler abgebildet waren, die Nike unter Vertrag genommen hatte, sowie die Aussage: »Nike, Inc. zerlegt das Establishment seit 1971.« Dann machte sich Lupinacci daran, zu erläutern, das Geniale an dem Standbein der Marke innerhalb des europäischen Fußballs bestehe nicht nur darin, dass sie nun bei der Konversation über Profifußball mitmischen könne, sondern auch Aussagen zu aktuellen Veranstaltungen treffen könne, die der Konkurrenz verwehrt blieb. Die Konversation drehte sich nicht um innovatives Equipment, sondern tatsächlich um »eine Revolution im sozialen Gewebe des Sportes selbst«. Die Präsentation traf einen Nerv und legte gleichzeitig den richtigen Ton fest, der es dem Team ermöglichte, glaubhaft und authentisch seine Sicht der Dinge den Massen zu präsentieren.

Lupinacci fügt hinzu, dass Glaubhaftigkeit und Authentizität wesentlich sind, wenn man versucht, aktuelle Events (beziehungsweise das, was er gerne als »elektrisierende Vorfälle« bezeichnet) an eine Werbekampagne zu knüpfen. Wie wichtig das ist, wird klar, wenn man sich »eine Fernsehsendung oder ein Film-Franchise vorstellt, das man mag. Tut eine Figur in einer Episode oder einer Fortsetzung plötzlich etwas Seltsames oder etwas, das nicht ihrem Charakter entspricht, wird Ihnen das unauthentisch und unbefriedigend vorkommen. Eine Analogie in der Marketingwelt wäre, wenn eine Marke sich plötzlich auf andere Bereiche ausdehnt oder eine Botschaft vermittelt, die unauthentisch wirkt. Oft passiert das, weil die Brand keine Verbindung zwischen dem hergestellt hat, was sie glaubt und was sie herstellt.«

Diese Verbindung ist es, die laut Lupinacci Nike das Recht gab, sich in die Konversation über den europäischen Fußball einzuklinken:

»Nicht aufgrund ihrer Geschichte als Sportschuhhersteller, sondern aufgrund der Kraft und Kontinuität ihrer Botschaft. Fußball mag vielleicht ein neuer Sport für Nike gewesen sein, aber das Glaubenssystem der Marke – und wie es bei den Athleten ankommt – transzendiert erfolgreich die verschiedenen unterschiedlichen Sportarten. Die Macht einer Brand wurzelt nicht in der Qualität ihrer Produkte. Die Macht einer Brand wurzelt in ihren *eigenen* Glaubenssätzen.«

Eine weitere Marke, die sich ihrer Werte bewusst ist, ist die Buchreihe *Für Dummies*, die ebenfalls eine Story darüber erzählt, unkonventionell zu sein und den Status quo herauszufordern. John Kilcullen, Gründungsmitglied und Chairman/CEO von IDG Books Worldwide und Schöpfer der *Für Dummies*-Buchreihe, verrät, dass diese Werke als unterhaltsame und leichte Quelle geschaffen wurden, die einem das Nötigste über ein bestimmtes Thema beibringen soll, sodass man sich hinterher wieder etwas anderem widmen kann. Fans der Serie *Für Dummies* wissen den Humor zu schätzen, die Cartoons und grafischen Elemente in jedem Buch, die es zu einer begeisternden Sache machen, etwas Neues zu lernen.

Das »Warum«, das der Herausforderung des Status quo zugrunde liegt, floss in das Design jedes Elements der Bücher und der Marketingstrategie ein. Die Reihe achtete darauf, humorvoll zu schreiben, und dieser Humor fand sich auch oft in der Verpackung der Produkte selbst wieder. Als das Unternehmen beispielsweise die französische Version von *Sex für Dummies* herausbrachte, beinhaltete es ein Kondom auf der Innenseite des hinteren Covers mit einem Pfeil und dem Text: »Dieses Ende nach oben.« Sie nutzten diesen Stil respektvollen Humors, um Menschen dafür zu begeistern, um herauszustechen und um die Themen zugänglicher zu machen. Wenn die Idee allerdings nicht auf einer Linie mit der Seele der Marke gelegen hätte, hätte es geschmacklos oder unangemessen gewirkt. Aber weil dieser Marketingstunt (und wahrlich bemerkenswerte Hook Point) zum Messaging des Unternehmens passte, wurde *Sex für Dummies* der erfolgreichste Band der Reihe außerhalb der Vereinigten Staaten.

Wenn Sie Hilfe benötigen, um Ihr »Warum« zu finden, sollten Sie Simon Sineks Buch *Frag immer erst: Warum* lesen. Es wird Ihnen als Individuum oder Unternehmen den Weg weisen, wenn es darum geht, die eigenen Motivationen zu ermitteln. Diese zu kennen, ist Ihr Kompass, der Ihnen hilft, authentische Hook Points und Storys zu entwickeln.

GILLETTE VS. NIKE

Sein »Warum« zu kennen, ist entscheidend, um sich Hook Points auszudenken und Storys zu erzählen. Wenn Sie sich nicht über Ihr »Warum« im Klaren sind, wirken Sie möglicherweise beleidigend. Vor Kurzem erhielt Gillette eine Menge Gegenwind für die »We Believe«-Werbung, die »toxische Männlichkeit« anspricht, inklusive sexueller Belästigung, die #MeToo-Bewegung und Mobbing. (Sie können sich den Werbespot hier ansehen: https://time.com/5503156/gillette-razors-toxic-masculinity/.) Auch wenn die Botschaft in der Anzeige positiv ist – natürlich sollten Männer und Frauen einander mit Respekt behandeln –, ist es ebenso ersichtlich, wieso das Publikum davon abgeschreckt wurde.

Als Marke hat Gillette vor dieser Kampagne noch nie das Thema soziale Verantwortung angesprochen. Sie hatte sich immer auf die Haarentfernung konzentriert. Wenn Sie daher auf einmal eine Werbeanzeige machte, in der es hieß, Männer sollten sich anders verhalten, hatten viele Kunden das Gefühl, die Brand schaltete sich in eine Konversation ein, in der sie nichts verloren hatte, weil es nicht dem entsprach, was sie als Unternehmen darstellte. Für einige Mitglieder des Publikums wirkte die Anzeige überflüssig und opportunistisch. Das liegt ebenfalls daran, dass Gillette normalerweise über das sprach, was das Unternehmen tut – Rasierer mit fünf Klingen und Gleitgel herstellen, die Barthaar schneiden –, Gillette war kein Unternehmen, das irgendjemandem erzählt hat, *warum* es Rasierer herstellt. Obwohl Gillette durch diese Anzeige eine Menge Aufmerksamkeit erhielt, ist es alles andere als eindeutig, ob dadurch neue Verbindungen und Markentreue entstanden. Jane Zupan, Senior Director für Produktmarketing bei Crimson Hexagon, glaubt, dass die Kampagne half, neue Verbindungen zu Frauen zu knüpfen, aber im Moment hat die Anzeige auf YouTube 1,5 Millionen Dislikes und nur 806 000 Likes.[58] Insgesamt glaube ich nicht, dass die Kampagne ein großer Erfolg war.

Diese Resultate stehen in krassem Kontrast zu den Gelegenheiten, als Nike Stellung zu sozialen Themen bezog. Das Unternehmen hat Erfahrung auf diesem Gebiet und hat sehr gute Arbeit geleistet, wenn es darum geht, über die Jahre das eigene »Warum« zu kommunizieren. Als daher die Marke die kontroverse Kampagne mit Colin Kaepernick startete, in der Kaepernick die Worte »Glaube an etwas. Auch wenn du dafür etwas opfern musst« spricht, war diese ein Erfolg. Die Tagline bezieht sich auf den Protest bei der Nationalhymne gegen Polizeibrutalität, die Kaepernick wohl seine Karriere in der NFL gekostet hat. Die Anzeige erhielt gemischte Reaktionen, aber weil Nike sein Kernpublikum versteht (Gen Z und Millennials), das sozial engagierte Brands unterstützt, und weil die Anzeige mit den Kernwerten der Marke übereinstimmte (Nike verkündete, in diejenigen zu investieren, die Opfer bringen), war die Kampagne erfolgreich. Als sie veröffentlicht wurde, stieg der Aktienpreis auf ein Allzeithoch, die Onlineverkäufe stiegen am Wochenende nach dem Launch der Kampagne um 31 Prozent und Nike wurde an einem einzigen Tag auf Twitter 450 000-mal erwähnt.[59]

Der Unterschied zwischen den Resultaten der beiden Kampagnen ist eine gute Lektion darin, dass man einen Hook Point wählen sollte, der bestätigt, wer Sie sind und wieso Sie tun, was Sie tun. Sie können nicht einfach loslegen und einen beliebigen Hook Point kreieren und Storys, die nicht Ihre Grundlagen als Unternehmen wiedergeben, denn das kann nach hinten losgehen. Wenn Sie hingegen die richtigen Hooks aussuchen – die authentisch wiedergeben, wer Sie sind –, können Sie damit sehr erfolgreich sein.

GUTE HOOK POINTS SCHAFFEN GLAUBWÜRDIGKEIT

Erick Brownstein von Shareability nutzt seine Hook Points, um schnell Glaubwürdigkeit für neue Geschäftsgelegenheiten zu gewinnen. Wenn er bei einer Konferenz ist und Verbindungen zu anderen Mitgliedern des Konferenzpanels knüpfen will, hat er nur Sekunden, um ihre Aufmerksamkeit zu erregen. Durch seine jahrelange Erfahrung weiß er, dass eine der besten Methoden, um sofort Glaubwürdigkeit zu erlangen, in der Verwendung von Hook Points besteht. Sobald ein Redner von der Bühne tritt, geht er oft zu dieser Person und sagt: »Hey, das war beeindruckend. Ich würde gerne mit Ihnen sprechen, denn **wir kreieren im Moment den erfolgreichsten Videocontent weltweit** und wir könnten Ihnen helfen, Ihre Story noch besser zu erzählen und mehr Menschen zu erreichen.« Die Aussage in Fettdruck ist der Hook Point, der Glaubwürdigkeit herstellt und Brownstein Zugang zu Meetings verschafft. Wenn er nicht erwähnen würde, dass er aktuell den erfolgreichsten Content weltweit produziert, und nur sagte: »Ich würde gerne mit

Ihnen reden …«, würde er nicht herausstechen. Er würde sich nicht von anderen Personen unterscheiden, die die Aufmerksamkeit des Redners erregen wollen.

PRÄSIDENTSCHAFTSKANDIDATEN, AUFENTHALTSRÄUME BEIM FERNSEHEN UND EINE LEKTION IN AUTHENTIZITÄT

Als ich nach New York flog, um einige Interviews in den Medien für mein letztes Buch zu geben, wurde ich zu zwei Sendungen eingeladen. Die erste war *The David Webb Show*, die Sie sich hier anhören können: www.brendanjkane.com/davidwebb/. Nach dem Interview fragte mich Webb, ob ich noch neue Klienten annehmen würde und ob ich mir seinen Social-Media-Auftritt ansehen könnte. Auch wenn ich nur in seine Show gekommen war, um etwas von Wert zu bieten, ergab sich daraus für mich eine potenzielle Geschäftsgelegenheit. Das passierte, weil ich ein authentisches Bedürfnis verspüre, anderen zu helfen und meine Arbeit gut zu machen, und nebenbei starke Hook Points einsetze, um in 30 Tagen eine Million Follower zu gewinnen (was überhaupt erst zu meiner Einladung in diese Sendung geführt hat).

Ich hatte ein ähnliches Erlebnis, als ich in die Fernsehshow *Kennedy* beim Sender *Fox Business* eingeladen wurde. Als ich im Aufenthaltsraum wartete, traf ich den demokratischen Präsidentschaftskandidaten John Delaney. Ich wusste zuerst nicht, wer er war, als wir uns unterhielten; wir führten einfach ein authentisches Gespräch darüber, was ich machte, und über meine Sicht auf die sozialen Medien. Dann fragte er mich, ob er mich engagieren könne, um ihm bei seiner Kampagne in den sozialen Medien zu helfen. Menschen auf natürliche Weise zu treffen, einen Wert zu bieten und eine authentische Verbindung herzustellen, baut ausreichend Vertrauen und Glaubwürdigkeit auf, um potenziell neue Geschäftsgelegenheiten zu erschließen. (Ich versuchte weder John Delaney noch David Webb etwas zu verkaufen, und es war für mich sicherlich kein Verkaufspitch.)

Das können Sie ebenfalls tun! Um Vertrauen und Glaubwürdigkeit aufzubauen, beginnen Sie eine Unterhaltung mit Ihren stärkste Hook Points und faszinierendsten Storys. Wenn Sie dem Prozess folgen, den ich Ihnen in diesem Buch beibringe, wird Ihnen das Türen zu weiteren Chancen öffnen. Der Prozess funktioniert! Er erfordert jedoch etwas Übung, also verzweifeln Sie nicht, wenn es Zeit braucht, bis man ihn draufhat. Manchmal verbringe ich Monate damit, einen Hook und eine Story zu perfektionieren, bevor ich damit einen Treffer lande.

EINE MILLION DOLLAR UND DREI LEKTIONEN ÜBER DAS SCHEITERN

Sobald Sie es meisterlich beherrschen, Aufmerksamkeit zu erregen, generieren Sie vielleicht mehr Leads, als Sie überhaupt bewältigen können. Sie sind begeistert und wollen zu allem Ja sagen, aber diesen Fehler sollten Sie nicht begehen. Ich fand mich schon selbst in der Situation wieder, Projekte angenommen zu haben, die nicht wirklich zu mir passten. Als ich mit dieser Arbeit anfing, führten meine starken Hook Points und Storys zu Deals, auch wenn ich vielleicht nicht der Beste für einen bestimmten Job war. Das ist ein Problem, denn wenn Sie große Projekte und Klienten an Land ziehen, müssen Sie liefern.

Zu Beginn meiner Karriere brachte ich Millionen Dollar für Unternehmen auf, die letztlich scheiterten. Ich hatte einen tollen Hook Point, erzählte eine fesselnde Story, fand Investoren, doch zu guter Letzt scheiterte das Unternehmen. Es gibt verschiedene Gründe dafür, aber einer der wichtigsten war, dass meine hauptsächliche Expertise und mein Skill-Set nicht darin bestehen, ein Unternehmen als CEO oder COO zu leiten. Mit der Zeit wurde mir klar, dass ich Weltklasse darin bin, Strategien zu liefern, Klarheit zu schaffen, Innovationen zu befördern und Visionen für Unternehmen zu kreieren – nicht aber beim Leiten der Alltagsgeschäfte.

Die Informationen in diesem Buch können Ihnen helfen, große Deals abzuschließen, die Verkaufszahlen bedeutend zu steigern und effektiveren Content zu kreieren, aber Sie müssen wissen, worin Sie tatsächlich gut sind, um Erfolg zu haben. Authentizität ist der Klebstoff, der alles zusammenhält. Auch wenn großartige Hooks und Storys dafür sorgen, dass die Menschen sich interessieren und Ihnen ihre Aufmerksamkeit schenken, wird Ihre Marke oder Ihr Unternehmen scheitern, wenn Ihre Storys nicht ehrlich klingen und Sie die Erwartungen nicht erfüllen.

Sehen Sie sich den Skandal an, der in der Dokumentation *The Inventor: Out for Blood in Silicon Valley* enthüllt wurde. Elizabeth Holmes, die das mittlerweile liquidierte Gesundheitstechnologieunternehmen Theranos gründete, wurde zur jüngsten Selfmade-Milliardärin der Welt, aber sie konnte diesen Erfolg nicht aufrechterhalten. Warum? Nun ja, ihr Produkt war eine Fälschung. Ihr Hook Point befähigte sie hervorragend dazu, Investoren zu finden und ihnen etwas zu verkaufen. Ich meine, wer würde nicht gerne glauben, dass wir Bluttests billiger und einfacher machen können, indem wir mehrere Tests mithilfe eines kleinen Tröpfchens Blut durchführen? Das wäre unglaublich … wenn es denn wahr wäre. Leider war Holmes besser beim Storytelling als im Erfinden von Produkten.

Dasselbe lässt sich über die Leute hinter dem Fyre Festival sagen. Das Marketing hinter diesem »Luxus«-Musikevent war beeindruckend. Aber Billy McFarland, CEO von Fyre Media Inc., konnte seine Versprechen nicht wahrmachen. Viele glauben, McFarland war ein Betrüger, aber ich bin überzeugt, sein Team wollte tatsächlich das Festival veranstalten, das sie in ihrem Marketingmaterial bewarben. Ich denke, sie haben sich einfach nicht ausmalen können, wie schwer es ist, ein Festival zu veranstalten, das eine solche Popularität erzielt hatte.

WECKEN SIE EINDEUTIGE ERWARTUNGEN

Die oben beschriebenen Situationen können Sie vermeiden, indem Sie ehrlich mit sich selbst sind. Wenn Sie das tun, werden Sie auch zu Ihren Klienten ehrlich sein. Als ich mit Katie Couric und den Produzenten bei Yahoo! arbeitete, wurde stets davon geredet, etwas optimieren zu müssen. Ich weckte die Erwartung bei Couric, dass wir kontinuierlich eine Unmenge an Interviews testen würden. Sehr früh warnte ich: »Verlieben Sie sich nicht zu sehr in eines der Interviews. Wenn ein Interview nicht funktioniert, ist das in Ordnung. Wir lernen etwas daraus und nehmen weitere Anpassungen vor, bis wir die Interviews finden, die viral gehen.«

Ich weckte diese Erwartung gleich zu Beginn, denn es war das realistischste Szenario. Indem ich rechtzeitig mit Couric darüber sprach, sorgte ich dafür, dass es keine Missverständnisse zwischen uns gab. Von Beginn an machten wir uns klar, dass Fehlschläge ein Teil des Prozesses sein würden.

WAS ZU TUN IST, WENN MAN NICHT LIEFERN KANN

In der Netflix-Dokumentation *Fyre* können Sie sehen, dass McFarland auch nach dem Scheitern des Festivals nichts aus seinen Fehlern lernte. Noch während er verklagt wurde, ersann er einen weiteren Betrug, bei dem er exklusive Backstage-Tickets für Konzerte verkaufte, zu denen er gar keinen Zugang hatte. Wir machen natürlich alle Fehler – niemand ist stets perfekt –, aber versuchen Sie, aus Ihren Erfahrungen zu lernen.

Analysieren Sie, welche Verhaltensweisen und Strategien funktionieren und welche nicht, damit Sie sich Ihre Grenzen vor Augen führen, wachsen können, voranschreiten und sich beim nächsten Mal besser für den Erfolg aufstellen.

Wenn Sie sich jedoch aus welchem Grund auch immer in einer Situation befinden, in der Sie nicht liefern können, seien Sie offen und kommunizieren Sie diese Tatsache gegenüber den Klienten. Einfach abzutauchen, wäre das Schlimmste, was Sie tun können. Nehmen Sie das Telefon in die Hand und erklären Sie, wieso es Verzögerungen oder Rückschläge gibt. So unangenehm diese Unterhaltungen auch sind, es ist besser, als einfach die Tatsache zu ignorieren, dass die Dinge nicht laufen wie geplant. Die meisten Menschen wissen ehrliche Kommunikation zu schätzen und respektieren das. Wenn Sie versuchen, Probleme zu vertuschen, und nicht kommunizieren, wenn es nicht so gut läuft, werden Sie vermutlich diesen Klienten verlieren. Und wenn das öfters passierte, erwerben Sie sich einen schlechten Ruf. Seien Sie lieber ehrlich und sprechen Sie rechtzeitig an, was gerade vor sich geht, wie Sie versuchen, die Situation zu retten, oder auch, wenn Sie einen Klienten leider gehen lassen müssen. Zweifellos führt es auf lange Sicht zu besseren Resultaten, wenn Sie ehrlich sind.

DIE MACHT DES NEIN

Wenn ich mich dafür entscheide, mit jemandem zu arbeiten, tue ich das, weil ich eine interessante und begeisternde Gelegenheit vor mir sehe. Es ist nicht so, dass ich in ein Meeting gehe und denke: *Oh, das wird der Wendepunkt meiner Karriere. Dieses Meeting ist superwichtig. Ich werde eine Menge Geld verdienen.* Stattdessen denke ich eher: *Ich bin begeistert über diese Chance. Ich will andere an diesen Informationen teilhaben lassen. Ich habe den Eindruck, dieser Hook Point und diese Story wer-*

den der Person auf der anderen Seite des Tisches einen Wert bieten. Wenn ich das nicht denke, werde ich das Meeting oder Projekt ablehnen.

Ich glaube, diese Einstellung ist von entscheidender Bedeutung für den Erfolg. Wenn Sie nicht aufrichtig begeistert von dem sind, was Sie tun, wird man das bemerken, deswegen erschaffe ich nie einen Hook Point oder eine Story über etwas, das mich nicht begeistert. Ich baue bei Treffen mit wichtigen, hochrangigen Personen schnell Vertrauen und Glaubwürdigkeit auf, weil sie sehen, dass ich aufrichtige Leidenschaft für ihre Projekte empfinde. Um noch einmal darauf hinzuweisen: Wenn ich nicht daran glaube, tue ich es nicht.

Zu Projekten, an die Sie nicht glauben, Nein zu sagen, wird für Sie vorteilhaft sein. Einmal war ich zum Abendessen mit Hush, einem der bekanntesten Straßenkünstler der Welt. Hush sagte mir, dass er nur eine begrenzte Zahl von hochwertigen Kunstwerken im Jahr erschafft und aufgrund dieser Tatsache seine Arbeiten für zig Tausende Dollar verkaufen kann. Als ich ihn fragte, wie er Nachfrage nach seinen Werken aufbaut, sagte er: »Indem ich die Macht des Nein nutze.« Oft wird er von Gruppen oder Menschen angefragt, die ein Werk von ihm kaufen wollen, aber wenn er nicht wirklich leidenschaftlich hinter dem Projekt steht, lehnt er es ab. Er hat festgestellt, dass die Exklusivität seiner Arbeit eine höhere Nachfrage hervorrief.

Sagen Sie also nicht zu jedem Angebot Ja. Übernehmen Sie nur die Arbeit, die Ihnen wirklich etwas gibt. Wenn Sie das tun, kann das Ihren Wert steigern.

SICH IN DEN ERFOLG »VERLIEBEN«

Um im Verkauf erfolgreich zu sein, müssen Sie vertrauensvolle Beziehungen aufbauen können. Ihre Kunden oder potenziellen Partner müssen glauben, dass Sie Ihre Versprechen halten, sonst werden sie Ihnen kein Geld geben. Und Sie sollten sich darum bemühen, einen guten Eindruck zu hinterlassen, auch wenn die Leute nicht sofort mit Ihnen zusammenarbeiten oder sofort etwas von Ihnen kaufen. Man kann nie wissen, vielleicht ändert ein potenzieller Kunde seine Meinung oder es ergibt sich eine neue Chance, die dazu führt, dass Sie vielleicht nach einigen Jahren doch zusammenarbeiten.

Einmal hat ein Kollege von mir in einem Meeting mit einem wichtigen Klienten versagt, weil er seine Hausaufgaben nicht gemacht hatte, als es darum ging, die Bedürfnisse des Unternehmens zu verstehen. Er bot eine Dienstleistung an, an der das Unternehmen nicht interessiert war, und realisierte sofort, dass das Meeting nicht gut gelaufen war. Danach übernahm er die Verantwortung und entschuldigte sich bei der Person, die das Meeting arrangiert hatte und zufälligerweise auch im Raum war. Mein Kollege war bescheiden genug zuzugeben, dass er einen Fehler gemacht hatte. In einem solchen Moment Verantwortung zu übernehmen, war das Beste, was er hatte machen können. Das half ihm, seine Glaubwürdigkeit bei der Person zu zurückzugewinnen, die das Meeting arrangiert hatte, was sich als enorm gewinnbringend erwies.

Wenn man jung ist, will man, dass alles sofort passiert. Aber mit etwas Erfahrung wird einem klar, dass man vielleicht heute eine Unterhaltung führt, die dazu führt, dass man irgendwann in der Zukunft ein Unternehmen gründet. Seien Sie nicht ungeduldig und zerstören Sie keine künftigen Chancen – spielen Sie immer auf lange Sicht.

Außerdem müssen Sie, wenn Sie große Deals abzuschließen versuchen, leidenschaftlich sein und viel über die Produkte oder Dienstleistungen wissen, die Sie verkaufen. Sie sollten sie in- und auswendig kennen, damit Sie selbstbewusst Fragen beantworten, die Schmerzpunkte Ihres potenziellen Klienten ansprechen und jeden Zweifel und jede Sorge über die Zuverlässigkeit Ihres Business auslöschen können.

In den Fällen, in denen Sie die Antwort auf die Frage nicht kennen, sollten Sie keine Details erfinden, um die Leerstellen zu füllen. Es ist besser zuzugeben, dass Sie es nicht wissen, und den Klienten zu sagen, dass Sie sich noch einmal melden, wenn Sie mehr Antworten haben. Denken Sie daran: Authentizität hilft Ihnen, Vertrauen und Glaubwürdigkeit zu gewinnen.

WIE MAN IN MEETINGS AUFRICHTIGES VERTRAUEN HERSTELLT

In dem Artikel »Wie Sie Menschen dazu bringen, Sie zu mögen: 7 Methoden eines Verhaltensexperten des FBI« (übrigens ein guter Hook Point für den Titel eines Artikels) erklärt Eric Barker, wie man eine Verbindung herstellt und Vertrauen schafft. Er interviewte Robin K. Dreeke, den Chef des Verhaltensforschungsprogramms des FBI, der seit mehr als 27 Jahren zwischenmenschliches Verhalten studiert. Dreekes wichtigster Rat ist, »nach den Ideen und Meinungen anderer zu fragen, ohne sie dabei zu verurteilen«. Sie müssen nicht mit den anderen übereinstimmen, aber Sie sollten andere wertschätzen, indem Sie sich die Zeit nehmen, ihre Träume, Wünsche und Bedürfnisse zu verstehen.

Hier die vollständige Liste von Dreekes sieben besten Methoden, um Vertrauen und Glaubwürdigkeit aufzubauen:

1. Nicht verurteilende Wertschätzung. Fragen Sie nach der Meinung und den Ideen der anderen Person, ohne sie zu verurteilen.
2. Fokussieren Sie sich auf die andere Person.
3. Hören Sie zu und seien Sie dabei ganz anwesend. Stellen Sie Fragen und hören Sie tatsächlich auf die Antworten.

4. Fragen Sie die andere Person nach den Herausforderungen, mit denen sie sich konfrontiert sieht.
5. Legen Sie zu Beginn der Unterhaltung ein Zeitlimit fest. Das sorgt bei Fremden für Entspannung.
6. Lächeln Sie und lassen Sie die Hände offen mit den Handflächen nach oben.
7. Wenn Sie sich manipuliert fühlen, erläutern Sie Ihre Ziele. Werden Sie nicht aggressiv. Bitten Sie die andere Person einfach, offen zu sagen, was sie will.[60]

Was Ihnen ebenfalls dabei helfen kann, Vertrauen und Glaubwürdigkeit bei anderen aufzubauen, ist Dale Carnegies *Wie man Freunde gewinnt und Menschen beeinflusst* und Marshall Rosenbergs *Gewaltfreie Kommunikation. Eine Sprache des Lebens.* Beide Bücher bringen Ihnen bei, wie man effektiv mit anderen kommuniziert und ihre Bedürfnisse besser versteht, um mehr Vertrauen und Glaubwürdigkeit aufzubauen.

AUTHENTIZITÄT BEIM KREIEREN VON CONTENT: WAS ZUR HÖLLE SOLL DAS HEISSEN?

Authentizität hilft Ihnen, bei Ihrem Publikum Vertrauen zu gewinnen, und spielt eine wichtige Rolle, wenn man auf digitalen Plattformen erfolgreich sein will. Naveen Gowda, Stratege für digitalen Content, verrät, dass die meisten Menschen nicht auf die Tricks und Praktiken von Werbetreibenden eingestellt sind, weswegen eine Menge Brands Mühe haben, auf sozialen Plattformen irgendwelche bedeutenden Reaktionen hervorzurufen. Statt darüber nachzudenken, wer sie sind und was sie sagen wollen, sollten die Marken darüber nachdenken, welche Bedürfnisse ihre Zuschauer haben.

Der Stand-up-Comedian Joe Rogan hat enormen Erfolg in der 3-Sekunden-Welt. Er bringt Menschen dazu, sich stundenlang seine Kanäle anzuhören, denn er liefert starken Content und geht bei seinen Qualitätsstandards keine Kompromisse ein. Gowda glaubt, dass es sich für Sie lohnt, eine Marke aufzubauen, die auf einem guten Fundament steht und vertrauenswürdig ist, auch wenn es länger dauert, – letztlich wird es Ihnen dabei helfen, die Zuschauer dazu zu bringen, Ihren Content für längere Zeit anzusehen.

Wenn Sie dauerhaft bedeutungsvollen, qualitativ hochwertigen Content kreieren, vergrößern Sie Ihre Chancen, eine authentische Verbindung zu Ihrem Publikum herzustellen und in dieser Welt der Mikroaufmerksamkeit vertrauenswürdig zu sein. Das Publikum wird sich Ihren Content für eine längere Zeit ansehen, um den Wert daraus zu ziehen, den er bietet. Wenn Sie hingegen Abkürzungen nehmen und Material posten, nur um die Kennzahlen hochzutreiben oder einen Zeitplan zu erfüllen, wird die Qualität leiden und Sie verlieren das Vertrauen des Publikums (und des Algorithmus). Wenn Sie ein paar schlechte Videos nacheinander posten, wird das nächste Video, das Sie posten, keine so gute Performance bringen (egal, wie gut es ist). Um dieses Szenario zu vermeiden, verbringt Gowda oft zwei- oder dreimal so viel Zeit mit Recherche, Ideensuche und Produktion, um ein einziges Video zu kreieren, als es die meisten anderen Content-Creator tun würden. Das tut er, weil er weiß: Wenn er das richtig hinbekommt, wird das Video zehn- bis hundertmal so gut performen, als wenn er es nicht täte.

Content zu posten, ist, wie jeden Tag in die Arbeit zu gehen. Einfach nur anwesend zu sein, ist nicht genug. Während Sie dort sind, müssen Sie hart arbeiten, die gestellten Aufgaben erledigen und effektiv kommunizieren, um das Vertrauen Ihres Chefs oder Ihrer Kunden aufrechtzuerhalten. Wenn Sie in der Arbeit erscheinen und faul sind oder nicht die Rolle erfüllen, die man Ihnen für einige Tage zugedacht hat, wird das Vertrauen bröckeln. Gowda fügt hinzu, dass man bei jedem Video und jedem digitalen Content nicht nur darauf abzielen sollte, seine Arbeit gut zu machen, sondern die Leute von den Socken zu hauen.

EINE UNANGENEHME WAHRHEIT ÜBER DEN PRODUKTIONSWERT

Wenn Zuschauer Content sehen, der poliert und makellos ist, mit schnellen Schnitten und tollen Effekten, nehmen sie automatisch an, sie sähen eine Werbung. Gowda erklärt: Wenn man Videos produziert, sollte man so authentisch wie möglich sein. Der Produktionswert diktiert nicht den Erfolg auf sozialen Plattformen. Der Erfolg entsteht daraus, dass man eine authentische und fesselnde Story erzählt. Für viele von uns sind das gute Neuigkeiten. Sie könnten theoretisch ein Video mit Ihrem Smartphone filmen und Millionen von Menschen erreichen, ohne irgendein Budget zu haben.

KURZTIPPS UND ZUSAMMENFASSUNG

1. Authentizität sorgt dafür, dass Ihre Hook Points sich einprägen. Ohne sie verfehlen Sie ihre Wirkung.
2. Lassen Sie sich von Ihrem »Warum« leiten, um das Vertrauen Ihrer Zuschauer zu erlangen und authentisch zu wirken.
3. »Die Leute kaufen nicht, was Sie herstellen, sie kaufen, woran Sie glauben.« – Ernest Lupinacci
4. Wenn Ihre Hook Points nicht Ihr Fundament stärken, können sie nach hinten losgehen.
5. Nutzen Sie Hook Points, um rasch Glaubwürdigkeit für neue Geschäftsmöglichkeiten zu erlangen.

6. Seien Sie ehrlich mit sich selbst und Ihren Klienten, indem Sie klare Erwartungen darüber wecken, was Sie liefern können und was nicht.
7. Nehmen Sie nur Aufträge an, die Ihnen wirklich zusagen. Manchmal erhöht es die Nachfrage, Nein zu sagen.
8. Erfolg im Verkauf entsteht daraus, vertrauensvolle Beziehungen aufzubauen.
9. Seien Sie nicht ungeduldig. Damit können Sie künftige Chancen zerstören – handeln Sie immer langfristig, denn wichtige Geschäftsgelegenheiten könnten auf Sie warten.
10. Hören Sie auf Ihre Klienten, damit Sie deren Bedürfnisse wirklich verstehen.
11. Wenn Sie immer wieder bedeutungsvollen, qualitativ hochwertigen Content kreieren, haben Sie bessere Chancen, das Vertrauen eines Publikums und längere View Time zu erringen.
12. Der Produktionswert diktiert nicht den Erfolg auf sozialen Plattformen. Der Erfolg entsteht daraus, dass man authentische und fesselnde Storys erzählt.

KAPITEL 6

LERNEN SIE, ZUZUHÖREN; HÖREN SIE ZU, UM ZU LERNEN

Geschäftsmann und Investor Mark Cuban, Besitzer des NBA-Teams Dallas Mavericks und einer der Hauptinvestoren bei *Shark Tank* auf ABC, arbeitete bei einem Unternehmen namens Tronics 2000, nachdem er seinen Collegeabschluss gemacht hatte. Als er dort arbeitete, gab ihm ein Mann namens Larry Menaw einige der besten Tipps, die er je erhalten hat. Menaw bemerkte, dass Cuban immer aufgedreht und auf dem Sprung war. Eines Tages gab Menaw vor dem Beginn eines Meetings Cuban eine spezifische Anweisung. »Mark, ich will, dass du etwas für mich tust. Wenn wir uns zum Meeting zusammensetzen, will ich, dass du deinen Notizblock herausholst oder ein Blatt Papier und einen Stift und in die obere rechte Ecke das Wort ›zuhören‹ schreibst.« Bis zu diesem Tag befolgt Cuban diesen Ratschlag. Vor jedem Meeting schreibt er das Wort ›zuhören‹ auf, um sich selbst daran zu erinnern, still zu sein und zuzuhören, was die anderen im Raum zu sagen haben.[61]

DIE GOLDMINE ZWISCHEN IHREN OHREN

Zuhören ist in unserer 3-Sekunden-Welt wichtig. Unglaublich viele Informationen strömen auf uns ein, also wird man leicht abgelenkt, aber zu fokussieren und präsent zu sein – besonders wenn Klienten oder Geschäftspartner sprechen –, wird Ihnen letztlich helfen, Ihre besten Hook Points zu finden. Wenn Sie einem potenziellen Kunden sorgfältig zuhören, finden Sie schneller heraus, wo dessen Schmerzpunkte liegen, und lernen, an welcher Stelle Ihre Fähigkeiten, Produkte und Dienstleistungen zu den Bedürfnissen Ihres Kunden passen.

Sich die Zeit zu nehmen, wirklich zuzuhören, kann eine Goldmine an Informationen erschließen, die Ihnen hilft, mehr Wert liefern zu können. Wenn Sie die richtigen Fragen stellen, haben Sie einen Vorteil, wenn es darum geht, wie Sie Ihre Produkte und Dienstleistungen präsentieren. Und in Meetings werden Sie besser dafür gerüstet sein, schnell Ihre Hook Points und Storys anzupassen, um zur Lösung für die Probleme Ihres potenziellen Kunden zu werden.

Michael Breus, der Schlafdoktor, verrät, dass er definitiv einige seiner wertvollsten Hook Points entdeckte, indem er zuhörte. Seine Patienten und das Publikum seiner Reden haben ihm eine Menge Fragen gestellt, und das hat ihm geholfen, die häufigsten Schmerzpunkte zu finden, um die herum er dann seine Hook Points und Storys kreiert. Zuzuhören hat ihm geholfen, seine Botschaften besser zu verpacken und den Leuten zu zeigen, wie er weitverbreitete Schlafprobleme lösen kann.

HOOKS FÜR DUMMIES

Ich erwähnte bereits John Kilcullen, den Schöpfer der erfolgreichen *Für Dummies*-Buchreihe. Er ist ebenfalls der Meinung, dass es ein Schlüssel für den Erfolg im Business ist, wenn man potenziellen Kunden, den Experten in ihrem Metier, und den Kunden im Allgemeinen zuhört.

Das ist genau der Grund, wieso Kilcullen eine Menge der Feedback-Postkarten liest, die seinen *Für-Dummies*-Büchern beiliegen. Als sein Team *Quicken for Dummies* veröffentlichte, hatten viele Leser ihm Feedback gegeben – sie wollten ein Buch, dass ihnen beibrachte, wie man sein Geld managt. Dieses Feedback zu erhalten, war ein entscheidender Moment für die Marke. Dadurch realisierten Kilcullen und sein Team, dass sie sich aus der Nische, Bücher über Informationstechnologie zu schreiben, herauswagen konnten, und auch Bücher über persönliche Finanzen veröffentlichen konnten.

Indem es auf die Bedürfnisse seiner Kunden hörte, konnte Kilcullens Team eine Buchreihe über Informationstechnologie in eine Marke verwandeln, die Tausende Themen behandelt. Hätte Kilcullen nicht auf das Feedback seiner Kunden gehört, hätte die Brand nicht 2500 Titel herausgebracht und mehr als 200 Millionen Bücher gedruckt.

Ernest Lupinacci ist ebenfalls der Meinung, dass man erfolgreich seine Brand erweitern kann, indem man auf die Kunden hört. Die Entwicklung des *Life*-Magazins und seines Contents bestätigen diese Tatsache. Der beliebteste Teil in *Life* waren die Artikel über »Menschen«, also veröffentlichte die Meredith Corporation das Magazin *People*. Der beliebteste Teil von *People* wiederum war »Style«. Daher wurde das Magazin *InStyle* auf den Markt gebracht. Dann stellte man fest, dass die beliebtesten Artikel von *InStyle* die über Hochzeiten waren; daraus entstand *InStyle Weddings*. Und zu guter Letzt war die erfolgreichste Sparte in *InStyle Weddings* die über Prominente. Also wurde *InStyle Celebrity Weddings* geboren.

Bitten Sie um das Feedback Ihrer Kunden; nehmen Sie es ernst. Sie können nie wissen, ob Ihnen nicht jemand eine Multimillionen-Dollar-Idee liefert. Aber diese Idee werden Sie nur zu hören bekommen, wenn Sie die richtigen Fragen stellen (und zuhören).

ZUHÖREN LERNEN

Wenn ich davon spreche, dass man persönlich zuhören soll, meine ich damit aktives Zuhören. Dabei lesen Sie zwischen den Zeilen und verstehen nach und nach, was die Person vor Ihnen tatsächlich sagt. Dadurch bleiben Sie präsent und können die Worte der anderen korrekt interpretieren. Die Informationen, die Sie durch diese Übung erhalten, werden dafür sorgen, dass Sie Ihre Fähigkeit verfeinern, Produkte und Dienstleistungen zu liefern. Sie verstehen immer besser, dass Sie, selbst wenn Sie zu drei Leuten in derselben Firma sprechen – vielleicht einem CEO, einem VP und einem mittleren Manager –, dennoch Ihre Hook Points und Storys anpassen müssen, um die spezifischen Schmerzpunkte jeder dieser Personen anzusprechen.

Ich musste wie gesagt eine Reihe von Meetings hinter mich bringen, bis ich letztlich Taylor Swift treffen und mit ihr arbeiten konnte. Ich hatte einen Lizenz-Deal mit MTV, und durch diese Connection erhielt ich die Möglichkeit, sie zu treffen. Damals wusste ich nicht, wer Taylor Swift ist (denn sie war gerade erst auf dem Weg, ein Superstar zu werden), was sich heute bizarr anhört, aber zum Glück stand ich am Anfang meiner Karriere und war bereit, mich mit jedem zu treffen.

Das erste Meeting war mit Swifts Plattenfirma. Dann hatte ich jeweils einzelne Treffen mit ihrem Vater, ihrer Mutter und schließlich mit Taylor Swift persönlich. Mich mit all diesen Menschen zu treffen und meine Fertigkeit, jedem einzelnen dieser Menschen genau zuzuhören, trug dazu bei, dass ich letztlich diesen Deal erhielt. Bei jeder Interaktion erfuhr ich besser, wie Swift und ihr Team die Welt wahrnahmen. Es ermöglichte mir, verschiedene Aspekte meiner Story hervorzuheben, um die Bedürfnisse jedes Beteiligten zu befriedigen und die nächste Runde einzuläuten.

Dieser Prozess verschaffte mir viele Gelegenheiten, Fragen zu stellen und wirklich zu verstehen, was Swift wollte. Diese Informationen nutzte ich, um die attraktivsten Hook Points und Storys zu kreieren, die ihre Bedürfnisse adressierten. Ich erfuhr, dass Swift ihre Marke selbst aufgebaut hatte, indem sie die direkten Verbindungen zu ihren Fans in den Vordergrund gestellt hatte. Sie kommunizierte ständig mit ihnen, indem sie auf Kommentare antwortete, Autogramme gab und mit ihnen Bilder machte. Ihre Internetpräsenz und die Verbindung zu den Fans hatten auf Myspace ihren Ausgang genommen. Sie liebte diese Plattform, weil sie das Design ihrer Website mit eingebettetem Code gestalten konnte.

Jetzt war es an der Zeit, sich über Myspace hinaus auszudehnen. Sie hatte ein Vermögen für eine Flash-Website ausgegeben, bei der es zwei Tage dauerte, etwas zu verändern – was die Hilfe eines Programmierers erforderte. Swift gefiel nicht, dass sie die Website nicht selbst kontrollieren konnte. Mit dem Feedback, das ich von Swift und ihrer Familie erhalten hatte, baute mein Team ihr in weniger als sechs Stunden eine komplett neue Website.

In dem Meeting erzählte ich folgende Story: »Taylor, ich weiß, dass Sie gerne mit Ihren Fans interagieren und Ihr Brand-Design selbst kontrollieren. Unserem Verständnis nach ist der Hauptkritikpunkt Ihrer Website der, dass Sie nichts selbst daran verändern können, also haben wir dieses System entworfen, für Menschen wie Sie. Sie können auf die Seite gehen und jedes Element der Website selbst ändern, ohne dass Sie dazu programmieren können müssen.« Während dieses Meetings zeigte ich ihr auch, wie wir in weniger als zwei Sekunden neue Seiten gestalten und die Navigation, die Fotos und den Hintergrund ändern konnten, damit alles zu dem nächsten Album passte, das sie herausbrachte. Ich gab ihr während des Meetings die Maus, damit sie Elemente verschieben und im Handumdrehen selbst die Seite verändern konnte.

In den Meetings mit Swifts Plattenfirma, ihrem Vater und ihrer Mutter nutzte ich leicht abgeänderte Variationen der Story, die auf ihre spezifischen Bedürfnisse zugeschnitten waren und ihre Fragen und Sorgen ansprachen. Für die Plattenfirma und Swifts Vater betonte ich den Businessaspekt der Story, und ihre Mutter überzeugte ich, meinem Team zu vertrauen. Ich musste auf das hören, was jeder Einzelne wollte, um jeder Person in ihrem Team einen Wert zu bieten. Wäre ich hingegen einfach mit meinen Ideen direkt zu Swift gegangen und hätte ihr meinen Pitch erzählt, hätte ich meine Ideen vielleicht auf eine Weise präsentiert, die ihre Bedürfnisse nicht so gründlich ins Visier nahm.

Die meisten Leute tun Letzteres. Sie erscheinen zu einem Meeting, reden eine Menge, geben eine Präsentation und pitchen, was sie verkaufen wollen. Das passiert genauso bei digitalem Content – man konzentriert sich im Allgemeinen auf das, was man sagen will, und nicht auf das, was das Publikum hören will. Wenn ich einen Raum betrete, bringe ich meistens nicht einmal eine Präsentation mit. Ich nutze kaum mehr Demos oder PowerPoint-Präsentationen, denn sie manövrieren einen in eine Situation, in der man seine Botschaft nicht mehr auf die Antworten, die man erhält, anpassen kann.

Stellen Sie sich vor, Sie gehen in ein Meeting und finden heraus, dass die Person, mit der Sie sprechen, die Situation anders wahrnimmt, als Sie vorher gedacht haben. Oder vielleicht sieht diese Person die Situation nicht auf die gleiche Weise wie jemand anderes im selben Unternehmen (den Sie letztlich ebenso überzeugen müssen, um den Auftrag zu erhalten oder ein Produkt zu verkaufen). Sie treffen sich vielleicht mit dem CEO, der sagt: »Ja, wir finden das super, aber Sie müssen sich mit der VP der Marketingabteilung treffen, denn sie trifft letztlich die Entscheidungen über diesen speziellen Service.« Wenn das passiert, können Sie nicht einfach ins Meeting gehen und dieselben Argumente vorbringen wie gegenüber dem CEO. Die VP der Marketingabteilung nimmt vermutlich die Lösungen, neuralgischen Punkte und Bedürfnisse anders wahr – sie hat bestimmte Rollen und Verantwortlichkeiten, die ihre Perspektive darauf ändern, was nötig und von Wert ist. Sie müssen im Hinterkopf behalten, was der CEO gesagt hat, und der VP der Marketingabteilung Fragen stellen, um herauszufinden, was sie für wichtig hält. Dann können Sie Ihre Story ändern, damit sie Ihren Wert besser erkennen kann.

WIE MAN EINEN GOLDRAUSCH GEWINNT: DIE KUNST, DIE RICHTIGEN FRAGEN ZU STELLEN

Gehen Sie nicht mit Vermutungen oder einer vorher ausgedachten Idee oder einem Pitch in ein Meeting, selbst wenn Sie sich bereits mit anderen Personen aus der Firma getroffen haben. Halten Sie sich zurück, stellen Sie Fragen und hören Sie aufmerksam zu, was diese Leute zu sagen haben. Nehmen Sie sich die Zeit, diejenigen zu verstehen, die Ihnen gegenübersitzen, und wie sie ihre Probleme wahrnehmen. Beobachten Sie ihre Körpersprache, Stimmung und Antworten. All diese Variablen bestimmen, wie Sie Ihre Informationen verpacken, um eine bessere Verbindung zu potenziellen Kunden, Partnern und Arbeitgebern herzustellen. Stellen Sie keine Vermutungen an, weil Sie zu wissen glauben, was sie wollen. Nutzen Sie ihre Antworten und ihr Feedback, um Ihre Storys zu formen.

Ich teste meine Storys wieder und wieder bei verschiedenen Leuten, sodass ich besser darin werde, sie zu erzählen. Sobald ich einen Raum betrete, nutze ich die Informationen, die mir mein Gegenüber liefert, um meinen Hook Point oder meine Story anzupassen. Ich bereite mich auf Meetings vor, indem ich einen Hook Point festlege, etwa mein »Von null auf eine Million Follower in 30 Tagen«-Konzept. Dann übe ich diese Story ein, indem ich sie Geschäftspartnern erzähle, deren Meinung ich vertraue.

Diese erste Übung führe ich nicht nur durch, um besser darin zu werden, meine Hook Points und Storys zu kommunizieren, sondern auch, um Feedback zu erhalten und zu sehen, ob sie funktionieren. Wenn Sie das tun, werden Sie, sobald Sie zu einem Meeting kommen, Ihre Hook Points und Story so häufig eingeübt haben, dass Sie sich einfach zurücklehnen und zuhören können und Ihre Story den Antworten Ihres Gegenübers anpassen.

Betreten Sie den Raum mit eingeübten Hook Points und einer Geschichte, die Sie flüssig erzählen können. Machen Sie sich mit allen Informationen vertraut, damit Sie Ihre Story modifizieren können. Sie sollten genug Selbstvertrauen entwickelt haben, um sie auf eine andere Weise zu erzählen, bestimmte Teile wegzulassen oder Informationen hinzuzufügen, damit das, was Sie Ihrem potenziellen Kunden mitteilen, am besten zu seinen Bedürfnissen passt. Und hören Sie genau hin, wenn Fragen gestellt werden, damit Sie verstehen, was dem anderen wichtig ist.

Jim Kane, mein Vater und ehemaliger Partner einer der ältesten Anwaltskanzleien in Chicago (mit Zweigstellen im ganzen Land), ist ebenfalls der Meinung, dass Recherche und Hintergrundwissen über einen potenziellen Klienten und seine Bedürfnisse entscheidend sind. Bevor er an Meetings teilnahm, stellte die Marketingabteilung seiner Kanzlei Recherchen über das Unternehmen eines potenziellen Kunden an, um zu sehen, welcher Anwalt die größte Expertise auf diesem Gebiet hatte. Dann gingen sie so gut vorbereitet wie möglich in das Meeting, sodass es zu einem fruchtbaren Zusammentreffen wurde.

Abgesehen davon, die Expertise zu liefern, nach der ein potenzieller Kunde sucht, meint mein Vater, »das Wichtigste, was ein wirklich guter Anwalt tun kann, ist, darauf zu achten, wie der Klient auf die Präsentation reagiert«. Die besten Anwälte, die er während seiner langen Karriere gesehen hat, waren diejenigen, die zuhörten und sich aus dem Stegreif anpassen konnten, um das anzusprechen, was potenzielle Klienten brauchten.

Sie können die beste Präsentation der Welt halten, aber das wird Ihnen keine neuen Geschäftsmöglichkeiten einbringen, wenn das, was Sie anzubieten haben, nicht dem entspricht, was Klienten wollen. Hören Sie aufmerksam zu und seien Sie bereit, Ihren Ansatz anzupassen. Mein Vater meint zudem, potenzielle Klienten wüssten oft nicht, was sie brauchen, bis man ihnen die richtigen Fragen stellt.

Eine Frage am Morgen vertreibt Kummer und Sorgen

Unten stehend ein paar allgemein gehaltene Fragen, die Sie stellen können, wenn Sie in einem Meeting sind. Sie werden je nach Fachgebiet und den Bedürfnissen Ihres potenziellen Kunden noch weitaus spezifischer werden müssen, aber diese Fragen sind ein guter Start.

1. Was sind Ihre wichtigsten Ziele und Vorgaben?
2. Auf welche Hindernisse stoßen Sie, während Sie versuchen, diese Ziele zu erreichen?
3. Welche Schmerzpunkte sind für Ihr Unternehmen am frustrierendsten?
4. Wie sehen die schwerwiegendsten Schmerzpunkte aus, die Sie in Ihrer speziellen Position erleben?

Das sind keine besonders detaillierten Fragen, aber die Antworten verraten Ihnen eine Menge über Ihre potenziellen Klienten und deren Business – Sie werden etwas über ihre wichtigsten Hindernisse und Ziele erfahren.

Manchmal treffe ich auf Klienten, die ihre Akquisitionskosten senken wollen, aber dabei große Mühe haben. Wenn dann das Geld, das sie für Werbung in den sozialen Medien ausgeben, keinen Ertrag bringt, ist die Firmenleitung unsicher, was Paid Media wert ist. Mit diesen Informationen kann ich in ein Meeting gehen und sagen: »Wenn ich einen Test durchführe, der Ihre Akquisitionskosten senkt, wäre das hilfreich, um der Firmenleitung eine überzeugende Story zu erzählen? Würden Sie damit mehr Budget erhalten, um Ihre Aufgabe effizienter auszuführen?«

Letztlich nutzt man den Input, den man erhält, und reagiert, indem man die Frage stellt: »Wenn ich Ihr Problem lösen könnte, wäre es hilfreich …?« Niemand sagt gerne Nein zu jemandem, der helfen will, ein schwieriges Problem für ihn zu lösen. Aber nur wenn Sie die richtigen Fragen stellen und zuhören, werden Sie die Probleme Ihrer potenziellen Klienten lösen können. Wenn Sie das nicht tun, müssen Sie raten und Lösungen anbieten, ohne wirklich zu verstehen, wie das Gegenüber die Situation wahrnimmt (und das ist keine gute Strategie, um neue Klienten zu gewinnen).

KLAPPE HALTEN! SIE VERSCHRECKEN DIE FISCHE

Ein Freund von mir erzählte, dass der amerikanische Magnat, Produzent und Filmstudiochef David Geffen immer die leiseste Person im Raum ist. Er redet nicht viel, aber wenn er etwas zu sagen hat, halten alle inne und hören zu.

Mir fiel diese Neigung bei einigen der beeindruckendsten und mächtigsten Leuten auf, die ich getroffen habe. Sie müssen nicht die ganze Zeit reden, außer sie haben etwas Wichtiges zu sagen. Und oft nehmen sie sich die Zeit, genau nachzudenken, bevor sie es sagen. Ich erinnere mich noch deutlich, als ich mein erstes Meeting mit Tom Rosenberg hatte, dem Gründer und Chairman von Lakeshore Entertainment. Mein Vater wusste, dass er ein intelligenter Mann war, und warnte mich vor, dass sein Kommunikationsstil sehr speziell war. Er sagte mir: »Wenn du in das Meeting mit Rosenberg gehst, macht er vielleicht öfters lange Pausen – das liegt daran, dass er darüber nachdenkt, was er als Nächstes sagen will, oder gerade Informationen verdaut.« Mein Vater hatte recht. Rosenberg ist einer der Menschen, der bei Bedarf sehr gesprächig ist, aber oft herrscht peinliches Schweigen und man fragt sich, ob man vielleicht etwas sagen sollte. Ich lernte schnell, dass das einfach nur seine Art war, zuzuhören und Informationen zu verarbeiten.

ÜBEN SIE TANGO IN MEETINGS

Keith Ferrazzi, der Autor der *New York Times*-Bestseller *Never Eat Alone* (deutsch: *Geh nie alleine essen!*) und *Who's Got Your Back* und Gründer und CEO von Ferrazzi Greenlight, meint, dass Zuhören wichtig ist, denn immer, wenn man das Beste von sich in einer Situation präsentieren will, muss man sich so viel Mühe wie möglich mit den anderen Menschen im Meeting geben. Er glaubt, es ist wichtig, dass andere den Eindruck haben, man wolle in ihrem Leben wirklich etwas bewirken.

Ein Tool, das laut Ferrazzi helfen kann, eine tiefere Verbindung mit den Leuten herzustellen, denen man zuhört, ist eine Visualisierungsübung. Stellen Sie sich die Person, mit der Sie gleich ein Meeting haben werden, in fünf Jahren vor. Visualisieren Sie, dass derjenige zu einem der wichtigsten Menschen in Ihrem Leben geworden ist. Wenn Sie sich die Zeit nehmen, alle Möglichkeiten zu ermitteln, wie Sie demjenigen helfen können, dann gehen Sie mit einem breiten Lächeln in das Meeting und, wie Ferrazzi sagt: »Sie werden eine Ebene der Intimität, Verbundenheit, der Erwartung und der Möglichkeiten schaffen. Ein authentisches, fruchtbares Gefühl, dass diese Person ein Teil Ihrer Peergroup ist. Wenn Sie mit dieser Energie einen Raum betreten, werden Sie gewinnen.« Er fügt hinzu, dass man jede Interaktion als eine Co-Kreation sehen sollte. Gehen Sie nicht in ein Meeting, um Ihre Idee zu verkaufen. Gehen Sie in ein Meeting mit der Vorstellung, einen Tango zu tanzen.

Er sagt: »Manchmal tanzt man vorwärts und manchmal rückwärts, aber letztlich ist es eine Interaktion, die Resultate hervorbringt, die etwas bewirken. Solange Sie Stärke, Energie und Aufmerksamkeit mitbringen, wird das Meeting gut laufen.«

HÖREN SIE AUF EXPERTEN, DIE IHNEN WIDERSPRECHEN

Milliardär Ray Dalio managt 150 Milliarden an weltweiten Investitionen und leitet Bridgewater Associates. Er verrät, dass eine der Strategien, die ihm geholfen hat, reich und erfolgreich zu werden, darin bestand, auf clevere Menschen zu hören, die ihm widersprachen. Dalio befragt gerne Experten unter vier Augen und ermuntert sie, ihm intelligent zu widersprechen, damit er seinen Horizont erweitert und sich die »Wahrscheinlichkeit erhöht, recht zu haben«. Er geht nicht davon aus, dass er recht hat, solange er noch nicht mit einer ganzen Reihe an originellen Denkern geredet hat. Er rät, »die cleversten Leute [zu suchen], die mit Ihnen am wenigsten übereinstimmen, um Ihr Denken einem Stresstest zu unterziehen. Wenn diese Menschen Ihnen widersprechen, wird die Unterhaltung über diesen Widerspruch sehr erhellend sein. [Das ist] die schnellste Methode, sich weiterzubilden.«[62]

AUFNAHMEFÄHIGKEIT IST KREATIVITÄT

Ernest Lupinacci berichtet, einer seiner Mentoren, Tom Carroll (der ehemalige CEO von TBWA Worldwide), habe ihm gesagt, dass Lee Clow (der Chairman und Global Director von TBWA) immer auf die Aussage »Aufnahmefähigkeit ist Kreativität« verweist. Kreativität wird gesteigert, indem man sich die Ideen anderer zu eigen macht und ihnen eine Chance gibt. Lupinacci legt Wert darauf, anderen zuzuhören, und es frustriert ihn, wenn er auf engstirnige Menschen trifft oder Leute, die immer allem widersprechen müssen. So sitzt er vielleicht in einem Meeting, hält eine Präsentation und verwendet ein Beispiel wie folgendes: »Nun, das ist so ähnlich, als würde man einen Kaffee trinken …« Und dann unterbricht ihn jemand und sagt: »Ich trinke keinen Kaffee.« Oder er sagt vielleicht: »Wissen Sie, das ist wie bei *Stranger Things*, als …« Und jemand erwidert: »Das habe ich nie gesehen.« Nur weil diese eine Person keinen Kaffee trinkt und eine der meistgesehenen Serien auf Netflix nicht kennt, macht das den Vergleich nicht obsolet. Die Person könnte weiter zuhören und den größeren Ideen gegenüber aufgeschlossen bleiben, die von diesen Details illustriert werden sollen, auch wenn sie ihm oder ihr persönlich nicht viel sagen. Lupinacci sagt, den intelligentesten Menschen ist bewusst, dass sie nicht der Archetyp für alle Konsumenten da draußen sind. Sie überlegen sich: *Es ist egal, dass ich persönlich keinen Kaffee mag oder die Serie nicht gesehen habe. Ich werde weiter zuhören, um das Gesamtkonzept zu verstehen.*

WILLKOMMEN BEIM FBI – UND JETZT KLAPPE HALTEN UND ZUHÖREN

Chris Voss, der ehemalige Chef der FBI-Abteilung für internationale Geiselverhandlungen, erklärt, dass aktives Zuhören bei Geschäftsverhandlungen entscheidend ist. Im Folgenden die Grundzüge:

1. Hören Sie sich an, was die andere Person zu sagen hat. Unterbrechen Sie sie nicht, widersprechen Sie nicht und »bewerten« Sie nicht.
2. Geben Sie kurze positive Bestätigungen wie »Ja«, »Aha« und nicken Sie.
3. Wiederholen Sie, was die andere Person gesagt hat, ohne dass es seltsam wirkt, um zu zeigen, dass Sie den Bezugsrahmen verstanden haben.

4. Stellen Sie Fragen, um zu zeigen, dass Sie aufpassen, und um die Diskussion voranzubringen.[63]

Ich empfehle, eine Woche lang aktives Zuhören zu üben. Während Sie das tun, folgen Sie den unten stehenden Schritten und schreiben Sie Ihre Beobachtungen in ein Tagebuch.

- Bemühen Sie sich, aktiv zuzuhören und die Menschen um sich herum zu beobachten.
- Versuchen Sie, 90 Prozent der Zeit zuzuhören.
- Achten Sie darauf, wie viele Menschen um Sie herum tatsächlich zuhören und wie viele nur darauf warten, dass sie mit Reden dran sind.
- Üben Sie sich darin, neutral zu sein. Reagieren Sie nicht emotional auf die Reaktionen anderer. Versuchen Sie, den Standpunkt der anderen Person zu verstehen (selbst wenn Sie ganz und gar nicht damit übereinstimmen).
- Stellen Sie wohlüberlegte Fragen.
- Achten Sie darauf, wie die Menschen darauf reagieren, wenn man ihnen Fragen stellt. Wirken sie offen und begeistert, dass Sie Interesse an ihnen zeigen?

Wenn Sie das aktive Zuhören trainieren und die obige Übung durchführen, werden Sie erstaunt sein, wie viel Sie dabei entdecken. Nicht nur wird Ihnen klar werden, wie viele Menschen sich nicht die Zeit nehmen, tatsächlich zuzuhören, sondern es wird Sie auch überraschen, wie viel enger verbunden Sie sich anderen fühlen. Sie stellen starke Verbindungen her, einfach indem Sie Ihre Aufmerksamkeit auf andere Menschen fokussieren, statt zu versuchen, Ihre eigenen Standpunkte darzulegen. Wenn Sie das oft üben und bei Meetings viel zuhören, werden Ihre Chancen steigen, neue Geschäftsgelegenheiten zu erschließen.

LERNEN SIE GEDANKENLESEN WIE EIN SPORTTRAINER

Peter Park ist der Besitzer von Platinum Fitness und Autor von *Rebound: Regain Strength, Move Effortlessly, Live without Limits – At Any Age.* Zu seinen Klienten gehören Milliardäre, Prominente und Athleten wie der Radfahrer Lance Armstrong, Justin Verlander, sechsmaliges Mitglied des All-Star-Teams der Baseball-Major-League, oder der Entrepreneur Elon Musk.

Park begann seine Karriere als Assistent für Physiotherapie im St. Francis Hospital in Santa Barbara. Park war ein schüchterner junger Mann und daher nervös, wenn er Menschen aus dem Bett kriegen musste, damit sie ihre Physiotherapieübungen machten. Viele seiner Patienten waren schlecht gelaunt, weil sie schwerwiegende Erkrankungen hatten und Schmerzen litten. Manche schrien oder spuckten Park sogar an.

Die Arbeit zwang Park, seine Komfortzone zu verlassen. Er redete mit Menschen aus allen ethnischen und sozioökonomischen Gruppen, die die Welt auf viele unterschiedliche Arten wahrnahmen. Mit der Zeit lernte er, all diese verschiedenen Arten von Menschen zu lesen und ihre Körpersprache und ihr Verhalten besser zu verstehen, was besonders wichtig ist, wenn man es mit Menschen zu tun hat, die verletzlich und gestresst sind.

Park wandelte sich von einem schüchternen, zurückhaltenden Mann zu einer Person, die mit jedem interagieren konnte. Als er Personal Trainer wurde, fiel ihm der Umgang mit den Klienten sehr leicht. Sie hatten zum einen nicht so viel Schmerzen und wollten normalerweise Sport treiben. Und, was am wichtigsten war, die Erfahrungen, die er im Krankenhaus gesammelt hatte, hatten aus ihm einen fantastischen Zuhörer gemacht, was entscheidend für seine Fähigkeit war, dauerhaft hochrangige Klienten zu gewinnen.

Nutzen auch Sie jeden Auftrag dazu, andere besser zu verstehen. Sie wissen nie, wo Sie dieses neue Wissen hinführen kann. Zuzuhören und andere zu beobachten, wird Sie insgesamt zu einem besseren Geschäftsmann, einer besseren Geschäftsfrau machen.

SIRIUSXM UND BARRY DILLER ÜBERLEBEN UND DIE BEDEUTUNG DER MEDITATION

Ich hatte einmal ein Meeting mit SiriusXM, das furchtbar in die Hosen ging. Es begann damit, dass das Unternehmen Hilfe wollte, um Traffic auf eine neue Plattform zu steuern, die sie aufbauten. Zuerst hatte ich ein sehr positives Gespräch mit einer hochrangigen Führungskraft, also wurde ein Meeting mit dem Programmierer vereinbart, der an der Plattform arbeitete.

Leider hatte der Programmierer kein offenes Ohr dafür, wie eine Präsenz und Werbung in den sozialen Medien Traffic auf die neue Website bringen könnte. Er erkannte in dem, was ich ihm bieten konnte, keinen Wert und hielt eine Investition für sinnlos. Ich versuchte, zu erklären, wie die sozialen Medien funktionieren, wie sie Traffic steuern können und welchen Wert sie bieten konnten – aber er unterbrach mich immer wieder und wollte nicht zuhören.

Schließlich stand ich auf, sagte: »Nun, dann kann ich Ihnen nicht helfen. Ich weiß nicht, was ich für Sie tun soll«, und verließ frustriert den Raum. Aufgrund dieser Entscheidung kam der Deal nicht zustande, was enttäuschend war. Auch wenn ich nicht glaube, dass wir gut zusammengearbeitet hätten, hätte ich mit der Situation besser umgehen können. Ich hätte tief durchatmen und härter daran arbeiten sollen, den Standpunkt des Programmierers zu verstehen. Ich hätte weniger heftig reagieren und dankbar für das Meeting sein sollen, statt einfach zu gehen.

In der Rückschau ist mir klar, dass ich damals sehr gestresst war – ich lebte nicht so gesund wie heute. Wenn man gestresst und erschöpft ist, denkt man nicht klar und geht mit Situationen anders um, als wenn man besser auf sich achtet. Das ist einer der Gründe, wieso ich meditiere. Das ist ein Werkzeug für mich, das dafür sorgt, dass ich im Gleichgewicht bleibe und ein besserer Zuhörer bin. Das ist besonders hilfreich, weil es die Gedanken beruhigt und die Achtsamkeit steigert; beides nützliche Aspekte für Vorstellungsgespräche, Meetings, Reden und so weiter. Wenn Sie regelmäßig meditieren, selbst wenn es nur zehn Minuten am Tag sind, haben Sie bessere Chancen, in wichtigen Meetings präsent zu sein. Sie werden auch besser darin, die Informationen aufzunehmen, die am wichtigsten sind, und ruhig zu bleiben, egal in welcher Situation.

Keith Ferrazzi sieht das ebenso. Er hat sich einmal mit Barry Diller getroffen, dem Gründer der Fox Broadcasting Company und von USA Broadcasting, der heute Chairman und Senior Executive bei InterActiveCorp und Expedia Group ist. Ferrazzi stand mit Diller im Aufzug und wurde so nervös, dass er schwarze Flecken vor den Augen sah. Er war völlig eingeschüchtert, diesen Medientycoon zu treffen. Um sich zu beruhigen, verließ Ferrazzi den Aufzug, ging in eine Telefonzelle und meditierte, bis die Flecken vor seinen Augen verschwanden. Dann war in der Lage, wieder hineinzugehen, und hatte ein produktives Meeting mit Diller.

Wenn Sie vor großen Meetings und Events sehr gestresst und nervös sind, empfehle ich Ihnen eine Selbsthypnose-Aufnahme (kreiert von Steven Gurgevich), namens *Hypnotic Rehearsel.* Gurgevich hat mehrere Selbsthypnose-Aufnahmen gemacht, die zwischen 15 und 20 Minuten lang sind und eine Menge verschiedener Themen behandeln. Im Grunde sind es geführte Meditationen, wobei er einen durch den Prozess führt, ein Meeting zu proben und sich vorzustellen, dass man in dieser

Situation gelassen bleibt. Die Aufnahme dieser geführten Selbsthypnose überlistet das Unterbewusstsein, sodass es glaubt, man begebe sich in eine angenehme Situation.

Im persönlichen Bestzustand einen Raum zu betreten, lässt einen auch besser zuhören. Wenn Sie abgelenkt sind, weil Sie nervös sind oder in der Nacht zuvor nicht ausreichend geschlafen haben, werden Sie keine Höchstleistungen bringen können. Kümmern Sie sich um sich selbst, damit Sie sich um Ihre Klienten kümmern können (was letztlich nur eine andere Art ist, sich um sich selbst zu kümmern!).

ES IST KEIN FOLLOWER – ES IST EIN LEBENDES, ATMENDES MENSCHLICHES WESEN

Ändern Sie Ihr Denkmuster von »Ich bin hier, um mein Produkt oder meine Dienstleistung zu verkaufen oder zu bewerben« hin zu »Ich bin hier, um einen Wert zu liefern«. Wenn Sie Content erschaffen, ohne über die Bedürfnisse und Wünsche Ihres Publikums nachzudenken, werden Sie keinen Erfolg haben. Sie müssen wissen, wer sie sind, was sie wollen und wie Sie ihnen einen Wert liefern können.

Naveen Gowda meint dazu, dass Ihr Ziel nicht nur darin besteht, die kategorischen oder spezifischen Bedürfnisse Ihres Publikums zu verstehen, sondern auch, zu wissen, was das Publikum braucht, wenn man es unter dem Aspekt von Contentverhalten sieht. Wenn zum Beispiel eine Frau gerne Kaffee ohne Zucker trinkt, weil sie gesund leben will, und Sie kreieren Content, um Menschen wie sie zu erreichen, berücksichtigen Sie nicht nur ihre Kaffeevorliebe, sondern auch die anderen Lifestyle-Entscheidungen ihrer demografischen Gruppe. Und, was noch wichtiger ist, Sie sollten ihre Erwartungen berücksichtigen, wie Kommunikation in dieser Kategorie normalerweise in ihrem sozialen Feed erscheint. Wenn sie zum Beispiel eine durchschnittliche Userin ist, die sich für gesunden Lebensstil interessiert, hat sie sicher schon einmal die Facebook-Seite »Goodful« gesehen. Deren Videos liefern großartige Ideen für Menschen mit begrenzter Freizeit. Sie kommen schnell auf den Punkt und bieten stets einen Wert, ohne für das Publikum wie Marketing zu wirken. User erhalten eine holistische Erfahrung, und sie sucht vermutlich nach dieser Art von Contentdesign.

Es ist lebenswichtig, Recherche zu betreiben. Man kann viele Beobachtungen machen und Schlüsse ziehen, indem man sich den Content ansieht, den Ihr angestrebtes Publikum sich ansieht. Diese Hinweise zu ignorieren, ist laut Gowda einer der Hauptgründe, wieso Content-Creator scheitern. Statt sich die Zeit zu nehmen, Rückschlüsse zu ziehen, versuchen sie, dem Content ihren Stil aufzudrücken, oder ignorieren das Ökosystem des Contents völlig.

Versuchen Sie, diesen Fehler nicht zu machen. Wenn Sie aufmerksam sind und recherchieren, können die sozialen Medien Ihnen zum Erfolg verhelfen – sie sind ein Werkzeug, das Ihnen Zugang zu einer riesigen Menge an Menschen und Daten auf einmal bietet. Wie in Kapitel 3 besprochen, können Sie die Analysedaten Ihrer Videos betrachten (und die der Videos anderer Leute), damit Sie den Geschmack Ihres Publikums besser verstehen. Indem Sie eine Wettbewerbsanalyse durchführen, können Sie herausfinden, wieso Content-Creator, die das Publikum erreichen, das *Sie* gerne erreichen wollen, eine gute Performance haben. Analysieren Sie Videos, die 10 000-mal geteilt werden, im Vergleich zu solchen, die nur 100-mal geteilt werden. Durch diese Recherche erhalten Sie eine Menge hilfreicher Informationen. Sie werden die Themen besser verstehen, für die sich Ihr Publikum interessiert, sowie seine Bedürfnisse, den Contentstil, den es bevorzugt, und seine Schmerzpunkte.

Für eine Recherche auf Facebook, Instagram, YouTube oder Tubular rate ich dazu, die relevanten Keywords, die mit Ihrer Marke zu tun haben, einzutippen und dann nach den Videos mit den meisten Views zu suchen. Dann sollten Sie Ihre Recherchen auf die Videos konzentrieren, die auf organische Weise viele Menschen erreichen und nicht nur aufgrund von Werbedollars eine gute Performance zeigen. Auf Facebook können Sie das zum Beispiel herausfinden, indem Sie sich ansehen, wie viel Shares ein Video erhalten hat, im Vergleich dazu, wie viele Views es erhalten hat – typischerweise beträgt ein gutes Verhältnis von Views zu Shares bei einem Video mit Millionen von Views etwa ein Prozent. Hier ein Beispiel für ein Video mit einem guten Verhältnis von Views zu Shares:

Dieses Video hat 53 Millionen Views und 1,5 Millionen Shares, was belegt, dass es organische Views generiert hat. Wenn das Video nur Tausende von Shares erhalten hätte und das Verhältnis kleiner wäre, würde ich davon ausgehen, dass die Views durch bezahlte Werbung generiert wurden oder vielleicht dadurch, dass es auf einer anderen Facebook-Seite mit einer großen Followerzahl ebenfalls gepostet wurde. Je öfter ein Video geteilt wird, desto besser ist normalerweise das Videokonzept und desto besser kommt es beim Publikum an. Sobald Sie die Videos gefunden haben, die am häufigsten geteilt werden, analysieren Sie, wieso diese so gut ankommen. Stellen Sie sich die Frage: »Was ist das Besondere an diesem Content und seiner Positionierung, dass er funktioniert?«

Sie können auch Google Trends, Reddit und Google News nutzen, um Recherchen über die Themen und Contentstile anzustellen, nach denen Menschen suchen und die sie interessieren. Nachdem Sie ein Gespür für diese Themen und Stile entwickelt haben, versuchen Sie, Hook Points und Storys zu entwickeln, die eine Verbindung zwischen diesen Trends und Ihren Produkten und Dienstleistungen herstellen. Wenn Sie sich die Zeit für diese Recherche nehmen, werden Sie Lichtjahre von allen anderen entfernt sein, die sich Contentideen einfach aus den Fingern saugen.

Als Katie Couric Prominente wie DJ Khaled interviewte, sahen wir auf Google Trends nach und besuchten Facebook und Instagram, um herauszufinden, welcher Content über ihn im Trend lag. Durch diese Suchen fanden wir heraus, wie andere ihre Schlagzeilen oder Content über Khaled positionierten. Das gab uns Anhaltspunkte, was funktionierte und was nicht, sodass wir uns stärkere Hook Points einfallen lassen konnten. Wir sahen uns die Posts in den sozialen Medien an, die am schnellsten geteilt wurden, um Informationen über die Interessen von Khaleds Publikum zu erhalten. Diese Recherche ersparte uns viel Zeit.

Die Trendthemen, die Sie finden und von denen Sie sich für Ihre Storys inspirieren lassen, müssen nicht in direktem Zusammenhang mit Ihrer Marke stehen. Ihr Produkt oder Ihre Dienstleistung kann an beliebte Themen anknüpfen, auch wenn sie auf den ersten Blick anscheinend nichts miteinander zu tun haben. Sie müssen nur schlau sein, wenn es darum geht, sie zugänglich zu gestalten.

Ein erfolgreiches Beispiel dafür, wie man Content kreiert, der auf trendigen Themen basiert, die nichts mit der Marke zu tun haben, ist die Videowerbekampagne von Shareability für Pizza Hut und Pepsi mit dem Namen »Die Gefahren von Selfiesticks«. Das Video besteht aus einer lustigen Durchsage über die Gefahren von Selfiesticks. Brownsteins Team hatte die Idee deswegen, weil Selfiesticks ein Trendthema waren, denn man hatte deren Verwendung in Disneyland gerade untersagt. Pizza Hut war gerade dabei, eine Pizza auf den Markt zu bringen, die einen halben Meter lang war, also kamen sie auf das Konzept, dass man einen wirklich langen Selfiestick bräuchte, um ein Foto zusammen mit dieser neuen, ungewöhnlich langen Pizza zu machen. Indem sie diese Verbindung auf lustige Weise herstellten und eine Parodie auf Selfies im Allgemeinen kreierten, ging das Video auf YouTube viral. Es wurde in dem Monat, in dem es erschien, zu der am häufigsten geteilten Werbung weltweit.

Naveen Gowda, Stratege für digitalen Content, erinnert uns daran, dass wir, je mehr Kommunikationsdesign wir analysieren und je mehr guten Content wir konsumieren, desto besser dafür gerüstet sind, selbst relevanten Content zu erstellen. Sie sollten sich also die anderen Content-Creator in Ihrem Fachgebiet ansehen und den Content konsumieren, der Ihr Publikum erreicht.

KURZTIPPS UND ZUSAMMENFASSUNG

1. Zuhören hilft Ihnen dabei, Hook Points, Storys und Produkte zu entdecken, die Lösungen für die häufigsten Probleme Ihrer potenziellen Kunden bieten.
2. Stellen Sie eine Menge Fragen, um herauszufinden, was Ihre potenziellen Klienten wirklich brauchen. Raten Sie nicht, in der Annahme, zu wissen, was sie brauchen.
3. Pitchen Sie nichts. Bleiben Sie flexibel, wenn es darum geht, Ihre Storys, Produkte und Dienstleistungen zu präsentieren.
4. Üben Sie Ihre Hook Points und Storys und testen Sie diese an Geschäftspartnern, denen Sie vertrauen. Bewerten Sie die Reaktionen.
5. Denken Sie daran, dass Kreativität durch die Fähigkeit, zuzuhören und sich die Ideen anderer zu eigen zu machen, gesteigert wird.
6. Machen Sie sich die Tatsache bewusst, dass aktives Zuhören Ihnen helfen kann, neue Geschäftsmöglichkeiten zu erschließen.
7. Schaffen Sie Content vor dem Hintergrund der Wünsche und Bedürfnisse Ihres Publikums. Ändern Sie Ihre Einstellung von »Ich bin hier, um mein Produkt oder meine Dienstleistung zu verkaufen oder zu bewerben« hin zu »Ich bin hier, um mit meinem Produkt oder meiner Dienstleistung einen Wert zu liefern«.
8. Nutzen Sie Google News, Google Trends, Reddit, YouTube, Instagram, Tubular und Facebook, um nach den Themen und dem Contentstil zu suchen, nach dem andere suchen und an dem sie Interesse haben.
9. Führen Sie regelmäßig Wettbewerbsanalysen über trendigen Content und Formate in den sozialen Medien durch, um Zeit zu sparen und besseren Content zu erstellen.

KAPITEL 7

NEHMEN SIE ALLES, WAS ICH HABE – ICH GEBE ES IHNEN KOSTENLOS: WIE MAN DIE NACHFRAGE NACH DER EIGENEN MARKE STEIGERT

Wert bildet den Kern jedes erfolgreichen Unternehmens. Wenn ein Produkt oder eine Dienstleistung keinen Wert bietet, sollten sie nicht existieren. Deswegen ist es ein essenzieller Teil Ihres Hook Points und Ihres Storytelling-Prozesses, zu wissen, wie man Wert demonstriert. Wenn Sie eine Botschaft hervorheben und angemessen verpacken können, werden Sie Aufmerksamkeit erregen, mehr Vorstellungsgespräche erhalten und bei Meetings eine Performance hinlegen wie ein Rockstar. Sie werden auch eine größere Chance haben, effektiveren Content zu kreieren, der massive Reichweite erzielt und potenzielle Kunden überzeugt, auf E-Mails zur Kaltakquise zu reagieren.

VERLASSEN SIE AUSGETRETENE PFADE, UM DIE NACHFRAGE ZU STEIGERN

Alles, was Sie vermarkten, sollte einen Wert haben, und oft sind es die Konzepte, die ausgetretene Pfade verlassen, wenn es um Ihr Produkt oder Ihre Dienstleistung geht, die Ihre Marke von der Konkurrenz abheben. Diese einzigartigen Leistungen sind nicht immer notwendig, damit Ihr Produkt auf dem Markt funktioniert, aber sie helfen Ihnen herauszustechen, bieten etwas Einzigartiges und können zu einem Ihrer Hook Points werden, die vielleicht ein massives Wachstum Ihrer Brand auslösen. Sehen wir uns ein paar Beispiele für ungewöhnliche Werte an, die für effektive Hook Points genutzt wurden.

Lady Gaga: Mutter Monster und die LGBTQ-Gemeinde

Seit mehr als einem Jahrzehnt hat Lady Gaga unkonventionelle Ideen, um herauszustechen und zu einem weltweiten Superstar zu werden. Zum Beispiel hat sie die LGBTQ-Gemeinde (Lesbian, Gay, Bi, Transgender und Queer oder Questioning) unterstützt und diese Unterstützung auf wahrlich originelle Arten gezeigt. 2009 wurde ihr Lied »Poker Face« bei den kanadischen iHeartRadio Much Music Video Awards ausgezeichnet. In ihrer Dankesrede dankte sie »Gott und den Schwulen«. Das klingt nach einer einfachen Aussage, aber es war im Vergleich zu den meisten anderen Reden erfrischend und originell.

Gaga hat am National Equality March und der Gala für die Human Rights Campaign teilgenommen. Sie hat gegen die Anti-LGBTQ-Regeln des Militärs protestiert (mit ihrem berüchtigten Fleischkleid), um ihre Loyalität mit dieser Gruppe zum Ausdruck zu bringen.[64] Unter dem Namen »Mutter Monster« brachte sie sich für all ihre »kleinen Monster« in Stellung – also die Fans. Sie sagt, der Begriff »kleine Monster« entspringe ihrer Angst vor dem Tod, vor Alkohol und vor Drogen, aber es war das perfekte Marketing-Tool, um es auf Ausgestoßene, Unangepasste, die LGBTQ-Community und andere marginalisierte Gruppen anzuwenden. Ihre Kommunikation mit Fans ist einzigartig und (in einigen Aspekten) revolutionär.

Gaga spricht sich dafür aus, anders zu sein und aufzufallen. Sie hat ihre Fans empowert und ihnen den beträchtlichen Wert geliefert, sich stark genug zu fühlen, um frei zu bekennen, wer sie sind. Sie hat ihre Marke aufgebaut, indem sie Menschen in diesen Gruppen verbindet – sie gibt ihnen das Gefühl, (in ihr) jemanden zu haben, der versteht, wer sie sind, und der für sie Musik erschafft.

Ein Helipad bei Platinum Fitness

Im Moment arbeite ich mit Peter Park, dem Personal Trainer und Besitzer von Platinum Fitness, der, wie bereits erwähnt, so bekannte Klienten wie Lance Armstrong und Elon Musk trainiert hat. Obwohl er mit Berühmtheiten und Athleten gearbeitet hat und diese Tatsache oft als Hook Point nutzt, testet er stets neue Ideen, um Aufmerksamkeit zu erregen.

Ein Aspekt von Parks Fitnessstudio in Los Angeles, den wir vielleicht über soziale Kanäle bewerben wollten, ist das Helipad auf dem Dach des Gebäudes, in dem das Fitnessstudio sich befindet. Park hat Zugang zu diesem Helipad und hat es für Trainingssessions und Kurse genutzt. Es ist ein einzigartiges Element seines Unternehmens, das es von anderen abhebt, denn es gibt nur wenige Fitnessstudios in der Welt, die ein Helipad haben, auf dem man Work-outs machen kann. Wir filmten Videos und machten Fotos von Menschen, die auf dem Helipad trainierten, vor dem wunderbaren Hintergrund der gesamten Stadt Los Angeles, und wir nutzten sie für strategische, Leads generierende Werbekampagnen auf Facebook und Instagram. Wir glauben, dieser Hook Point wird

Parks neues Fitnessstudio bekannter machen, denn wir leben in einer Welt der Selfies und sozialen Medien. Wir glauben, dass Menschen von der Möglichkeit begeistert sein werden, sich selbst zu filmen, wie sie auf einem Helipad mit Blick über Los Angeles ihr Work-out machen – der Hook ist die Möglichkeit, diese Bilder zu machen. Und wenn die Leute erst einmal dort sind, zeigen Peter und seine Trainer ihnen die wirklichen Kunststückchen, die sie zu den besten Trainern der Welt machen. Das führt schließlich dazu, dass einige sich für Privatstunden entscheiden. Darüber hinaus werden die Leute, die den Kurs besuchten, ihren dabei erstellten Content auf dem Helipad als Hook Points für ihre eigenen Kanäle in den sozialen Medien nutzen (und das Erlebnis ihren Followern zeigen), was wiederum die wertvollste Form der Werbung für Peters Fitnessstudio sein wird: Mundpropaganda.

Zusammengefasst – ausgetretene Pfade verlassen

In den Beispielen von Lady Gaga und Platinum Fitness haben beide Marken herausgefunden, wie man originelle Hook Points mit etwas kombiniert, das dem Zielpublikum einen spezifischen Wert bietet. Versuchen Sie herauszufinden, wie Sie dasselbe tun können, indem Sie sich dazu antreiben, ausgetretene Pfade zu verlassen. Haben Sie etwas wirklich Einzigartiges und Originelles, das Ihnen dabei hilft, herauszustechen und Ihren Kunden eine interessante Story zu erzählen? (Wenn Sie Schwierigkeiten haben, sich Ideen einfallen zu lassen, die die ausgetretenen Pfade verlassen, biete ich Ihnen private Strategiesessions, um dieses Ziel zu erreichen. Wenn Sie Interesse haben, schreiben Sie mir eine E-Mail an bkane@brendanjkane.com.)

WIESO MAN DEN ELEVATOR PITCH NICHT VERWENDEN SOLLTE

Wenn Sie schnell die Aufmerksamkeit anderer erregen wollen, dürfen Sie nicht mit der Content Creation beginnen oder in ein Meeting gehen, wenn Sie sich nur auf den Verkauf konzentrieren. Menschen lieben es, etwas zu kaufen, aber sie hassen es, etwas verkauft zu bekommen – deswegen müssen Sie sich darauf fokussieren, Wert zu bieten. Wenn Sie das nicht tun und sich weiter auf den Verkauf konzentrieren, werden die Menschen, mit denen Sie reden, das spüren, ungeduldig werden und ihre Aufmerksamkeit auf etwas anderes konzentrieren.

Deswegen bin ich kein Fan von Elevator Pitches. Die Definition von Pitch ist: »Etwas präsentieren oder bewerben – besonders wenn es auf nachdrückliche Weise geschieht.«[65] Im Grunde versuchen Sie ständig, jemanden dazu zu zwingen, etwas zu kaufen. Stattdessen sollten Sie die Tools nutzen, die ich Ihnen in diesem Buch präsentiere, um Ihr Wertangebot zu artikulieren. Ersetzen Sie den Pitch durch die Verwendung von Hook Points und Storytelling.

Ich will aber eines deutlich machen: Natürlich ist klar, dass Ihr Ziel letztlich darin besteht, ein Produkt oder eine Dienstleistung zu verkaufen. Wir sind alle im Business, um Erträge zu erzielen. Aber statt sich auf das *Verkaufen* Ihres Produkts oder Ihrer Dienstleistung zu konzentrieren, konzentrieren Sie sich lieber darauf, den *Wert* Ihres Produkts oder Ihrer Dienstleistung zu nutzen und herauszufinden, wie dieser einen bestimmten Schmerzpunkt oder ein Problem löst. Es besteht ein großer Unterschied zwischen Sprache, die entworfen wird, um etwas zu verkaufen, und Sprache, die einen Wert ausdrückt.

WERT NUTZEN, UM VERBINDUNGEN MIT DEN BESTEN HERZUSTELLEN

Als ich beim Web Summit, dem weltgrößten Tech-Event, eine Rede hielt, erhielt ich die Gelegenheit, Jon Seifert zu interviewen, den CEO der Marketing-, Werbe- und PR-Firma Ogilvy. Als ich ihn traf, fragte ich ihn, wie viele Views sein am besten performendes Interview aller Zeiten erhalten hatte. Er antwortete: »zwei Millionen Videos bei einem Interview mit CNBC.« Ich garantierte ihm, dass das Interview, das er mit mir machen würde, mehr Menschen erreichen würde, denn ich würde meine Methoden für Content-Distribution und meinen Testprozess nutzen, den ich entwickelt hatte, als ich mit Katie Couric arbeitete. Statt nur ein weiteres Presseinterview zu geben, was er an dem Tag sicher schon Dutzende Male getan hatte, fügte ich einen Extrawert hinzu und stach für ihn (und Ogilvys CMO) heraus, denn ich stellte eine kühne Behauptung auf und erzählte eine bestimmte Story darüber, wie ich das schaffen würde. Weil ich außerdem mein Versprechen einlöste (das Interview generierte 2,1 Millionen Views), führte dies dazu, dass ich eine Verbindung zu einem anderen bekannten CEO einer bedeutenden Firma hatte.

Indem man Wert liefert, schafft man Win-win-Situationen, was Ihnen hilft, anderen zu helfen. Und normalerweise, wenn Sie anderen wirklich helfen, werden diese sich gerne revanchieren, deswegen ist es ein großartiges Tool, um neue Geschäftsmöglichkeiten zu erschließen und zu etwas Dauerhaftem zu machen.

HILFE GESUCHT – KEINE ERFAHRUNG NÖTIG

Sie müssen nicht unbedingt eine Unmenge Erfahrung haben, um anderen Wert zu bieten – Sie können das auf allen Stufen Ihrer Karriere tun. Als ich als Assistent beim Filmstudio Lakeshore Entertainment anfing, half ich bei der Social-Media-Kampagne für den Film *Crank*. Damals traf ich den Schauspieler Jason Statham, bekannt für *Snatch*, *Hobbs and Shaw*, *The Transporter* und viele weitere erfolgreiche Filme. Er sah meine Arbeit und fragte, ob ich zu ihm nach Hause kommen und seine Strategie für die sozialen Medien besprechen wollte. Die Frage kam aus dem Nichts und fühlte sich damals nach einem ziemlich großen Deal an – besonders weil ich nicht versuchte, eine langfristige Geschäftsbeziehung mit Statham aufzubauen. Die Gelegenheit ergab sich einfach nur aus einer offenen und ehrlichen Unterhaltung und daraus, dass ich einen Wert bot.

Selbst als Assistent, der noch unten auf der Karriereleiter steht, baute ich Vertrauen und Glaubwürdigkeit bei einem sehr erfolgreichen Filmstar auf. Ich musste nur herausfinden, wie ich für ihn von Wert sein, hilfreich sein und gute Arbeit leisten konnte. Nach der Strategiesession realisierte Statham, dass er einige andere Projekte priorisieren würde, bevor er sich der Arbeit widmen konnte, seine Präsenz in den sozialen Medien am Laufen zu halten. Das war 2008, als die sozialen Medien noch am Anfang standen, und sein Fokus lag auf anderen Dingen. Auch wenn das Meeting nicht zu weiterer Zusammenarbeit führte, hatte ich durch den Wert, den ich bot, einen Fuß in der Tür und eine Chance erhalten, von der die meisten Menschen nur träumen können.

WIE MAN 35-MAL BEI *THE DR. OZ SHOW* AUFTRITT

Michael Breus, der Schlafdoktor, verrät, dass einer der Schlüssel, um Auftrittsgelegenheiten in den Medien zu erhalten, darin besteht, ein guter »Date-Partner« zu sein. Sein Vater sagte ihm: »Streng dich immer an bei einem Date. Sei nett und höflich, unabhängig davon, ob du glaubst, dass romantische Zuneigung besteht, denn sie haben immer eine Freundin.« Breus nahm sich diesen Rat auch für seine Karriere zu Herzen. Er schwor sich, immer gute Arbeit zu leisten, und zu jedem, den er traf, nett zu sein, denn man weiß nie, wo die Geschichte endet. Diesen Rat umzusetzen, war zu Breus' Vorteil. Sein erster Auftritt in *The Dr. Oz Show* entstammte einer Verbindung zu einem Produzenten, den er bei einer anderen Show namens *The Doctors* kennengelernt hatte. Dieser Produzent wechselte irgendwann zu *Dr. Oz*, und weil er Breus' Arbeit schon kannte, vertraute er ihm und brachte ihn in die Show.

Und Breus war nicht nur ein guter Gast, sondern bot auch zusätzlichen Wert dadurch, dass er Beratungen für jeden Medienmitarbeiter anbot, der Schlafprobleme hatte. Er ist überzeugt, dieser zusätzliche Wert verhilft ihm dazu, immer wieder eingeladen zu werden. Wenn man Menschen persönlich hilft, neigen sie eher dazu, einem zu vertrauen. Sie sind dankbar für Ihre Hilfe und wollen sich revanchieren, indem sie Fürsprecher für Ihre Produkte oder Dienstleistungen werden.

Man darf aber nicht vergessen: Wenn Breus diese Art Hilfe anbietet, erwartet er nichts als Gegenleistung. Lassen Sie mich das wiederholen: Er erwartet nichts als Gegenleistung. Er bietet einfach nur Ratschläge an, weil seine Arbeit ihm wichtig ist und er will, dass andere besser schlafen können und dadurch mehr Lebensqualität haben. Sein authentischer Wunsch, zu helfen, ist das, was ihm eine massive Glaubwürdigkeit verleiht und ihm all diese Auftritte in den Medien verschaffte.

DAS GEHEIMNIS, UM EINEN TOP-JOB ZU ERHALTEN

Mein Vater, Jim Kane, war einer der ersten Anwälte, der (ohne einen Juraabschluss einer Ivy-League-Uni oder einer anderen Top-Universität) von einer der ältesten Kanzleien in Chicago eingestellt wurde. Die Kanzlei datiert zurück bis zum Bürgerkrieg, und historisch betrachtet hatte die Mehrheit der Anwälte, die dort gearbeitet hatten, einen Juraabschluss von Ivy-League-Universitäten. Klienten wandten sich an die

Kanzlei, um die besten und cleversten Anwälte zu finden, weswegen es sehr wichtig war, an welcher Universität ein Anwalt graduiert hatte. Aber in den 1990er-Jahren suchten Klienten nicht nur nach Anwälten, die an prestigeträchtigen Jurahochschulen ihren Abschluss gemacht hatten, sondern auch nach solchen, die zusätzliche Werte bieten konnten, wenn sie jemanden repräsentierten. Sie suchten nach Anwälten, die sie mit Individuen und Unternehmen bekannt machen konnten, die als potenzielle Geschäftspartner dienen konnten.

Mein Vater hatte beträchtliche Erfahrung, bevor er im Privatrecht tätig wurde, da er der frühere Chef der Immobilienverwaltung der Stadt Chicago war. Während dieser Zeit hatte er eine Menge Kontakte geknüpft und Beziehungen zu einflussreichen Leuten in der Politik und Immobilienindustrie aufgebaut. Als er sich bei der prestigeträchtigen Firma bewarb, wo er letztlich Partner wurde, vermarktete er sich als jemand, der nicht nur ein erfahrener Anwalt war, sondern auch Kontakte und Arbeitsbeziehungen mitbrachte, die der Kanzlei bei ihren Bemühungen, die Kundenbasis auszuweiten, hilfreich sein konnten.

Nach einer Weile war mein Vater auch Teil des Auswahlprozesses für neue Mitarbeiter in der Kanzlei. Viele Bewerber kamen von den Top-Universitäten des Landes, aber er empfahl, nicht nur anhand dessen zu entscheiden, wo jemand studiert hatte. Er war mehr an den zwischenmenschlichen Fähigkeiten interessiert und daran, wie die Bewerber ihre Ansichten über den Beruf des Anwalts formulierten. Das gab ihm die besten Einsichten darüber, wie diese Individuen mit bestehenden und potenziellen Klienten kommunizieren und interagieren würden. Er suchte nach Anwälten mit außergewöhnlichem Geschick im zwischenmenschlichen Bereich und dem Potenzial, neue Klienten zu gewinnen. In den Bewerbungsgesprächen stellte er Fragen, die ihm einen Einblick in das Denken der Bewerber verschafften und ihm verrieten, ob sie mental in Kundengesprächen reaktionsschnell und flexibel genug waren. Vor allem wusste mein Vater, dass Bewerber so schlau sein konnten, wie sie wollten – im Sinne von trockenem Bücherwissen –, das aber nichts bedeutete, wenn sie nicht effektiv kommunizieren und Beziehungen aufbauen konnten, aus denen neue Klienten und zusätzliche Einnahmen für die Kanzlei resultierten.

Business fundiert auf Beziehungen – und der Fähigkeit, diese zu aufzubauen und zu erhalten, ist wesentlich. Oft wirkt man für einen potenziellen Vorgesetzten oder Klienten nicht nur wegen des Wertes, den man liefert, indem man seinen eigentlichen Job macht, attraktiv, sondern auch aufgrund des zusätzlichen Wertes, den man durch Beziehungen und Fähigkeiten einbringt.

Nehmen Sie sich also die Zeit, Ihren Werdegang, zusätzliche Fertigkeiten und Erfahrungen aufzuschreiben. Ich bin sicher, Sie werden angenehm überrascht sein, welche weiteren positiven, nützlichen Eigenschaften Sie zu bieten haben. Achten Sie darauf, diese Attribute in Ihren Hook Points und Storys herauszustellen.

WIESO 99 PROZENT DER MENSCHEN BEI DER STELLENSUCHE SCHEITERN

99 Prozent der Leute scheitern beim Versuch, neue Aufträge zu erhalten oder von einem Unternehmen eingestellt zu werden, weil sie nur ihre eigenen persönlichen Bedürfnisse im Kopf haben, wenn sie an potenzielle Arbeitgeber herantreten. Sie denken nicht über die Tatsache nach, dass Manager und Entscheidungsträger oft von mehreren Menschen am Tag angesprochen werden, die etwas von ihnen wollen. Weniger als ein Prozent der Menschen, mit denen sie reden, denkt darüber nach, was der Manager oder Entscheidungsträger will oder braucht. Die meisten vergessen, dass diese Menschen ihre eigenen Probleme haben, die sie zu lösen versuchen.

Wenn Sie nach einem Job suchen oder mit einem potenziellen neuen Klienten sprechen, gehen Sie das Ganze mit der Grundeinstellung »Wie kann ich Ihnen helfen?« anstelle von »Bitte geben Sie mir einen Job« an. Sie werden eine weitaus bessere Reaktion erhalten, wenn Sie sich auf das konzentrieren, was Sie für die anderen tun können, und nicht auf das, was andere für Sie tun können.

WIE MAN SICH IN JEDEN JOB »HACKT«

Will man eine tolle Arbeitsstelle oder eine Beförderung erhalten, geht es in Wahrheit weniger darum, seine Fertigkeit zu belegen, die geforderten Anforderungen zu erfüllen, sondern mehr darum, Vertrauen aufzubauen und eine solide Beziehung herzustellen. Tatsache ist: Bei Ernst & Young und Deloitte gehen 45 bis 50 Prozent der Kandidaten für Neueinstellungen auf Empfehlungen von Angestellten zurück. Unter denjenigen, die es bis in ein Vorstellungsgespräch schaffen, haben die empfohlenen Kandidaten eine 40 Prozent höhere Chance, eingestellt zu werden, als andere Bewerber.

Das liegt daran, dass Arbeitgeber gerne Menschen einstellen, mit denen sie auch befreundet sein könnten. Häufig werden Menschen aufgrund ihrer Außenwirkung und nicht ihrer Fähigkeiten eingestellt. Man sieht seine Kollegen oft häufiger als seine Ehefrau, Kinder und Freunde. Klar sollten Sie schlau sein, aber es muss auch angenehm sein, mit Ihnen jeden Tag zusammenzuarbeiten.

Das Geheimnis, um das Vertrauen anderer zu gewinnen, besteht darin, dass es *nicht* darum geht, was diese für Sie tun können, sondern um die Bedürfnisse, die Sie für die *anderen* befriedigen können, also denken Sie über die Bedürfnisse der Menschen in den Unternehmen nach, für die Sie gerne arbeiten würden. Zu den häufigsten gehören:

- eine hohe Arbeitsmoral,
- Vertrauenswürdigkeit,
- jemand, mit dem man Spaß haben kann,
- kreatives Denken,
- überzeugende Fertigkeiten als Redner,
- einfach im Umgang,
- kollegial,
- Spezialwissen (zum Beispiel: Technologie, Networking in sozialen Medien, Buchführung und so weiter).

Denken Sie darüber nach, wie Sie die Bedürfnisse derjenigen befriedigen können, mit denen Sie gerne arbeiten würden. Wenn Sie glauben, Sie hätten nichts anzubieten, liegen Sie falsch – jeder hat etwas anzubieten. Es gibt alle Arten an Talenten, darunter etwas anscheinend so Einfaches wie die Fähigkeiten, zuzuhören oder leidenschaftlich gemeinsame Ziele zu verfolgen. Finden Sie heraus, worin Sie gut sind, und nutzen Sie das als Ausgangspunkt, um starke Verbindungen zu knüpfen.

ÜBUNG ZUR BEDÜRFNISBEFRIEDIGUNG

Nehmen Sie sich zehn Minuten, um eine Liste der Dinge aufzuschreiben, die Sie gut beherrschen. Dazu sollten geschäftliche und persönliche Skills gehören:

- Beispiele im Geschäftlichen: Schreiben, öffentliches Reden, Strategie, Content Creation, Analyse, Buchführung und so weiter.

- Beispiele im Persönlichen: Surfen, gut mit Hunden umgehen können, Golf spielen, Menschen zum Lachen bringen und so weiter.

Behalten Sie diese Talente im Hinterkopf, wenn Sie mit potenziellen Arbeitgebern oder Klienten reden. Denken Sie von einem strategischen Standpunkt aus über diese Fähigkeiten nach, die Ihnen helfen können, starke Verbindungen herzustellen, und behalten Sie sie auch bei Bewerbungsgesprächen im Hinterkopf. Sie sollten aber keine irrelevanten Fertigkeiten zu Ihrem Vorteil einsetzen wollen, wenn sie nicht für das Gegenüber auf der anderen Seite des Tisches von Wert sind. Wenn zum Beispiel jemand ernsthaft wirkt, reißen Sie nicht ständig Witze, oder wenn Sie sich für eine Position bewerben, in der Sie schreiben müssen, reden Sie nicht darüber, wie gut Sie im Rechnen sind – außer Sie arbeiten für ein Medienunternehmen, dessen Schwerpunkt auf Mathematik liegt. Wenn Sie denjenigen um sich herum einen echten Wert liefern können, werden Sie schließlich Ihren Traumjob bekommen.

DAS GEHEIMNIS DES ERFOLGS (BEI DER ARBEIT)

Menschen verspielen die Chance, mit großartigen Angestellten und Dienstleistern zu arbeiten, indem sie nicht den Wert in den Menschen sehen, die sie anstellen oder beauftragen wollen. Wenn Sie etwas Wertvolles zu bieten haben und ein potenzieller Klient oder Arbeitgeber versucht, Sie herunterzuhandeln, oder erkennt nicht, wie viel Sie wert sind, dann passt es vermutlich einfach nicht. Ja, Klienten und Arbeitgeber bezahlen Sie, aber Geld ist nicht alles. Wenn ein Unternehmen einem nicht das Gefühl gibt, wertgeschätzt zu werden, bietet es *Ihnen* nicht genug Wert und Sie sollten sich woanders umsehen.

Ich persönlich arbeite nicht einfach nur für die Bezahlung. Ich arbeite für Klienten, die den Wert zu schätzen wissen, den ich ihnen biete. Wenn sie das nicht tun, erfüllen sie vielleicht meine finanziellen Bedürfnisse, aber sind es dennoch nicht wert, dass ich mit ihnen zusammenarbeite, denn sie können meine psychologischen und emotionalen Bedürfnisse nicht erfüllen. Daran sollten Sie auf jeden Fall denken, wenn Sie derjenige sind, der jemanden einstellen oder einen Auftrag erteilen will. Wenn Sie die Menschen zu schätzen wissen, die Sie einstellen, steigen Ihre Chancen, die Besten anzulocken.

MACHEN SIE SICH NICHTS VOR – *ALLE* GEWERBE SIND DIENSTLEISTUNGSGEWERBE

Erick Brownstein von Shareability hat einmal den Rat erhalten: »Wenn du zufrieden und glücklich im Leben sein willst, erweise anderen einen Dienst.« Er hat sich dieses Prinzip zu eigen gemacht und auf die verschiedenen Facetten seines Lebens angewendet. Er glaubt, dass man in Geschäftsmeetings den Raum für sich einnehmen kann, indem man sich darauf konzentriert, zu Diensten zu sein. Wenn Sie wirklich anderen helfen wollen, kommen Sie auch weiter. Er hat sogar schon in Meetings mit leitenden Angestellten auf der mittleren Ebene gesagt, wenn sie mit Shareability zusammenarbeiten würden, bestände eines seiner Hauptziele darin, dass sie befördert würden, und das ist sogar schon mehrere Male passiert.

Brownstein glaubt außerdem daran, seine besten Ideen und Einsichten auch anderen zuteilwerden zu lassen. Er empfiehlt ein Buch von Patrick Lencioni mit dem Titel *Getting Naked.* Dabei handelt es sich um eine Fabelgeschichte über eine Beraterfirma, die eine Menge Aufträge erhält. Die Angehörigen der Firma gehen nicht mit umfangreichen Slideshows oder Riesenpräsentationen in Meetings – sie reden mit potenziellen Klienten auf informelle Weise. Sie stellen eine Menge

Fragen, verraten Ideen und gehen das Meeting mit der Einstellung an: »Wir arbeiten alle zusammen.« Diese Fabel zeigt letztlich, wie die Berater Geschäfte an Land ziehen, weil sie den aufrichtigen Wunsch verspüren, anderen zu helfen.

SPIELEN SIE NICHT DAS OPFER

Sie können dieselbe Botschaft auf verschiedene Weise präsentieren. Wenn Sie im Business Informationen verpacken wollen, konzentrieren Sie sich auf den positiven Nutzen, den Ihre Zuhörer dadurch erhalten können. Auf diese Art wirken Sie nicht, als würde es Ihnen nur um Ihren eigenen Nutzen gehen. Ich habe einmal einen Subunternehmer engagiert, der nicht wusste, wie man Informationen so verpackt, dass sie seinen Klienten einen Wert liefern. Dieser Unternehmer präsentierte Informationen stets von seinem eigenen Standpunkt aus und erklärte, wie bestimmte Situationen *ihm* nutzten. Er ging sogar so weit, dass er darüber redete, welch schwere Zeit er finanziell durchstehen musste, um bei seinen Klienten Mitleid zu erregen und mehr Aufträge an Land zu ziehen. Das ist *keine* gute Strategie – Sie sollten nicht darauf abzielen, dass irgendwer mit Ihnen Geschäfte macht, nur weil er Mitleid mit Ihnen hat. Sie sollten so intelligent und fähig sein und so gute Produkte oder Dienstleistungen anbieten, dass andere gar nicht anders *können*, als mit Ihnen zu arbeiten.

Letztlich musste ich die Zusammenarbeit mit diesem Subunternehmer beenden, aber einmal, als er noch für mich arbeitete, erzählte er mir, er wolle seine Stundensätze erhöhen, damit er mehr Leute einstellen konnte, und sich bei Plattformen anmelden, die ihm »die Arbeit erleichtern würden«. Die Formulierungen, die er in seinem Pitch verwendete, waren nicht überzeugend. Dieser Vorschlag drehte sich alleine darum, was *er* brauchte und wollte. Hätte er sich auf die Bedürfnisse seiner Klienten konzentriert, hätte er den gleichen Plan auf eine Art und Weise vorschlagen können, der mir das Gefühl vermittelte, ich würde mehr Service für mehr Geld erhalten. Er hätte sagen können: »Ich mache ein Upgrade meines Services, damit er effizienter wird. Sie werden ebenfalls davon profitieren, aufgrund von X, Y und Z. Aber um Leistungen auf diesem höheren Niveau bieten zu können, muss ich meine Stundensätze anpassen, um die notwendigen Ausgaben zu tragen, die mir diese verbesserten Leistungen ermöglichen.« Wenn er diese Informationen so präsentiert hätte, wäre ich der Idee gegenüber sehr viel aufgeschlossener gewesen.

Spielen Sie also nicht das Opfer; versuchen Sie nicht, Mitleid zu erregen, und wirken Sie nicht, als hätten Sie nur den eigenen Vorteil im Auge. Spielen Sie stattdessen Ihre Stärken aus und versetzen Sie sich immer in die Lage anderer. Wir wollen alle mit Menschen zusammenarbeiten, die uns einen Wert bieten.

ICH LIEBE HAUSAUFGABEN! WIE MAN SICH AUF ENTSCHEIDENDE MEETINGS VORBEREITET

John Kilcullen, Schöpfer der *Für Dummies*-Buchreihe, empfiehlt, sich im Sinne der Due Diligence über eine Person zu informieren, bevor man sich mit ihr trifft. Wenn Sie Ihre Hausaufgaben machen, können Sie Ihren potenziellen Klienten mehr Wert bieten. Finden Sie heraus, ob Sie irgendwelche gemeinsamen Verbindungen haben, und führen Sie Recherchen über den Markt Ihrer potenziellen Klienten durch. Für eine zeitnahe Lösung für ein noch nicht erkanntes Bedürfnis wird man Sie sicher gerne bezahlen. Wenn Sie diese Bedürfnisse identifiziert haben, können Sie ein Bild davon entwerfen, was andere übersehen haben, und Ihre Produkte und Dienstleistungen für einen höheren Preis anbieten. Darüber hinaus empfiehlt Kilcullen, sich mit den Kunden und Angestellten des Unternehmens zu unterhalten, um nach Perlen der Weisheit von Insidern zu suchen, die Ihnen einen Wert bieten können.

WIE MAN BEI MILLIARDÄREN HERAUSRAGT

Laut dem Bureau of Labor Statistics gab es 2018 ungefähr 338 000 Trainer in den Vereinigten Staaten.[66] Die Tatsache, dass Peter Park, der Besitzer von Platinum Fitness, sich davon abgesetzt hat und ein so erfolgreicher Trainer auf diesem hohen Niveau wurde, ist also bemerkenswert. Er glaubt, seine Leidenschaft und seine Liebe zum Training machen einen beträchtlichen Teil seines Nutzenversprechens aus. Menschen sehen, dass er für seinen Beruf lebt, und diese Leidenschaft hilft ihm herauszuragen. Er gibt nicht auf, bis er sieht, dass ein Klient Fortschritte macht, egal, ob es ein Profiathlet ist, ein Milliardär oder eine Person, die gerade zum ersten Mal trainiert.

Konzentrieren Sie sich auf Ihren Fachbereich. Man wird auf Ihre Energie reagieren, und das wird anderen einen Wert bieten – wir wollen uns alle energetisiert und enthusiastisch fühlen! Klienten und Kunden genießen es, von Menschen umgeben zu sein, die glücklich und positiv gestimmt sind.

WIE MORTON SALT UND TSA SEXY, BAHNBRECHENDEN CONTENT KREIEREN

Es ist von entscheidender Bedeutung für Kunden, sich mit Ihrer Marke verbunden zu fühlen. Wenn Sie eine Verbindung zu Ihren Zuschauern herstellen können, sei es durch Emotionen, Humor, Überraschung, Begeisterung oder Bildung, werden Sie eine größere Wahrscheinlichkeit haben, das Publikum dazu zu bringen, auf Sie zu reagieren und Ihren Content häufiger zu teilen.

Mike Jurkovac, Regisseur und Produzent bei TheBridge.co und Emmy-Gewinner, hat seit 2001 mit den Black Eyed Peas zusammengearbeitet. Er erzählt, dass er, als er diese Musiker das erste Mal traf, nicht nur von den positiven Botschaften ihrer Songs beeindruckt war, sondern auch von der Fähigkeit des Frontmanns will.i.am, eine Verbindung zu jedem Publikum herstellen zu können. Als er in Brasilien auftrat, trug er ein Fußballtrikot der Nationalmannschaft. Als er in Mexiko auftrat, hielt er die mexikanische Flagge hoch. Es ist offensichtlich, dass will.i.am ein Genie darin ist, mit dem Publikum in Kontakt zu treten und etwas zu finden, das in jeder einzelnen Kultur begeisternd wirkt.

Einige Menschen glauben, ihre Produkte oder Marken ließen sich nur schwer zu etwas machen, das Begeisterung auslöst – Jurkovac würde dagegenhalten, dass jede Brand das Potenzial hat, eine Verbindung zu den Kunden herzustellen. Er zitiert Morton Salt als ein Beispiel für eine Marke, die unglaublich zugänglichen Content hat, auch wenn man Salz nicht gerade als ein »sexy« Thema bezeichnen würde.

Morton Salt hat einmal ein Video mit einer Band namens »OK Go« produziert. Der Hook war, dass der Beginn des Videos einen einzelnen Moment zeigte, der 4,2 Sekunden lang ist. Nachdem er vorbei ist, sieht man, dass dieser 4,2 Sekunden lange Teil des Videos tatsächlich eine beschleunigte Version eines längeren Teils ist, der etwa vier Minuten lang war und in Gänze nach dem 4,2 Sekunden langen Intro abgespielt wird. Der Content funktioniert sowohl im 4-Sekunden-Format und in der 4-Minuten-Version. (Sie können sich das offizielle Video, »OK Go – The One Moment«, hier ansehen: www.brendanjkane.com/okgo.) Weil dieses Video von Morton Salt gesponsert war, verbindet es die Marke mit einer sehr angesagten Band und einem interessanten Konzept, das die Menschen begeistert – daher wirkte dieser Salzhersteller als Marke plötzlich cool.

Eine weitere Marke, die in der Lage war, entgegen aller Erwartungen ansprechenden Content zu kreieren, ist die Transportation Security Administration (TSA). Sie hat einen unglaublichen Instagram-Account, den Sie sich hier ansehen können: https://www.instagram.com/tsa/?hl=en. Dieser Account teilt einzigartige und lustige Storys über all die verrückten Dinge, die Menschen durch die Sicherheitschecks am Flughafen zu bringen versuchen, inklusive Ahornsirup, Steinschleudern und Ninja-Wurfsternen. Die TSA macht Bilder dieser Gegenstände und schreibt lustige

Texte darunter, um die Leute zu warnen, so etwas nicht mit in den Flughafen zu nehmen. Der Account hat im Moment mehr als eine Million Follower. Jurkovac bemerkt dazu, dass niemand denken würde, die TSA könnte bahnbrechenden Content kreieren, aber sie tut es.

Das ist eine Bestätigung der Tatsache, dass man erfolgreich sein kann, solange man einzigartigen Content erschafft, der den Zuschauern eine relevante Wahrheit präsentiert. Wenn Sie erreichen, dass man eine Verbindung zu Ihrer Marke verspürt, werden die Kunden Ihre Produkte und Dienstleistungen anderen Anbietern gegenüber bevorzugen.

VERKNÜPFEN SIE NICHT IHRE JOGHURTMARKE MIT DER VERSTORBENEN FRAU EINES MANNES: WIE WICHTIG MARKENNUTZEN IST

Ernest Lupinacci von Ernest Industries schildert, dass er den Super-Bowl-Werbespot von Google mag, »Loretta«, den Sie sich hier ansehen können: https://www.youtube.com/watch?v=PW6SocCjTMM. In »Loretta« geht es um einen Mann, der offenbar seine Frau verloren hat, aber eine Verbindung zu ihr findet, indem er sich Bilder ansieht, die Google Assistant für ihn findet. Lupinacci zufolge thematisiert die Werbeanzeige, dass »unsere Erinnerungen oft die Menschen, Orte oder Dinge überleben, an die wir uns erinnern«. Lupinacci gefällt es, dass die Werbeanzeige kein »geborgtes Interesse« nutzt, das heißt, sie versucht nicht nur, die Zuschauer mit Anspielungen an die Populärkultur zu unterhalten. Das ist zum Beispiel keine Werbung, die versucht, die Erinnerung an eine geliebte verstorbene Person mit einem Joghurt zu verknüpfen (was für die meisten Menschen wenig Sinn ergeben würde). Stattdessen hat Googles Werbung einen authentischen Grund, sich in eine Konversation über Liebe, Verlust, Erinnerung und Nostalgie einzubringen.

Sich auf Branded Utility zu konzentrieren, also darauf, dass Ihre Produkte und Dienstleistungen nützlich und bedeutungsvoll für Ihre Kunden sind, sollte einer Ihrer wichtigsten Fokuspunkte sein, wenn Sie sich Hook Points einfallen lassen und Storys erzählen. Es hilft Ihnen dabei, mehr Wert zu bieten und die Nachfrage nach Ihrer Marke anzutreiben. Lupinacci sagt gerne: »Die Marke ist die Belohnung, die Sie erhalten, wenn Sie Ihre Versprechen wahr machen.« Nutzen Sie also Marketing, um ein Versprechen zu geben, und zeigen Sie, wie Sie es eingelöst haben.

WIE MAN EINE MILLIONENSCHWERE T-SHIRT-MARKE AUFBAUT

Mein Freund Zech Francis kreierte eine sehr erfolgreiche T-Shirt-Linie, die er »Society« nannte und die in der großen Handelskette Buckle verkauft wird. Ich fragte ihn, wie er dafür gesorgt hat, dass seine Produktlinie herausstach. Er erklärte, dass sein Büro in der größten T-Shirt-Druckerei in Nordamerika liegt, was es ihm erlaubt, über Nacht neue T-Shirt-Designs zu gestalten, zu drucken und an die Konzernleitung von Buckle zu schicken. Die Geschwindigkeit, mit der er Wünsche umsetzen kann, beeindruckte das Team bei Buckle. Das Management dort kann ihn einfach anrufen und bitten, irgendein Detail seines Designs zu ändern, und erhält schon am nächsten Tag eine Ladung Warenproben geliefert – in der Modewelt quasi ein Novum. Dieses Maß an Serviceleistung macht Francis zu einem attraktiven Geschäftspartner. Er hat sogar nach allem, was er anhand von Society gelernt hat, 2018 eine weitere Marke bei Buckle lanciert mit dem Namen Dibs. Dibs erlebte das schnellste Markenwachstum in Buckles 50-jähriger Verkaufsgeschichte – in weniger als 45 Tagen von null auf eine siebenstellige Umsatzzahl.

Finden Sie heraus, wie Sie mit Ihren Produkten oder Dienstleistungen Wert bieten können. Denken Sie über den Eprawert nach, den Sie anbieten könnten, um Ihre Brand herausstechen zu lassen.

TOD DER KALTAKQUISE; LANG LEBE DIE KALTAKQUISE

Manchmal besteht die beste Methode, um herauszufinden, was funktioniert, darin, herauszufinden, was *nicht* funktioniert. Beginnen wir also damit. Im Folgenden ein paar Beispiele für eine ungeschickte Kaltakquise. Diese Beispiele konzentrieren sich nicht darauf, was die andere Person braucht, und bieten ihr keinen Wert. Sie sind alle von dem Standpunkt aus geschrieben, was der Absender braucht.

Diese Person versucht, die Botschaft als eine zu tarnen, die Wert bietet, aber dieser ist nur selbstbezogen:

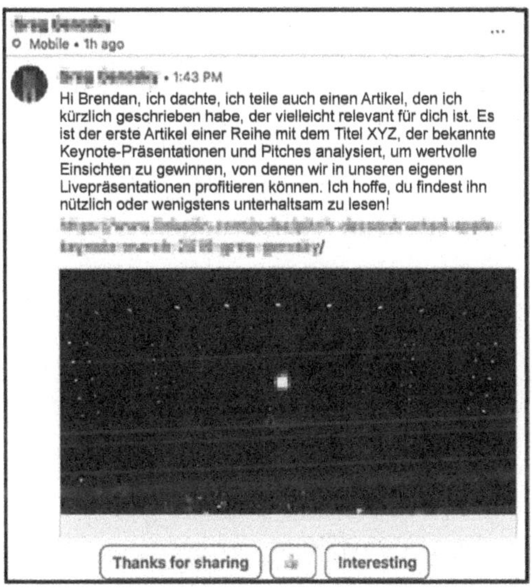

Der erste Satz des nächsten Beispiels dreht sich nur darum, was er will. Ich habe bereits Programmierer; er hat keine Ahnung von meinem Unternehmen, denn er hat sich nicht die Zeit genommen, irgendwelche Recherche zu betreiben. Das ist offensichtlich vorgefertigter Content:

> 3:40 PM
>
> Hallo Brendan,
>
> ich plane eine Reise nach Los Angeles, und ich würde gerne vorbeikommen, damit wir uns kennenlernen können. Ich programmiere seit 25 Jahren Software und bin extrem gut darin geworden, Lösungen on time zu liefern, innerhalb des Budgets und exakt den Anforderungen entsprechend.
>
> Über eine Million Arbeitsstunden Custom Development Management liegen hinter mir, und über 100 geniale Programmierer unterstützen mich in meiner Arbeit.
>
> Haben Sie aktuell oder möglicherweise künftig Bedarf an technologischer Expertise, dann würde ich liebend gerne vorbeikommen, damit wir uns kennenlernen können.
>
> Danke Ihnen,

Inwiefern ist das für mich nützlich? Ich bin nicht in der Gesundheitsfürsorge. Hier hat wieder jemand keine Recherchen über mich angestellt:

»Viele Grüßen potenzieller Investor« ist eine furchtbare Einleitung. Ich habe keine Ahnung, wer derjenige ist, und er pitcht mir bereits etwas übers Investieren? Ich habe aufgehört zu lesen, nachdem ich diese Zeile gesehen habe:

Global Business Executive | Partner @

• 1:35 PM

ANSCHREIBEN AN POTENZIELLEN -INVESTOR

An: Brendan Kane

Viele Grüße potenzieller Investor,

Ich bin aus Cincinnati, Ohio – regionaler Partner von einem Online-Inkubatoren mit Sitz in Dubai Internet City, UAB. versucht, Investoren zu finden, die Interesse an unseren handverlesenen Start-ups haben. Wir investieren in MENSCHEN mit Leidenschaft und wirkungsvollen, weitreichenden Ideen und einer unsterblichen Leidenschaft, ihre Träume zu verfolgen. Wir haben ein einzigartiges Modell – Co-Funding und Co-Founding –, das Entrepreneuren, die sich mit den technischen Aspekten nicht auskennen, die Möglichkeit gibt, ein Unternehmen zu gründen, indem sie in die Start-ups investieren (zwischen 200 000 und zwei Millionen US-Dollar), und wir helfen, indem wir das technische Produkt entwickeln.

Als Inkubator sind wir die Ersten, die in ein Start-up investieren. Wir helfen Ihnen, dem Investor, indem wir die Due Diligence durchführen und sicherstellen, dass …

Wieso sollte ich zu diesem Treffen gehen? Wo liegt der Anreiz für mich?

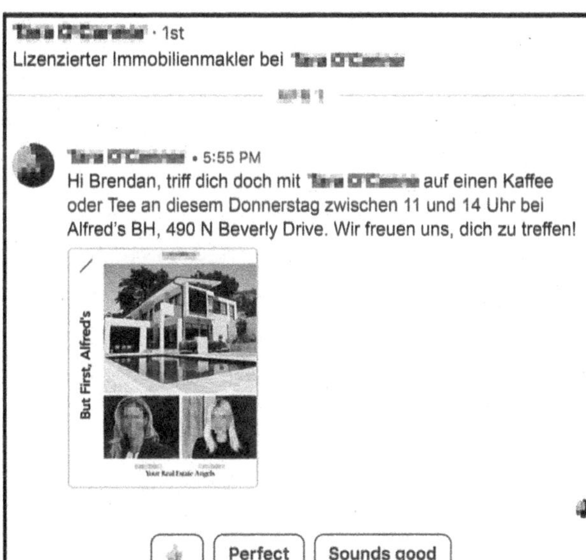

· 1st

Lizenzierter Immobilienmakler bei

• 5:55 PM

Hi Brendan, triff dich doch mit auf einen Kaffee oder Tee an diesem Donnerstag zwischen 11 und 14 Uhr bei Alfred's BH, 490 N Beverly Drive. Wir freuen uns, dich zu treffen!

But First, Alfred's

Your Real Estate Angels

Perfect

Sounds good

Ich spiele nicht einmal Golf:

Wie Sie in den obigen Beispielen sehen können, haben diese Leute keine Recherche über ihre potenziellen Kunden betrieben. Sie haben nicht über die Person oder das Unternehmen nachgedacht, die sie zu erreichen versuchen. Sie haben nur über sich nachgedacht und wie *sie* einen Wert für sich generieren können. Tun Sie das bitte nicht. Recherchieren Sie und finden Sie heraus, wie Sie jemandem Wert bieten können, den Sie kontaktieren wollen.

Um neue Geschäftsmöglichkeiten an Land zu ziehen, ist es am besten, erst zu versuchen herauszufinden, was andere genau tun, und Ideen anzubieten, die direkt auf deren Bedürfnisse angepasst sind. Es wäre besser für all diese Leute gewesen, wenn sie mich angesprochen und gesagt hätten: »Hey, Ihr Unternehmen ist wirklich cool. Ich würde gerne mehr darüber erfahren und herausfinden, ob ich Geschäftsmöglichkeiten für Sie auftun kann. Was machen Sie so?« Wenn Sie Interesse an meinem Unternehmen gezeigt hätten und eine spezifische Methode gehabt hätten, um Wachstum zu steigern, hätte das helfen können, eine Beziehung aufzubauen, die potenziell zu einer Zusammenarbeit hätte führen können.

Nutzen Sie also bitte nicht LinkedIn oder E-Mails, um Ihre Kontakte zu belästigen. Damit werden Sie keine guten Resultate erzielen. Gehen Sie stattdessen strategisch vor. Denken Sie darüber nach, wie Sie diese Tools verwenden können, um Verbindungen herzustellen, Beziehungen aufzubauen und Wert zu bieten.

Ein Beispiel für eine effektive Kaltakquise-Kontakt-E-Mail, die ich über LinkedIn erhielt, war:

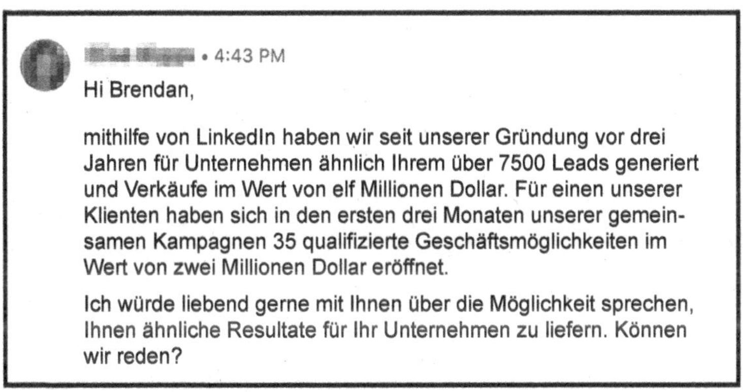
• 4:43 PM

Hi Brendan,

mithilfe von LinkedIn haben wir seit unserer Gründung vor drei Jahren für Unternehmen ähnlich Ihrem über 7500 Leads generiert und Verkäufe im Wert von elf Millionen Dollar. Für einen unserer Klienten haben sich in den ersten drei Monaten unserer gemeinsamen Kampagnen 35 qualifizierte Geschäftsmöglichkeiten im Wert von zwei Millionen Dollar eröffnet.

Ich würde liebend gerne mit Ihnen über die Möglichkeit sprechen, Ihnen ähnliche Resultate für Ihr Unternehmen zu liefern. Können wir reden?

Dieses Unternehmen lieferte mir konkrete Belege für den Erfolg, den sie mit anderen Klienten hatten, und scheint sich darauf zu konzentrieren, wie sie mir helfen können, ähnliche Resultate zu erzielen. Diese E-Mail brachte mich dazu, zu antworten.

Mithilfe von Kontaktmails zur Kaltakquise habe ich selbst Deals mit Disney, Xbox und Fox abgeschlossen, die mehr als 15 Millionen Dollar Umsätze generierten. Ich nutzte einfach die Tools, die ich Ihnen in diesem Buch beschrieben habe, um effiziente Nachrichten an die richtigen Leute zu schicken.

Der Ansatz, den ich verfolge, besteht darin, darüber nachzudenken, wie ich den Kontakten, an die ich mich wende, den größten Wert bieten kann. Ich denke über ihre Schmerzpunkte nach und wie ich ihnen helfen kann, diese zu lösen. Ich konzentriere mich nicht darauf, meine Dienstleistungen zu *verkaufen*, sondern darauf, wie ich damit einen *Wert* bieten kann. Das mag wie ein kleiner Unterschied erscheinen, aber es hat eine gewaltige Wirkung.

Als ich eine Kaltakquise-Kontakt-E-Mail an eine leitende Mitarbeiterin von Disney schickte, die zu einer umfangreichen Geschäftspartnerschaft führte, schrieb ich ihr etwas über *ihren* Wert und all die großartige Arbeit, die *sie* leistete. Ich fügte außerdem hinzu, dass ich ihr eine Menge Geld für YouTube-Werbung sparen konnte und ihre Performance bei allen Werbekampagnen, die Disney laufen hatte, bedeutend verbessern konnte. Die E-Mail, die ich schickte, war vollständig darauf ausgerichtet, Disney zu mehr Erfolg zu verhelfen.

Hier ein Beispiel dafür, wie sie strukturiert war:

Hi [Name der Person],
Als Erstes wollte ich Ihnen zu all Ihren Erfolgen bei [Name des Unternehmens] gratulieren. Was Sie mit [nennen Sie ein bestimmtes Projekt, Produkt oder eine Kampagne] erreicht haben, ist bemerkenswert.

Weil Sie Expert*in im digitalen Bereich sind, wollte ich Ihnen von einer neuen Tech-Plattform erzählen, die wir lanciert haben und die exakte Daten darüber liefert, wie viel all Ihre Konkurrenten in den sozialen Kanälen ausgeben, sowie über deren Performance in der Vergangenheit. Sie bietet außerdem Deep Data darüber, welche Videos Zuschauer sich ansehen, bevor und nachdem sie ein Video eines Konkurrenten angesehen haben, und es werden Daten geliefert, auf welchen sozialen Plattformen diese Videos betrachtet wurden.

Das Faszinierende an dieser Plattform ist: All diese Daten können mit Data-Mining bearbeitet und genutzt werden, um die Qualität und Bewertungen Ihrer eigenen Videos zu steigern, was im Gegenzug die Costs per View Ihrer eigenen Kampagnen senkt und die organische Viralität der Videos steigert. Das Beste an dieser Plattform ist, dass sie 100-prozentig transparent ist, Ihnen bis zu [hier beeindruckende Statistik einfügen] bei Ihren Paid-Media-Kampagnen einsparen kann und gleichzeitig Ihre Performance um bis zu [hier beeindruckende Statistik einfügen] steigern kann.

Wir nutzen aktuell diese neue Technologie für [Namen von Klienten einfügen]. Weil Sie sich stets an der Speerspitze im digitalen Sektor bewegen, wollte ich Ihnen diese Informationen zukommen lassen, da ich dachte, sie könnten hilfreich sein. Gerne würde ich Sie mit dem CEO meines Unternehmens bekannt machen, wenn Sie mehr darüber erfahren wollen.

Mit freundlichen Grüßen,
Brendan Kane

Diese E-Mail legt den Fokus darauf, dieser leitenden Mitarbeiterin einen Wert zu liefern. Ich weise auf ihre Errungenschaften hin und erkläre, wie mein Produkt ihr helfen kann, noch mehr zu erreichen. Ich biete an, ihre Arbeit einfacher zu machen, und zeige ihr, wie wertvoll es sein kann, diesen Service zu nutzen. Außerdem erhöhe ich noch den Wert, indem ich ihr anbiete, sie direkt dem CEO vorzustellen (ich war damals Berater des Unternehmens).

Nicht alle verschiedenen Versionen dieser E-Mail, die ich damals an etwa 20 Leute verschickte, führten zu neuen Geschäftsabschlüssen. Und vor dieser speziellen Version, die ich an mehrere Menschen schickte, hatte ich verschiedene ähnliche Versionen ausprobiert, um zu sehen, welche kleinen Veränderungen die Performance noch verbesserten. Hätte ich auf diese Nachricht keine Reaktionen erhalten, nachdem ich sie an 20 Personen geschickt hatte, hätte ich sie modifiziert, bevor ich sie an die nächsten 20 schicke. Aber zum Glück half mir diese eine Person, die für dieses eine Unternehmen arbeitete und auf die Mail reagierte, ein Millionengeschäft zu machen. Die Zeit aufzuwenden, um diese Kontaktmails zur Kaltakquise zu formulieren und zu verschicken, war es offensichtlich wert – ich musste nur über die Schmerzpunkte und Bedürfnisse der Person auf der anderen Seite des Tisches nachdenken.

Posteingänge sind permanent mit Spam gefüllt, weswegen es von entscheidender Bedeutung ist, einen starken Hook Point und ein solides Wertversprechen zu haben. Das ist die einzige Art, auf die man sich von anderen abheben kann, sodass die Person, die Sie erreichen wollen, die Mail auch tatsächlich öffnet.

BERGSTEIGEN, SNOWBOARDEN UND ABENTEUER BEIM CONTENTMARKETING

Latham Arneson, ehemaliger Vice President des Bereichs Digitalmarketing bei Paramount Pictures, erinnert uns daran, dass Information mit Abstand das wichtigste Element des Contentmarketings ist. Es liegt in der menschlichen Natur, Neues erfahren zu wollen. Wenn Sie den Menschen den Wert bieten, sich neues Wissen aneignen zu können, wollen sie vielleicht auch das Produkt kaufen, das Sie anzubieten haben.

Arneson liebt die »Erlebnisbriefe«, die Patagonia, eine Marke für Outdoor-Kleidung, in ihren Magazinen abdruckt. Er erfährt etwas über neue Abenteuer, die ihm helfen, Reisen in die Wildnis zu planen. Außerdem erfährt er, wie andere die Produkte von Patagonia auf ihren

Abenteuern nutzen, und daher will er sich auch rechtzeitig für seine eigenen Abenteuer Kleidungsstücke dieser Marke kaufen.

Sie können anderen Wissen über nahezu *jedes* Produkt und jede Dienstleistung vermitteln. Ein Steuerberater könnte potenzielle Klienten über die besten Methoden informieren, wie sie ihr Geld im Laufe des Jahres managen sollten – der YouTube-Kanal ClearValue Tax ist dafür ein gutes Beispiel. Ein Yogalehrer könnte einen Newsletter verschickten, in dem die spezifischen positiven Wirkungen verschiedener Yogastellungen oder Meditationspraktiken aufgelistet werden. Im Grunde kann jedes Unternehmen Contentmarketing nutzen, um eine Beziehung zu potenziellen und aktuellen Kunden aufzubauen.

VERSCHENKEN SIE DAS BESTE, WAS SIE ZU BIETEN HABEN

Zu viele Unternehmensoperationen basieren auf einem Mindset des Mangels, weil man überzeugt ist, wenn man Content kostenlos präsentiert, werden die Leute nicht für Produkte und Dienstleistungen bezahlen wollen. In Wahrheit stimmt das Gegenteil – je wertvoller der Content, den Sie posten, ist, desto mehr Menschen werden Sie engagieren wollen oder Ihre Produkte und Dienstleistungen kaufen. Sie belegen Ihren Wert, indem Sie anderen Menschen die Möglichkeit geben, ihn zu *erleben*. Der Entrepreneur Gary Vaynerchuk zum Beispiel bietet eine Menge wertvoller Informationen kostenlos an. Er hat im Grunde seine gesamte Marke auf diese Weise aufgebaut. Und ein Großteil des kostenlosen Contents, den er teilt, hat Substanz. Einmal hat er ein 88-seitiges Dokument verschenkt, das seine Contentstrategie skizzierte. Dafür hätte er locker 1500 Dollar verlangen können.

Ich schlage nicht vor, dass Sie alles verschenken, aber Sie sollten ein Verständnis davon haben, auf welcher Kommunikationsebene Sie sich gerade mit Ihrem Publikum befinden. Wenn Sie noch am Anfang des Prozesses stehen, müssen Sie Vertrauen aufbauen. Sie können nicht gleich direkt um Geld bitten. Zuerst müssen Sie einen Wert bieten.

Im Einzelhandel werden ständig Produkte verschenkt. Der Zweck, Produktproben zu verschenken, besteht darin, den Umsatz zu steigern, weil Menschen Produkte ausprobieren und sie toll finden. Das ist einer der Gründe, wieso Unternehmen, die Make-up-Abos anbieten, wie die Firma IPSY, so erfolgreich sind. IPSY hat einen wirkungsvollen Hook Point für Kunden und Marken. Der Hook Point für die Kunden ist, dass sie die neuesten Haarpflege-, Make-up- und Hautpflegeprodukte sowie Düfte ausprobieren können, die jeden Monat mit der Post geschickt werden, während der Hook Point für die Brands derjenige ist, dass sie ihre Produkte einer großen Gruppe potenzieller Kunden in die Hand geben können, von denen viele letztlich tatsächliche Kunden werden könnten. Dieses Modell bietet eine Menge Wert für alle beteiligten Parteien.

Selbst wenn er Reden hält, verschenkt Michael Breus, der Schlafdoktor, wertvolle Informationen, von denen er hofft, dass man sie an andere weitergibt. Am Ende jeder Präsentation, die ein Teil seiner Reden sind, sagt er: »Sie können mir gerne Ihre E-Mail-Adresse schicken, wenn Sie gerne eine Kopie meiner Slideshow haben wollen.« Das öffnet ihm eine Menge Türen, denn die Leute schicken ihm ihre E-Mail-Adresse, und er schickt ihnen einen Dropbox-Ordner mit den Slides im PDF-Format. Die Slides beinhalten seinen Lebenslauf, ein Foto, die verschiedenen Vorträge, die er hält, den VIP-Service, den er anbietet, und ein Handout mit allgemeinen Tipps und Empfehlungen für besseren Schlaf. Dieses Handout beinhaltet wertvolle Informationen, die man sich leicht merken und anderen wiedergeben kann. Indem er diesen Wert bietet, hat Breus schon viele neue Klienten gewonnen und Geschäftsmöglichkeiten erhalten.

Die cleversten Unternehmen verschenken eine Menge ihrer besten Produkte. Wenn Sie Menschen wirklich helfen, werden sie wiederkommen und auch Möglichkeiten finden, bei Ihnen Geld auszugeben. Sie gewinnen ihr Vertrauen und öffnen die Tür für eine dauerhafte Beziehung.

DAS GEHEIMNIS, WIE MAN VIER MILLIARDEN VIEWS GENERIERT

Erick Brownstein von Shareability erinnert uns daran, dass es in unserer 3-Sekunden-Welt eine unglaubliche Menge an Content gibt, der zu jeder beliebigen Uhrzeit unters Publikum gebracht wird. Er glaubt, man sollte sich klarmachen, dass heute mehr als je zuvor die Kennzahlen, die Reaktionen und Engagement bewerten, sehr viel wichtiger sind als Views. Er betont: »Jeder kann sich eine Million Views kaufen!« Sie müssen etwas erschaffen, mit dem die Menschen interagieren wollen, das sie teilen wollen, worüber sie mit anderen diskutieren wollen. Und dabei ist es essenziell, dass man darüber nachdenkt, was die Zuschauer wollen.

Contentstratege Naveen Gowda sagt seinen Contentproduzenten stets, sie sollen sich eine Person vorstellen, die gerade in der Arbeit angekommen ist und um neun Uhr früh durch ihre Social-Media-Feeds scrollt. Dann weist er sie an, sich die Frage zu stellen: »Was braucht diese Person? Was hält mein Publikum für wertvoll und was sind seine größten Schmerzpunkte?« Sie können einen Wert nicht effizient artikulieren, solange Sie noch nicht wissen, wer Ihr Kernpublikum ist und wer Ihre Kunden sind. Vielleicht brauchen diese Menschen nur mal fünf Minuten Pause oder eine kleine Aufheiterung während des Tages. In diesem Moment suchen sie nicht nach dem Messaging Ihrer Marke. Sie suchen nach etwas, das ein bisschen kreativer ist (wie die verschiedenen Contentideen und Formate, die in Kapitel 3 aufgelistet sind).

Der Entrepreneur Roland Frasier und Jay Shetty (ein Content-Creator, der virale Videos mit Lebensweisheiten produziert, die insgesamt mehr als vier Milliarden Views erhalten haben, und der mehr als 24 Millionen Follower weltweit hat)[67] unterhielten sich in Frasiers Podcast Business Lunch. Da Shetty eine der im Internet am häufigsten angesehenen Personen weltweit ist, fragte ihn Frasier danach, was dafür sorgt, das Content geteilt wird und welche Themen helfen, ihn viral gehen zu lassen. Shetty erläuterte, das seien die fünf Themen Abenteuer, Comedy, Emotionen, Inspiration und Überraschung. Er wies darauf hin, dass Viralität eine direkte Korrelation dazu aufweist, wie oft ein Video geteilt wird; und dass Menschen ein Video nicht teilen, weil es sie zum Nachdenken bringt, sondern weil sie dabei etwas empfinden. Wenn Sie den Menschen einen Wert bieten, indem Sie sie überraschen, glücklich machen, erheitern oder inspirieren, etwas Neues zu tun, dann steigt die Wahrscheinlichkeit, dass sie Ihr Video teilen, und Ihr Content wird eine höhere Chance haben, viral zu gehen.

Shetty glaubt, einige seiner Videos sind aus drei Gründen die meistgesehenen Videos auf Facebook:

1. Die Konzepte basieren auf Erfahrungen im echten Leben. Shetty entwirft ein Konzept für neue Videos aufgrund tatsächlicher Erlebnisse oder Unterhaltungen, die er mit anderen geführt hat. Die Idee für eines seiner am meisten geteilten Videos entstammte einer Unterhaltung mit jemandem, der im Alter von 35 dachte, es sei zu spät, um Risiken einzugehen oder Neues im Leben auszuprobieren. Shetty erkannte, dass viele Menschen so empfinden, und machte ein Video, um diesen Mythos zu widerlegen.
2. Shetty nutzt wissenschaftliche Studien, um seine Konzepte zu untermauern. Er will Ideen präsentieren, die glaubhaft und überprüfbar sind, also fügt er stets Daten ein, um seine Botschaften zu untermauern.

3. Er benutzt eine einfache und poetische Sprache, um seine Konzepte zu erläutern. Shetty weist darauf hin, dass wir uns an lyrische Texte besser erinnern als an Prosa. Poetisch und mit einem gewissen Rhythmus zu sprechen, sorgt dafür, dass die Menschen sich leichter an Ihre Videos erinnern und sie gegenüber ihren Freunden zitieren können.

(Die gesamte Diskussion können Sie sich hier anhören: https://podcasts.apple.com/us/podcast/business-lunch/id1442654104?i=1000438001431.)

Sie können einschätzen, wie gut Ihr Content ankommt, indem Sie die Reaktionen anderer Menschen darauf beobachten – sehen Sie sich ihre Kommentare dazu an und wie oft sie einen Content weiterleiten. Diese Information ist ein gutes Feedback darüber, wie viel Wert Sie anderen bieten. Sie können verschiedene Konzepte testen, lernen, was den meisten Wert liefert, und anhand dieser Information Ihre Contentstrategie entwickeln, sowohl online als auch offline.

LÖWEN, TIGER, VILLEN UND LAMBORGHINIS – OJE!

Der erfahrene Werbetexter Craig Clemens empfiehlt Ihnen, sofort einen Wert zu bieten, wenn Sie digitalen Content entwickeln. Machen Sie sich selbst zu einer Quelle einzigartiger Informationen, die Menschen nirgends sonst bekommen und die ihnen helfen, ein besseres Leben zu führen. Es geht darum, etwas zu haben, das Sie von anderen abhebt und die Leute anzieht, ihnen einen Wert bietet und dafür sorgt, dass sie zurückkommen, weil sie mehr wollen.

Es ist gut, die Menschen vom Scrollen abzuhalten, wenn Sie jedoch wollen, dass sie Ihre Seite ein zweites Mal besuchen, müssen Sie ihnen etwas Wertvolles bieten. Clemens nennt Tai Lopez als Beispiel für einen

Creator, der das sehr gut hinbekommt. Lopez ist ein Meister seines Fachs für Werbung in den sozialen Medien. Er macht die Menschen neugierig mit Bildern und Videos seiner Lamborghinis und Villen. Das ist sein Hook Point, aber der Wert, den er bietet, ist der Grund, wieso das Publikum wiederkommt. Er teilt Videos mit dem Hook Point: »Diese Bücher musst du lesen!« Dann erklärt er einige der Lektionen daraus, die Menschen sofort umsetzen können, um ihr Unternehmen wachsen zu lassen oder ihr Einkommen zu vermehren. Einer von Lopez' Slogans lautet: »Wissen ist besser als College.« Der ist einfach zu merken und stößt andere auf Dinge, die sie sofort in ihrem Alltag umsetzen können.

Geben Sie Ihrem Publikum umsetzbare Informationshäppchen, die ihr Leben sofort verbessern, und sie werden zurückkommen, um weitere zu erhalten. Versuchen Sie außerdem, anderen das Gefühl zu geben, sie seien Teil der Markenfamilie oder Ihr persönliches Gefolge. Auf diese Weise werden sie weiter Ihren Content konsumieren und ihren Freunden davon erzählen. Denken Sie daran: Je mehr Wert Sie ihnen bieten, desto mehr Wert werden Sie erhalten.

KURZTIPPS UND ZUSAMMENFASSUNG

1. Ein Produkt oder eine Dienstleistung, die keinen Wert bietet, hat keine Existenzberechtigung.
2. Wenn Sie sich darauf konzentrieren, anderen einen einzigartigen Wert zu liefern, werden Sie sich von der Masse abheben und Aufmerksamkeit erregen.
3. Erschließen Sie neue Geschäftsmöglichkeiten, indem Sie das aufrichtige Bedürfnis empfinden und über die Fertigkeit verfügen, anderen zu helfen.
4. Menschen bezahlen für zeitnahe Lösungen auf unerkannte Bedürfnisse. Identifizieren Sie diese Bedürfnisse und entwerfen Sie ein Bild dessen, was andere übersehen haben und weswegen Ihre Produkte oder Dienstleistungen mehr wert sind.
5. Business basiert auf Beziehungen, also ist die Fähigkeit wichtig, diese aufzubauen und am Leben zu erhalten.
6. Stellen Sie durch Emotionen, Humor, Überraschung, Begeisterung oder Bildung eine Verbindung zu Ihrem Publikum her, wird es Ihren Content wahrscheinlich häufiger teilen.
7. Legen Sie den Fokus auf Markennutzen oder wie hilfreich und bedeutend Ihre Produkte und Dienstleistungen für Ihre Kunden sind. Das sollte eines Ihrer Hauptziele sein, wenn Sie sich Hook Points einfallen lassen und Storys erzählen.
8. Gehen Sie strategisch vor, wenn es darum geht, wie Sie LinkedIn und Kontakt-E-Mails für eine Kaltakquise nutzen – stellen Sie Verbindungen her, bauen Sie Beziehungen auf und bieten Sie Werte, statt immer nur an Verkaufen, Verkaufen, Verkaufen zu denken.
9. Nutzen Sie Contentmarketing, um Beziehungen zu potenziellen und aktuellen Kunden herzustellen.

10. Liefern Sie in Ihrem Online-Content sofort einen Wert – machen Sie sich selbst zu einer Quelle einzigartiger Informationen, die Menschen nirgendwo anders bekommen und die ihnen helfen, ein besseres Leben zu führen.
11. Fünf Themen, die dafür sorgen, dass Ihr Content gerne geteilt wird und leichter viral geht, sind: Abenteuer, Comedy, Emotionen, Inspiration und Überraschung.
12. Jay Shetty glaubt, dass seine Videos deswegen zu den meistgesehenen auf Facebook gehören, weil seine Konzepte auf Erfahrungen aus dem echten Leben beruhen, weil er seine Konzepte mit wissenschaftlichen Studien untermauert und weil er sie in poetischer und einfacher Sprache erzählt.
13. Je mehr Wert Sie liefern, desto mehr Wert werden Sie erhalten.

KAPITEL 8

VOM HOOK ZUM SKALIEREN: WIE MAN 1,6 MILLIARDEN DOLLAR IN 48 MONATEN VERDIENT

Sobald Sie eine effektive Business- und Marketingstrategie entwickelt haben, die klare Hook Points und Storys nutzt, werden Sie vermutlich einen Punkt erreichen, an dem Sie skalieren wollen. Ihren Kunden einen Wert zu bieten, wird Ihnen unweigerlich helfen, zu wachsen, aber oft besteht der schwerste Teil darin, das richtige Publikum zu erreichen. Gehen Sie dahin, wo der Traffic ist, finden Sie Super-Konnektoren (was das ist, werde ich später in diesem Kapitel erklären), nutzen Sie Empfehlungen und kombinieren Sie Online- und Offlinemarketing. Das sind todsichere Methoden, die Ihnen helfen, zu skalieren. Genau das werden wir in diesem Kapitel behandeln.

STARTEN SIE NICHT BEI NULL! GEHEN SIE DAHIN, WO SCHON TRAFFIC IST

Viele der cleversten und erfolgreichsten Unternehmen sind schnell gewachsen, denn sie wussten, wie man ein bereits bestehendes Publikum nutzt. Zum Beispiel verkaufte YouTube sein Unternehmen an Google für 1,65 Milliarden Dollar in weniger als zwei Jahren, indem sie den Traffic von Myspace nutzten.[68] Zur damaligen Zeit hatte Myspace keinen eingebetteten Videoplayer auf seiner Plattform. YouTube erkannte das und war eines der ersten Unternehmen, das einen Video-Einbettungscode für Myspace schrieb. Myspace-User übernahmen den Einbettungscode und fügten ihn in ihre Profile ein. Ob es ein Musikvideo war, ein Filmtrailer oder ihr eigener, User-generierter Content – wenn ihre Connections in diesem sozialen Medium die Videos auf den Seiten ihrer Freunde sahen, wollten sie dasselbe für sich. Wenn User auf ein Video klickten, wurden sie auf die Website von YouTube umgeleitet, wo sie ihre eigenen Videos hochladen oder einen Embedding-Code kopieren und in ihr Myspace-Profil einfügen konnten. Die Tatsache, dass YouTube das quasi mitgelieferte Publikum von Myspace nutzte und dessen Traffic, verhalf dem Unternehmen zu schnellem Wachstum, und das machte es wiederum attraktiv für Google. Instagram nutzte ein ähnliches Modell und baute rasch eine User-Basis auf, indem sie den Traffic von Facebook nutzten.

Ein weiteres gutes Beispiel ist der bestehende Traffic, den ich nutzte, indem ich Beziehungen zu Bloggern aufbaute. Als ich noch beim Filmstudio Lakeshore Entertainment arbeitete, beobachtete ich, dass Filmblogger eine Menge Einfluss (und Traffic) hatten, den wir für unsere Marketingkampagnen nutzen konnten. Damals behandelten viele der Studios die Blogger mit dem gleichen Respekt wie andere Medien, wie etwa *Entertainment Tonight* oder traditionelle Zeitungen. Aber ich sah die ungenutzte Chance, die sich in der Arbeit mit Bloggern verbarg –

ihre Websites erhielten eine Menge Traffic, und sie verfügten über die Fähigkeit, Lakeshores Filme an Tausende Filmfans zu vermarkten. Mit diesem Gedanken kontaktierte ich sie und baute Beziehungen zu ihnen auf.

Um diesen Bloggern einen Wert zu bieten, veranstaltete Lakeshore Partys, bei denen Blogger mit Filmstars und anderen Leuten aus der Filmindustrie interagieren konnten. Eine der erfolgreichsten Partys wurde von Lakeshore bei der Comic Con gesponsert und hieß »The Wrath of Con«. Filmblogger hatten die Party einige Jahre veranstaltet, aber sie war noch klein und hatte etwa 50 Besucher. Damals hatte Lakeshore einen kleinen Independent-Film namens *Pathology*, für den wir kein großes Werbebudget hatten. Damit die Blogger uns halfen, den Film zu promoten, gaben wir ihnen Geld, um eine größere Party zu schmeißen, und luden die Stars des Films ein: Milo Ventimiglia (aktuell in der Fernsehserie *This Is Us*) und Alyssa Milano. In diesem Jahr war die Party um einiges größer, und jedes Jahr gab es weitere Sponsoren, sodass sie letztlich zu einer der größten Partys der Comic Con wurde.

In die Party zu investieren, half dabei, Beziehungen zu den Bloggern aufzubauen, denn sie erhielten Zugang zu den Stars und zu Personen, über die sie gerne exklusiven Content schreiben wollten (was heute zu einer gebräuchlichen Praxis in der Filmindustrie geworden ist). Ab diesem Zeitpunkt waren sie eher geneigt, Lakeshores Filme in ihren Blogs zu bewerben, wodurch sie vielen potenziellen Kinogängern präsentiert wurden, und das schnell und günstig. Es war eine Win-win-Situation für beide Seiten.

Sie können etwas Ähnliches in *Ihrem* Industriebereich tun. Denken Sie darüber nach, wo es bereits tragfähigen Traffic gibt, um Ihre Produkte und Dienstleistungen zu bewerben. Sobald Sie einige solche Orte gefunden haben und es angemessen erscheint, denken Sie darüber nach, wie Sie diesen Traffic-Treibern einen Wert bieten können.

Sie können auch Traffic von den bekannteren Orten nutzen, die jeder besucht. Der Entrepreneur Gary Vaynerchuk sagte: »Das neue NBC, ABC und Fox sind Facebook, Instagram und Snapchat.« Diese Seiten sehen sich viele an, also sind das die besten Orte, um Paid Media zu nutzen und sich potenziellen Kunden zu präsentieren.

Der erfahrene Werbetexter Craig Clemens empfiehlt auch, sich zu diversifizieren und verschiedene Quellen für Traffic zu testen. Zusätzlich zu sozialen Medien testet sein Unternehmen Traffic von HuffPost, TMZ und anderen Nachrichtenseiten. Aber Clemens warnt auch: Da alle sich oft dasselbe ansehen, ist es einfacher, Menschen zu finden, als ihre Aufmerksamkeit zu erregen, weswegen die Verwendung wirklich starker Hook Points so wichtig ist.

EINE SKALIERBARE QUELLE FÜR TRAFFIC, UM IHRE HOOK POINTS ZU TESTEN

Die Werbeplattformen der sozialen Medien bieten Traffic in einem großen Umfang, der es erlaubt, schnell zu testen und zu lernen. Sie können testen, um herauszufinden, welche Hook Points erfolgreich sind, um Bewusstsein zu schaffen, Leads zu generieren, E-Mail-Listen aufzubauen, für E-Commerce-Conversions und Followerwachstum. Sie werden schnell herausfinden, wie qualitativ hochwertig Ihre Botschaft ist, indem Sie sich ansehen, wie effektiv sie Publikum anzieht und es dazu bringt, auf Ihren Content zu klicken.

WIE ICH BESTEHENDEN TRAFFIC NUTZTE, UM ÜBER 200 000 NEUE INSTAGRAM-FOLLOWER IN EINEM MONAT ZU GEWINNEN

Ich nutzte Quellen für bereits bestehenden Traffic, um meine Instagram-Seite sehr schnell auf eine Million Follower zu bringen. Ich generierte über 200 000 Follower in einem einzigen Monat und manchmal über 75 000 Follower an einem einzigen Tag. Meine Wachstumsstrategie für Instagram bestand darin, Content auf anderen Instagram-Accounts zu posten, die eine bedeutende Basis an Followern hatten, um von ihrem Publikum gesehen zu werden und Traffic auf meine Seite zu treiben. Ich führte umfangreiche Tests von Content durch, um zu sehen, welche Hook Points stark genug waren, um Zuschauer auf meinen Kanal aufmerksam zu machen, damit ich sie dazu bringen konnte, dem Account zu folgen.

Um sicherzugehen, dass der Content stark genug war – bevor ich ihn in großem Maßstab auf verschiedenen Seiten bewarb –, benutzte ich einen der Accounts einer meiner Partner, der mehr als fünf Millionen Follower hat. Ich testete verschiedene Hook Points und Contentformate, um zu sehen, welche am effektivsten die Aufmerksamkeit der Menschen erregte und sie dazu veranlasste, auf meinen Account zu gehen und den »Follow«-Button zu klicken. Ich bewertete die Reaktionen, um festzustellen, wie effektiv jeder Content war, und testete, bis ich die wirkungsvollste Variation gefunden hatte. Sobald ich sicher war, dass sie funktionierte, verteilte ich die Gewinnervariante des Contents auf sieben bis zehn verschiedenen Partner-Accounts, von denen jeder Millionen Follower hatte.

(Für weitere Informationen über diesen Prozess sehen Sie sich meinen Kurs über schnelles Publikumswachstum an: https://www.rapidaudiencegrowth.com/.)

BETRETEN SIE DIE BÜHNE! WIE REDEAUFTRITTE IHR BUSINESS ANTREIBEN

Der Schlafdoktor Michael Breus hat häufig Redeauftritte. Er tut das nicht nur, weil es lukrativ ist, sondern weil er jedes Mal, wenn er einen Vortrag (vor Hunderten und manchmal Tausenden Menschen) hält, eine Möglichkeit erhält, neue Geschäftsmöglichkeiten zu erschließen, die in Form eines Sponsoring-Deals, eines weiteren Redeauftritts oder eines neuen Patienten auftreten können. Breus strukturiert seine Vorträge so, dass die Leute im Publikum sich mit den Dienstleistungen identifizieren können, die er anbietet. In seinem Vortrag »Der ausgelaugte Aufsichtsrat« (»The Exhausted Executive«) gibt er Tipps, Hacks und Insiderinformationen, die alle in zwei oder drei Fallstudien erläutert werden, sodass eine Mehrheit des Publikums sich davon repräsentiert fühlen kann.

Zum Beispiel hat er vielleicht eine Fallstudie über John, der 45 Jahre alt ist und davon berichtet, dass er jeden Morgen völlig erschöpft ist. Er trink nur wenig Alkohol, hat zugenommen und macht nicht so viel Sport, wie er gerne wollte. Für gewöhnlich wacht er drei- oder viermal pro Nacht auf. Breus kreiert diese Art Profile oder Avatare, anhand deren er Informationen darstellen kann. Wenn die Mitglieder des Publikums sich mit den Fallstudien identifizieren, werden sie mit größerer Wahrscheinlichkeit auch Fragen stellen während der Frage-und-Antwort-Sessions, die er am Ende seiner Reden veranstaltet und die die eigentliche Gelegenheit sind, etwas zu verkaufen.

Während dieser Frage-und-Antwort-Sessions stellen die Mitglieder des Publikums im Allgemeinen zwei Arten von Fragen: persönliche oder solche aus Neugier. Wenn jemand ihm eine persönliche Frage stellt, antwortet Breus im Allgemeinen: »Tun Sie mir einen Gefallen und treffen Sie sich hinterher mit mir, denn ich würde gerne unter vier Augen mit Ihnen darüber reden.« Wenn er vier oder fünf solcher Fragen gestellt bekommt, hat er potenziell vier oder fünf neue Klienten.

TREFFEN SIE SICH MIT IHREN GATEKEEPERN

Breus wurde 2018 241-mal interviewt. In einigen Monaten gab er 20 Interviews. Er erhielt einen Großteil dieser Interviews dadurch, dass er jeden Monat einen Newsletter an Journalisten verschickt, die bei den Medien arbeiten, die ihn schon in der Vergangenheit interviewt haben. In den Newslettern berichtet er über Schlafforschung und bietet Hook Points für ihre Artikel oder Fernsehsendungen. Nach zehn Jahren, in denen er E-Mail-Listen zusammengestellt hat, hat er Kontakt zu 650 Journalisten in allen großen Medienunternehmen der Welt. Er braucht keinen Publizisten, denn er geht direkt an die Quelle. Er hat solide Beziehungen zu denjenigen aufgebaut, die ihm am meisten helfen können.

SUPER-KONNEKTOREN

Um Ihr Unternehmen in der Offlinewelt schnell wachsen zu lassen, müssen Sie nach denjenigen suchen, die ich Super-Konnektoren nenne – Menschen, die gut mit den Leuten vernetzt sind, mit denen Sie gerne Geschäfte machen würden. (Ja, es ist mir bewusst, dass es ein Buch gibt, das *Superconnector* heißt. Meine Definition ist ein klein wenig anders, aber das ist der beste Begriff für das, was ich Ihnen beibringen will.) Man wendet sich an Super-Konnektoren, denn sie haben Beziehungen zu den Leuten, die normalerweise schwer zu erreichen sind.

Sie müssen Leute in Ihrem Industriezweig finden, die über die Möglichkeit verfügen, für Sie Verbindungen zu potenziellen Partnern, gut bezahlenden Klienten, Traffic-Quellen oder Kunden herzustellen. Wenn Sie gerade am Anfang Ihrer Karriere stehen oder einfach kein guter Networker sind, haben Sie in Super-Konnektoren einen wichtigen Verbündeten. Eine respektierte Person kann Sie Dutzenden von Menschen vorstellen. Ich persönlich nutze diese Strategie, weil ich von Natur aus introvertiert bin – sie ist gut geeignet für jeden, der die Vorstellung fürchtet, ständig hinaus in die Welt ziehen und neue Leute treffen zu müssen. Ein wirklich wichtiger Super-Konnektor für mich war Manager bei MTV, mit dem ich Lizenz-Deals für meine Technologieplattformen machte. Er öffnete mir die Tür und verschaffte mir die Möglichkeit, mit Taylor Swift, dem Magazin *Vice*, Snoop Dogg, Michael Strahan und anderen zusammenzuarbeiten (im Detail erläutert in Kapitel 1).

SUPER-KONNEKTOREN KÖNNEN IHRE PRODUKTE VERBESSERN

John Kilcullen, der Schöpfer der *Für Dummies*-Buchreihe, denkt, dass ein bedeutender Teil des Erfolgs der Reihe auf die talentierten Autoren zurückgeführt werden kann, die vom Literaturagenten Bill Gladstone von Waterside Productions (zufälligerweise auch mein Agent) vermittelt worden waren. Kilcullen sagt, großartige Autoren zu finden, war von großer Bedeutung, und Gladstone hat Zugang zu vielen von ihnen. Er wurde der Gatekeeper und Mittelsmann, um Autoren zu finden, die nicht nur exzellent erklären konnten, sondern auch komödiantisches Gespür hatten.

Gladstone war jedoch nicht der einzige Super-Konnektor, der dafür sorgte, dass die Serie ein Erfolg wurde. Kilcullen hatte Eric Tyson getroffen, als sie auf einer Straße in San Francisco Basketball spielten, und er wurde der Autor von *Personal Finance for Dummies*. Sie lernten sich durch ein ganz normales Gespräch kennen, und Kilcullen nahm ihn mit, um ihn seinen Kollegen und Angestellten vorzustellen. Tyson gab zufälligerweise einen Kurs eines Erweiterungsprogramms der University of California, Berkeley, über persönliche Finanzen. Daher baten sie ihn, das Buch zu schreiben. Später erfuhren sie, dass Tyson mit dem Investor Charles Schwab bekannt war, der schließlich das Vorwort schrieb.

Kilcullen ist der Meinung, die gesamte Serie erlebte ein solches Wachstum aufgrund der tollen Zusammenarbeit. Sie wurde nicht durch eine Person aufgebaut – sie hatte ein großartiges Team. Man weiß nie, wer vielleicht hilfreich für die Entwicklung Ihres Unternehmens werden kann, also seien Sie offen, freundlich und nehmen Sie sich die Zeit, jedem zuzuhören, den Sie treffen. Sie öffnen vielleicht Türen für Empfehlungen oder neue Möglichkeiten, Traffic aufzubauen.

DER WAHRE WERT EINER PROMINENTEN PERSON FÜR IHRE MARKE

Alex Livian ist Mitgründer von LMS Inc., einem modernen Distributionsunternehmen, das Online-Brands aufbaut. LMS nutzt die modernsten Wachstumsstrategien mit Paid Media, mit einem Fokus auf Markenbildung mithilfe von High-Profile-Influencern. Einer von LMS' jüngst hinzugewonnenen, beeindruckenden Klienten ist der Fußballspieler Cristiano Ronaldo mit seiner Unterwäschemarke CR7, für die LMS der Exklusivvertrieb in Nordamerika ist. Ronaldo hat aktuell die größte Zahl an Followern auf Instagram – insgesamt mehr als 205 Millionen Follower. Das sind mehr Follower, als Kim Kardashian, Taylor Swift, The Rock und Ariana Grande haben! Aufgrund dieser Attraktivität für ein Massenpublikum und damit einen Massenmarkt hat Livian Ronaldos bestehende Marke genutzt, statt eine neue von null aufzubauen. Das hat zu einem gewaltigen Wachstum seiner Brand geführt.

Livian hat beschlossen, Ronaldos Marke CR7 zu vertreiben, weil der Fußballspieler bereits das Vertrauen seiner Fans genießt. Wenn Livian stattdessen eine neue Marke aus dem Boden gestampft hätte, hätte er härter arbeiten müssen, um diese Brand in der Öffentlichkeit bekannt zu machen. Wenn Sie mit einer bestehenden Brand arbeiten, bringen

Sie den Marketingprozess auf die Überholspur aufgrund der Beziehungen, die der Influencer bereits aufgebaut hat.

Auch wenn die Pros die Kontras überwiegen, sagte Livian, dass es einige potenzielle Nachteile gibt, wenn man mit Prominenten arbeitet. Sie müssen auswählen, wem Sie Ihr Vertrauen schenken, denn es besteht immer das Risiko, dass der Prominente in der Öffentlichkeit ein negatives Image gewinnt, was Ihrer Marke und Ihren Verkäufen schaden kann. Livian nennt das Beispiel von Prominenten, die in einen Skandal verwickelt sind oder auf die man in der Öffentlichkeit herabsieht. Brands, die mit solchen Personen zusammenarbeiten, müssen sich dann oft zurückziehen, um nicht den Ruf der Marke ebenfalls in Gefahr zu bringen.

Wenn Sie Ihre Brand mit einer Person verknüpfen, steigern Sie außerdem das Risiko, durch die Handlungen dieser einen Person einen Imageschaden zu erleiden. Wählen Sie also sorgfältig aus. Zum Glück war Ronaldo eine sichere Wahl für Livian. Er war nicht nur ein Gott für die Fußballgemeinde, sondern hat auch durch seine gewaltige Followerzahl in den sozialen Medien seine Attraktivität für einen Massenmarkt bewiesen. Diese loyale Gefolgschaft zu nutzen, hat Livians Kosten pro Akquise für neue Kunden bedeutend gesenkt.

Wenn Sie sich mit bedeutenden Influencern oder Prominenten zusammentun, müssen Sie allerdings sicherstellen, dass diese eine authentische Verbindung zu Ihrem Produkt haben. Ist das nicht der Fall, wird es Ihren Marketingbemühungen wenig weiterhelfen. Wenn Livian zum Beispiel Shaq in einem Werbespot für Buick sieht, denkt er sich: *Der Mann passt nicht einmal in das Auto rein und macht trotzdem Werbung dafür … das ergibt keinen Sinn.* Wenn er hingegen George Clooney in einem Werbespot für Casamigos Tequila sieht, hat er den Eindruck, das funktioniert, denn Clooney hat die weltmännische Persönlichkeit, die beim Zuschauer ankommt, also passt die Marke Casamigos zu seiner

Persona. Diese Zusammenarbeit erscheint sinnvoll. Wenn Sie sich mit den richtigen Leuten zusammentun, denen die Menschen vertrauen, wird man vermutlich auch sofort Vertrauen zu Ihrem Produkt fassen.

Wenn man es richtig macht, kann die Zusammenarbeit mit Prominenten eine großartige Möglichkeit sein, Ihr Unternehmen schnell zu skalieren. Das senkt Ihre Akquisekosten und kann Ihren Marketingprozess beschleunigen. Sie müssen nur sicherstellen, eine weise Wahl zu treffen, wenn Sie Ihr Unternehmen und Ihr Produkt an den Namen eines anderen hängen.

DIE MACHT DER EMPFEHLUNGEN UND WIE MAN SIE NUTZT, UM SEIN GESCHÄFT WACHSEN ZU LASSEN

Peter Park, der Besitzer von Platinum Fitness, betreibt kaum traditionelles Marketing für sein Business. Bis heute kamen alle seine Kunden, auch Prominente und Milliardäre, aufgrund von Mundpropaganda. Park erklärt, viele seiner Klienten (besonders diejenigen, die All-Star-Athleten oder CEOs sind) legen Wert auf Privatsphäre und wollen nicht, dass die Öffentlichkeit weiß, was sie gerade tun. Um seine Klienten zu schützen und ihr Vertrauen zu erhalten, ist Park sehr vorsichtig, wie er soziale Medien und andere moderne Formen der Werbung einsetzt. Park und ich wurden Freunde, und nun erfahre ich jedes Mal, wenn wir uns unterhalten, von einem anderen prominenten Klienten, von dem ich keine Ahnung hatte, dass er ihn trainiert. Das ergibt sich einfach organisch in einer ungezwungenen Unterhaltung, und er gibt nie damit an oder prahlt, was ein weiterer Grund ist, wieso diese Top-Leute ihn lieben.

Park hat einige Empfehlungsquellen für sein Geschäft, inklusive Dr. Chris Renna (ein weiterer Super-Konnektor), der einer der weltweiten Top-Ärzte ist. Dr. Renna schickt, neben drei oder vier anderen

Ärzten, Park eine Menge Klienten. Zu den Leuten, die diese Ärzte an Park verweisen, sagen sie normalerweise: »Wenn Sie in Form kommen wollen, ist Peter der Beste. Er ist ein echter Profi. Sie können in seinem Buch mehr über seine Philosophie erfahren.« Und weil diese Ärzte einige der weltweit besten Mediziner sind, vertrauen ihre Patienten ihnen und daher auch Park.

Parks Empfehlungen entstehen auch aus den Ergebnissen, die er bei seinen Klienten erzielt. Man gewinnt neue Klienten, indem man sein Wort hält und seine Versprechen den aktuellen Klienten gegenüber erfüllt. Wenn Park Menschen hilft, 14 Kilo abzunehmen oder ihren Rücken zu stärken, sodass sie das erste Mal seit Jahren ihre Kinder auf den Arm nehmen können, hat er ihr Leben verändert. Die Freude und Dankbarkeit führen zu positiven Kundenbewertungen, und diese verwandeln sich in Weiterempfehlungen.

Mein Vater Jim Kane berichtet, dass die Mehrheit an neuen Geschäftsmöglichkeiten in seiner früheren Anwaltskanzlei (eine der ältesten und angesehensten in Chicago) ebenfalls aus Empfehlungen stammten. Anwälte mussten losziehen und neue Kunden gewinnen, und viele davon schlossen sich Organisationen an, die mit ihrem Fachgebiet zu tun hatten, also konnten sie Networking betreiben. Verbindungen waren der Schlüssel.

Mein Dad hatte einen Vorteil, denn er hatte für einen ehemaligen Bürgermeister von Chicago und einen ehemaligen Gouverneur von Illinois gearbeitet. Bürgermeister und Gouverneure sind immer an bedeutenden Transaktionen in ihren Bezirken und Bundesstaaten beteiligt. Da diese Menschen also den Fähigkeiten meines Vaters vertrauten, erhielt er Leads über potenzielle Klienten. Man sollte niemals die Bedeutung von Beziehungen beim Erschließen neuer Geschäftsmöglichkeiten unterschätzen.

Beziehungen zu wichtigen Menschen in Ihrem Industriezweig zu unterhalten, kann Ihnen beim Wachsen helfen, versuchen Sie also, das

Vertrauen von einem oder zwei Super-Konnektoren zu gewinnen, damit diese potenziellen Geschäftspartner Sie empfehlen können. Wenn Sie Ihre Anstrengungen und Ihre Energie in die richtigen Leute investieren, werden Sie sich schneller vergrößern.

VORSICHT: STETES WACHSTUM VORAUS

Wenn Ärzte jemanden an Peter Park verweisen, nennen sie *ihn* als den Experten und nicht sein Unternehmen, Platinum Fitness. Aber das hat sich als Problem für Park erwiesen. Er hat zu viele Klienten und kann sie nicht alle selbst übernehmen, weswegen er ein Weltklasseteam aufgebaut hat, um ihnen zu helfen. Leider wollen jedoch an ihn verwiesene Leute, wenn sie Parks Namen hören, nicht unbedingt mit einem Mitglied seines Teams arbeiten – sie wollen mit ihm persönlich arbeiten –, was den Erfolg und die Skalierbarkeit seines Unternehmens begrenzt.

Ich habe mit Park daran gearbeitet, seine Botschaft neu auszurichten. Wenn man ihn heute weiterempfiehlt, betont er den Wert des gesamten Teams. Ich habe ihn gecoacht, seine Story zu ändern und die Tatsache zu betonen, dass er mit einem *Team von Spezialisten* zusammenarbeitet und sie sich alle jeweils auf einen bestimmten Bereich fokussieren. Wenn jemand mit Rückenproblemen zu tun hat, gibt es dafür in seinem Team einen Experten. Wenn es ein Knieproblem ist, kümmert sich eine andere Person mit ihrer Expertise um diesen Bereich. Sein Team auf diese Art zu organisieren, hat ihm geholfen, den Hook Point zu ändern von »Park ist der Beste der Welt« zu »Parks *Team* ist das beste der Welt«, was dazu beiträgt, sein Business effizienter zu vergrößern.

Denken Sie darüber nach, wie Sie sich selbst positionieren, wenn Sie Ihre Hook Points und Storys kreieren. Stellen Sie sicher, dass sie für die langfristige Zukunft Ihres Unternehmens skalierbar bleiben. Vorauszudenken wird Ihnen helfen, effizienter zu wachsen.

ZIELEN SIE ÜBER IHRE DEMOGRAFISCHE GRUPPE HINAUS

Wenn Sie bezahlte Werbung nutzen, besteht die gebräuchlichste Strategie darin, Ihren Werbecontent extrem genau auf ein spezifisches Nischenpublikum auszurichten, das am wahrscheinlichsten Ihre Produkte oder Dienstleistungen erwirbt. Wenn es jedoch um organische soziale Medien geht, ist es häufig clever, sich auf eine Contentstrategie zu konzentrieren, die extrem breit aufgestellt ist, was Sie dann letztlich mit Ihrem Nischenpublikum in Kontakt bringt.

Als Naveen Gowda, Stratege für digitalen Content, für First Media sozialen Content entwarf, strebte sein Team nach dem großen Wurf. Statt also zum Beispiel einfach Fans von Do-it-yourself-Bastelprojekten ins Visier zu nehmen, arbeiteten sie daran, ihren Content auf ein viel breiteres Publikum auszurichten. Das taten sie aufgrund der Wirkungsweise der Algorithmen (wie detailliert in Kapitel 3 erzählt). Ein breiteres Publikum zu erreichen, ermöglichte es ihren Videos, im Allgemeinen zwischen 30 und 100 Millionen Views zu erhalten. Auf diese Weise erreichten sie nicht nur ihr Kernpublikum, sondern gewannen auch neue Mitglieder des Publikums, die ihren Content sonst vielleicht nicht gesehen hätten.

Das hohe Interesse an diesen Videos gestattete es First Media, die Struktur der Marke weiterzuentwickeln und ihr Publikum über Kleinkinder und Mütter aus der Gruppe der Millennials auf alle Frauen und auf andere Bereiche auszudehnen. Ein breiteres Publikum zu erreichen, eröffnete dem Unternehmen neue Möglichkeiten. In zweieinhalb Jahren entwickelten sie sich von einem Digitalteam von nur drei Leuten zu einem Team mit mehr als 55 Personen, die ungefähr drei Milliarden Views im Monat generierten.

Wenn man damit beginnt, bezahlte Werbekampagnen in sozialen Medien zu lancieren, empfehle ich im Allgemeinen, ein *breites* Publikum anzuvisieren und sich von den Daten darüber aufklären zu lassen, wer Ihr *wahres* Publikum ist. Ich erläutere den Prozess, wie man in den sozialen Medien sein Publikum ins Visier nimmt, detailliert in meinem ersten Buch *Eine Million Follower* (www.onemillionfollowers.com), über das Sie sich gerne eingehender informieren können. Fürs Erste sollten Sie nur wissen, dass es Publikumsgruppen gibt, von denen Sie sich vielleicht nie erträumt hätten, dass sie an Ihrem Produkt interessiert sein könnten und dass Sie die sozialen Plattformen nutzen können, um zu testen und Ihren idealen Kunden zu entdecken.

DAS GEGENTEIL VON 1000 ECHTEN FANS

In Jon Longhursts Buch *1000 True Fans* skizziert er die Idee, dass Sie nur 1000 echte Fans brauchen, von denen Ihnen jeder 100 Dollar zahlt, um Einnahmen von 100 000 Dollar im Jahr zu haben. Er empfiehlt, dieses Publikum mit der Zeit langsam aufzubauen, damit man sichergeht, dass diese Personen Ihre Produkte oder Dienstleistungen kaufen. Auch wenn ich das Konzept für plausibel halte und glaube, dass es durchaus hilfreich sein kann, will ich erklären, wieso ich einen anderen Ansatz verfolge.

Ich begann meine Karriere in der Unterhaltungsindustrie, wo die Rentabilität zu klein ist, wenn man ein Publikum von nur 1000 Menschen erreicht. Wenn ich in ein Meeting gegangen wäre mit einem Konzept, das nur 1000 Personen erreicht hätte oder sogar 10 000, wäre ich gefeuert worden. Ich musste mit Ideen aufkreuzen, wie man in möglichst kurzer Zeit Millionen Menschen erreicht – mit dem Ergebnis, dass mein Verstand darauf trainiert ist, im großen Maßstab zu denken, wenn es um die Größe eines potenziellen Publikums geht. Wenn man einen Film bewirbt (abgesehen von Fortsetzungen), muss man in ein paar Monaten oder noch schneller eine Marke aufbauen. Sie müssen in sehr kurzer Zeit 20, 30 50 oder 100 Millionen Menschen erreichen.

Mein Background in der Unterhaltungsbranche drillte mich darauf, in kürzester Zeit Unmengen potenzieller Kunden zu erreichen. Ich glaube, wenn man weiß, wie man das hinkriegt, verfügt man in jedem Industriebereich über eine einzigartige Chance. Ob Sie Autor sind, Texter, Koch oder Athlet – zu wissen, wie man die Massen erreicht, hilft immer.

Kürzlich sah ich mir die Social-Media-Accounts der Top-Köche der Welt an. Viele der wirklich großen, selbst Wolfgang Puck, haben weniger als 215 000 Follower auf Instagram (während ich dieses Kapitel schreibe). Für Instagram ist das nicht besonders viel, aber es ist eine Riesenzahl in der kulinarischen Welt. Stellen Sie sich einen Koch mit 300 000 bis 350 000 Followern vor – diese Person würde in einer Nischenindustrie wirklich herausstechen. Menschen, die sich aufgrund ihres großen Publikums von anderen abheben, wecken Aufmerksamkeit. Sie können dieses überdurchschnittlich große Publikum einsetzen, um neue Möglichkeiten zu erschließen, neue Markendeals an Land zu ziehen, Auftritte in Podcasts zu erhalten und in Fernsehsendungen eingeladen zu werden.

Um noch einmal darauf hinzuweisen: Es ist sehr wertvoll, 1000 echte Fans zu haben. Das ist eine enorme Leistung, die Ihr Geschäft wirklich ankurbeln helfen kann. Aber indem man die größtmögliche Öffentlichkeit erreicht, wird man seine 1000 echten Fans schneller finden und damit auch mehr Möglichkeiten im Offlinebereich erschließen. Ich gewann eine Million Follower in 30 Tagen, damit ich so breit aufgestellt war wie möglich und meine Stimme so deutlich wie möglich vernommen wurde. Mir war klar, dass ich nicht eine ganze Million echter treuer Fans hatte, die etwas von mir kaufen würden; das war gar nicht der Punkt. Der Punkt war, diesen Hook (von null auf eine Million Follower in 30 Tagen) zu nutzen, um in Podcasts eingeladen zu werden, auf Rednerbühnen zu gelangen und in Fernsehsendungen; und um strategische Partnerschaften aufzubauen, die mir noch mehr Öffentlichkeit verschafften und meinen Weg zu 1000 echten Fans beschleunigten – und noch weit mehr.

Auch Ihnen würde ich ans Herz legen, so groß wie möglich zu denken. Welche Art von Gelegenheiten würden Ihre gesamte Karriere transformieren? Wie können Sie die Größe Ihres Publikums nutzen, um Menschen aufzufallen, die potenziell diese Transformation herbeiführen könnten? Mit anderen Worten: Seien Sie so groß und laut wie möglich, damit Sie die Aufmerksamkeit der richtigen Leute erregen, die bedeutende Veränderungen für den Verlauf Ihrer Karriere bewirken können.

SKALIEREN SIE, INDEM SIE SICH ONLINE UND OFFLINE ENGAGIEREN

Es gibt viele Methoden, um Ihre Online- und Offlinepräsenz zu kombinieren und dadurch Markenbekanntheit zu steigern, massives Wachstum anzuregen und bedeutende Chancen zu kreieren. Wenn Sie Ihre Offline- und Onlinepräsenz effektiv kombinieren, was ich weiter unten erklären werde, können Sie enorm wachsen und eine langlebige Brand aufbauen.

Zahlen für Offline-Validierung in den sozialen Medien

Jeder, der Content veröffentlichen will, weiß, dass eine große Gefolgschaft in den sozialen Medien – wenn es authentische Follower sind – eine Kennzahl zur eigenen Validierung ist. Sie bringt Menschen dazu, Ihnen Aufmerksamkeit zu schenken. Man wird sich Ihren Content mit größerer Wahrscheinlichkeit ansehen, wenn bereits Massen von Menschen es tun. Das ist einfach die menschliche Natur.

Bauen Sie Ihr Publikum so breit und schnell wie möglich auf, damit Sie es als Kennzahl zur Validierung und für Ihre Glaubwürdigkeit hernehmen können. Das wird Ihnen helfen, sich von anderen abzuheben, denn nur eine kleine Zahl von Menschen schafft das. Das wird schon für sich genommen einer Ihrer Hook Points werden. Es mag nicht der Hook sein, den Sie voranstellen sollten – dieser Hook dreht sich vermutlich darum, worin Ihr Business tatsächlich besteht. Ob Sie nun Arzt sind, Autorin, Schauspieler oder Texterin – eine hohe Followerzahl wird die Leute dazu bringen, Ihnen Aufmerksamkeit zu schenken und aufnahmefähig für Ihre Kernbotschaft zu werden.

Wie ich mein Publikum in den sozialen Medien nutzte, um offline Geschäftsmöglichkeiten zu kreieren

Wie Sie wissen, habe ich in 30 Tagen eine Million Facebook-Follower erreicht und dann ausgetüftelt, wie ich eine Million Instagram-Follower in einer sehr kurzen Zeitspanne erreichen konnte. Eine Menge Menschen finden das faszinierend, und es hilft mir herauszustechen. Ich habe diese Leistung, die online stattfand, als Hook für eine Story genutzt, die ich offline erzählt habe. Das hat mir geholfen, Aufmerksamkeit zu erregen, Bewusstsein zu schaffen, Menschen weiterzubilden und inspirierend zu sein.

Wie Ihnen vermutlich bewusst ist, kann man mit dem Aufbau einer großen Followerzahl über Markenpartnerschaften und Influencerdeals Umsatz generieren. Außerdem entstehen so für Ihre Brand Geschäftsbeziehungen. Die Möglichkeiten für Werbung in den sozialen Medien können ebenfalls genutzt werden, um Leads für potenzielle Klienten zu generieren und so Ihre Produkte und Dienstleistungen im großen Maßstab direkt online zu verkaufen. Aber was ich sogar noch interessanter finde als die Onlinemöglichkeiten, die diese Plattformen bieten, ist die

Tatsache, dass man, sobald Menschen auf Ihren Content reagieren oder Ihre Produkte und Dienstleistungen online kaufen, Sie diese Begeisterung nutzen und sie in bedeutende Businesschancen in der Offlinewelt verwandeln können.

Sie können Ihre Online-Follower als Hebel nutzen, um strategische Partnerschaften zu gewinnen, Deals zu machen und dafür zu sorgen, dass die Menschen Sie ernster nehmen. Ein deutliches Beispiel dafür ist die Schauspielerin Sophie Turner (am besten bekannt für ihre Rolle als Sansa Stark in der HBO-Serie *Game of Thrones*), die zugibt, dass sie einmal für eine Rolle gegenüber einer anderen Schauspielerin, die sie selbst für »weitaus besser« hielt, bevorzugt wurde, weil Turner eine größere Gefolgschaft in den sozialen Medien hat.[69]

Ich persönliche nutzte die Story über meine Online-Errungenschaften, um einen Literaturagenten zu finden, wodurch ich einen Buchvertrag erhielt. Plötzlich hatte ich ein physisches Produkt in der Offlinewelt, das aufgrund dessen geschaffen wurde, was ich in der Onlinewelt erreicht hatte. Dann ging ich wieder in die Onlinewelt und nutzte meine sozialen Plattformen, um mein Buch zu verkaufen. Von diesem Punkt ausgehend, nutze ich den Hook Point meiner großen Gefolgschaft in den sozialen Medien – und der Tatsache, dass ich ein Buch darüber geschrieben hatte –, um Redeauftritte auf Bühnen auf der ganzen Welt zu erhalten. Ich redete bei prestigeträchtigen Events, die von IKEA, Mindvalley und Web Summit (eine Konferenz, die ein Publikum von mehr als 70 000 Menschen hat) veranstaltet wurden.

Die Tatsache, dass ich einen guten Hook Point, ein veröffentlichtes Buch und mehrere Redeauftritte absolviert hatte, verschaffte mir die Gelegenheit, bei bekannten Podcasts aufzutreten, die auf der ganzen Welt sehr viele Follower haben. Das machte mich einem noch größeren Publikum bekannt und ich erreichte noch mehr Menschen mit meiner Botschaft. Das führte dann wiederum zu Gelegenheiten, bei Medien wie Fox Business, SiriusXM, KTLA, Yahoo! Finance und weiteren aufzutreten, was mir noch mehr Schlagkraft verlieh und meine Marke wiederum weiteren Menschen bekannt machte.

Sehen Sie, wie jeder Schritt online und offline einen Schneeballeffekt hervorrief, um meine Brand anhaltend wachsen zu lassen? Ich nahm die Story über mein großes Publikum in den sozialen Medien und wurde zu einem bekannten Namen in Offlinemedien. Dasselbe können Sie auch tun. Ob Sie 1 000 000 oder 10 000 Follower haben, beschränken Sie sich nicht darauf, über diese Follower nur im Sinne von direktem Ertrag oder Markendeals nachzudenken. Man wird Sie aufgrund Ihrer Glaubwürdigkeit in den sozialen Medien ernster nehmen, also nutzen Sie das. Sie können Ihre Möglichkeiten ausweiten, um offline strategische Partnerschaften zu schmieden und Deals zu sichern. Das wird wahrscheinlich zu größeren Deals und mehr Umsatzpotenzial führen, als wenn Sie sich allein auf die Onlinewelt konzentrieren.

Nehmen Sie eine Offlinemarke und lassen Sie diese online wachsen

Dieser Prozess kann auch umgekehrt funktionieren. Ein jüngstes Beispiel ist die Arbeit, die ich mit Michael Breus, dem Schlafdoktor, durchführe. Wie bereits erwähnt, hat Breus eine erstaunliche Offlinemarke aufgebaut. Er ist bei vielen Events als Redner aufgetreten und in vielen Fernsehsendungen, unter anderem in *The Oprah Winfrey Show*, bei der *Today*-Show und *The Dr. Oz Show*. Aber trotz der großen Öffentlichkeit, die er erreicht hat, und trotz seines Erfolgs hat er nicht dasselbe Wachstum online generieren können.

Wie bereits bemerkt, sammelt Breus bei Redeauftritten E-Mail-Adressen ein, um am Ende jeder Rede potenzielle neue Klienten zu finden. Nach Jahren der Arbeit als Redner hatte er jedoch nur wenige Tausend

E-Mails beisammen. Als wir uns trafen, verriet ich ihm, dass im Onlinebereich diese Zahl an E-Mail-Adressen in ein oder zwei Tagen gesammelt werden kann. Wir arbeiten im Moment daran, all seine Hook Points und all die Daten, die er offline gesammelt hat, zu nutzen, um sein Onlinewachstum voranzutreiben. Auf diese Weise können seine Online- und Offlinepräsenz zusammenarbeiten, um seine Marke und sein Unternehmen zu vergrößern.

Nutzen auch Sie die am besten performenden Offline-Hook-Points, um sie den Leuten online zu präsentieren. Sie können in wenigen Tagen Hunderttausende potenzielle Kunden online erreichen, und wenn Ihr Content bei ihnen ankommt, werden sie Ihnen ihre Namen und E-Mail-Adresse geben. Zum Beispiel lautet einer der Hook Points des Schlafdoktors, über den wir bereits gesprochen haben: »Wann ist der perfekte Moment vor dem Schlafengehen, um Sex zu haben?« Breus kann ein Video machen, in dem er diese Frage beantwortet, und mithilfe dieser Teststrategien für soziale Medien, die ich in meinem ersten Buch *Eine Million Follower* skizziert habe, mehr als eine Million Menschen erreichen. Indem er diesen fesselnden Content kostenlos anbietet, wird er Tausende Namen und E-Mail-Adressen erhalten. Dann kann er diese neue E-Mail-Verteilerliste, die er online erhalten hat, nutzen, um weitere Geschäftsmöglichkeiten zu generieren (zum Beispiel mit Onlinekursen, Sponsorships, Buchwerbung und Workshops).

Das ist nur ein Beispiel dafür, was passiert, wenn Sie lernen, wie man Online- und Offlinebekanntheit kombiniert. Statt sich allein darauf zu konzentrieren, sein Business offline aufzubauen oder nur online zu wachsen, sehen Sie sich an, wie diese beiden Treiber sich gegenseitig verstärken. Nutzen Sie Ihr Wachstum in beiden Bereichen für massives Wachstum.

Testen Sie Ihre Storys offline

Als ich versuchte, eine Million Follower zu gewinnen, suchte ich nach einer Möglichkeit, offline Konversationen zu führen. Auch wenn ich diese Follower sofort hätte nutzen können, um Markendeals anzukurbeln und andere Umsatzmöglichkeiten zu erschließen, hatte ich das Gefühl, der digitale Bereich sei bereits recht gesättigt und es gebe jede Menge Influencer. Ich wollte einen stärkeren Hook. Ich wollte mich von anderen abheben und hatte den Eindruck, diese Follower strategischer einzusetzen, um offline Möglichkeiten zu eröffnen, würde mein potenzielles Wachstum und die Vergrößerung meiner Brand schneller vorantreiben.

Dennoch habe ich vor Kurzem jemanden engagiert, der für mich Markendeals an Land ziehen soll, um zu sehen, wie ich diese online sinnvoll einsetzen kann. Um noch einmal darauf hinzuweisen: Sie können auch direkt mit Ihren Followern Geld verdienen, und einige Influencer verdienen Millionen Dollar durch ihre Online-Interaktionen. Wenn das Ihr Ziel ist, hoffe ich, dass Sie das ebenfalls schaffen. Dennoch möchte ich Sie dazu ermutigen, einen Blick auf das Gesamtbild zu werfen. Es ist eine aufregende Sache, dass Sie alles, was Sie online aufgebaut haben, hernehmen können, um Ihre Botschaft zu verstärken, Ihre Marke zu vergrößern und einzigartige Gelegenheiten für weiteres Wachstum sowohl offline als auch online zu schaffen.

Nutzen Sie Podcasts als große Chance

Mein Auftritt im Podcast *Finding Mastery: High Performance Psychology with Michael Gervais* stellt ein weiteres Beispiel dar, wie man Offlinemöglichkeiten mit online geschaffener Wahrnehmung kombinieren kann. Dieser höchst erfolgreiche Podcast hat ein riesiges Publikum, also ermöglichte mir mein Auftritt, eine enorme Umsatzsteigerung zu erzielen – Manager bei mehreren großen Unternehmen, die sich den Podcast anhören, kontaktieren mich, um mich zu engagieren.

Um diese neuen Klienten zu gewinnen, nutzte ich den Prozess, meine Anstrengungen online und offline zu kombinieren. Ich nutzte das Buch (ein Gegenstand der Offlinewelt) und den Hook Point, eine Million Follower gewonnen zu haben (eine Onlinestrategie) während eines Meetings, das ein Freund eingefädelt hatte (eine Offline-Interaktion), um in den Podcast eingeladen zu werden (online), was mir Aufträge (offline) einbrachte, weil ich einem größeren Publikum (online) vorgestellt wurde – einige davon kontaktierten mich mit Aufträgen (sowohl online als auch offline). Okay, das war ein langer Satz – ich hoffe, Sie sind nicht zu verwirrt. Aber der Punkt ist, dass es funktioniert, wenn man seine Anstrengungen online und offline kombiniert! Erkennen Sie, wie sich die Online- und Offlinewelten treffen, interagieren und gegenseitig unterstützen? In diesem Beispiel werden die Offline- und Online-Interaktionen ständig wechselseitig nutzbringend eingesetzt und verstärkt, um neue Möglichkeiten zu kreieren. Das beginnt damit, dass man einen interessanten Hook Point und eine Story hat, die man in verschiedenen Medien nutzbringend einsetzen kann. Auf die Art kann man sein Publikum diversifizieren und die eigene Markenbekanntheit steigern.

WIE MAN ZU SEINEM ERSTEN PODCAST-AUFTRITT EINGELADEN WIRD

Sie können mehrere Ansätze verfolgen, um Ihren ersten Podcast-Auftritt zu landen. Eine Methode ist es, einen Publizisten zu engagieren. Publizisten generieren und managen Publicity und finden nicht nur Podcasts, sie können einen auch ins Radio, Fernsehen und in Zeitungen bringen. Aber Sie sollten auf jeden Fall Recherchen betreiben. Wählen

Sie jemanden, der Sie nicht mit einem langfristigen Vertrag an sich bindet (Sie wollen diese Person ja erst testen, um zu sehen, ob er oder sie auch liefern kann); jemanden, mit dem Sie gerne arbeiten und der Ihre Marke versteht.

Eine weitere Methode, um in einen Podcast zu kommen, besteht darin, ein Unternehmen anzuheuern, das sich darauf spezialisiert, für potenzielle Interviewpartner Podcasts zu finden. Ein Unternehmen namens Interview Valet* konzentriert sich auf Podcast-Interview-Marketing. Es kann Ihnen helfen, Sie in passende Podcasts zu bekommen. Es wird Ihnen auch helfen, sich für das Interview vorzubereiten und es in den sozialen Medien zu bewerben.[70] Meiner Erfahrung nach platzieren solche Unternehmen Sie jedoch nur in Podcasts, die ein Publikum haben, das zu 1000 bis 40 000 Downloads pro Episode führt, nicht aber in Top-Shows mit 100 000 Downloads pro Episode oder mehr. Aber es ist ein guter Anfang.

(Wenn Sie jemanden brauchen, der Sie Interview Valet vorstellt, schreiben Sie mir eine E-Mail unter bkane@brendanjkane.com.)

Empfehlungen von Kollegen und Freunden haben mir geholfen, Auftritte in top bewerteten Podcasts zu erhalten. Auf strategische Weise vorgestellt zu werden, lässt sich am einfachsten und besten nutzbringend einsetzen – gar nicht davon zu reden, dass es normalerweise kostenlos ist. Aber wenn Sie bisher nicht über diese Art von Beziehungen verfügen, können Sie sich entweder darauf konzentrieren, Super-Konnektoren zu finden oder ein großes Publikum aufzubauen, um potenziell neue Verbindungen herzustellen und Partnerschaften zu ermöglichen.

Das bringt uns zur nächsten Methode, wie man einen Auftritt in einem Podcast erhält. Sie können eine große Gefolgschaft in den sozialen Medien nutzen, um in Podcasts aufzutreten oder Ihren eigenen Podcast

* Anm. d. Verl.: Leider operiert das Unternehmen nur in den USA.

aufzubauen. Wenn Sie eine große Gefolgschaft in den sozialen Medien haben, werden andere Sie interviewen wollen, um selbst zu wachsen und ihre eigenen Netzwerke zu vergrößern.

Alternativ dazu können Sie einen Podcast kreieren indem Sie attraktive Gäste anziehen, die gerne Ihren Followern vorgestellt werden würden. Jay Shetty begann als jemand, der viralen Content kreierte, und nutzte seinen Erfolg, um einen sehr erfolgreichen Podcast mit dem Titel *On Purpose with Jay Shetty* aufzubauen. Er hatte Gäste wie den Entrepreneur Gary Vaynerchuk; den Pionier der persönlichen Transformation und integrativen Medizin, Dr. Deepak Chopra; die Grammy-gekrönte Sängerin Alicia Keys; Jordan Belfort, den Autor von *The Wolf of Wall Street*; Reality-TV-Star Khloé Kardashian; die preisgekrönte Schauspielerin Kate Bosworth (vor allem bekannt für *Superman Returns* und *Blue Crush*) und Eva Longoria (besonders für ihre Arbeit in der Fernsehserie *Desperate Housewives* bekannt); und den Modedesigner Kenneth Cole. Diese Leute in seinen Podcast einzuladen, hat Shetty auf einflussreiche Weise Gehör verschafft und seine Fähigkeit vergrößert, ein neues Publikum anzusprechen. Er stellt auch strategische Verbindungen zu diesen Gästen her, die ihm in der Zukunft nützen könnten. Im Austausch dafür gewinnen die Gäste, egal, wie groß ihr Publikum bereits ist, ebenfalls neue Fans dazu.

Die Kombination aus der Tatsache, dass ich eine Million Follower hatte, und dem Hook, diese Zahl in weniger als 30 Tagen erreicht zu haben, brachte mich in eine Unmenge an Podcasts. Wenn Gastgeber sehen, dass ich eine Million Follower habe, ist ihnen klar, dass meine Glaubwürdigkeit in den sozialen Medien es rechtfertigt, mich in ihre Show einzuladen. Sie sehen es als nützlich für ihr eigenes Wachstum und es ist eine großartige Story, die für ihre Zuschauer fesselnd sein könnte.

Sobald Sie in ein paar Podcasts waren, werden andere Podcast-Gastgeber sich ebenfalls an Sie wenden. Leute, die mich in Podcasts gehört haben, kontaktieren mich über LinkedIn und bieten mir zwei- oder dreimal die Woche die Möglichkeit an, in Podcasts aufzutreten. In einigen Podcasts gewesen zu sein, kann zu seinem Schneeballeffekt führen, wenn Sie jeden Auftritt maximal nutzen und sich ordentlich Mühe geben. Wenn Leute hören, wie toll Sie sind, werden sie Kontakt zu Ihnen herstellen.

Wenn man noch am Anfang steht, empfehle ich, jede Gelegenheit für einen Podcast wahrzunehmen. Unabhängig von der Größe des Podcasts sage ich normalerweise Ja zu jeder Möglichkeit für einen Auftritt, die sich mir bietet – ich begrüße jede Publicity, die mir gestattet wird. Selbst wenn ich nur zu 100 Menschen rede, glaube ich, dass es das wert ist. Diese Auftritte nehmen normalerweise nur 20 oder 30 Minuten meiner Zeit in Anspruch und geben mir die Chance, für größere Anlässe zu üben.

EINEN ERSTEN REDEAUFTRITT ERHALTEN

Bevor ich versuchte, einen Auftritt als Redner zu erhalten, engagierte ich einen Sprachtrainer. Ich nehme es sehr ernst, wenn ich einen Vortrag halte, und wollte nicht unvorbereitet sein. Ich habe den Unterschied gesehen zwischen Rednern, die ausgebildet sind, und solchen, die es nicht sind. Einige denken, dass Charisma ausreicht, aber erfolgreiche Redner strukturieren ihre Vorträge. Sie wenden eine Methodologie an, die dafür sorgt, dass sie auch eine Keynote halten könnten. Weil ich danach strebte, vor wichtigen Leuten Vorträge zu halten, wollte ich Experte darin werden.

(Wenn Sie meinem Sprachcoach vorgestellt werden wollen, schreiben Sie mir eine E-Mail unter bkane@brendanjkane.com.)

Als ich genug Selbstvertrauen gesammelt hatte, begann ich, all meinen Freunden und Kollegen zu erzählen, dass ich nach Gelegenheiten suchte, eine Rede zu halten. Ein Geschäftspartner stellte mich ein paar Leuten vor, die Events planten. Durch dieses Meeting erhielt ich Kontakt zu IKEA und hatte die Möglichkeit, einen Workshop mit IKEAs Creative Global Team in Schweden zu leiten.

Bei Podcasts kommt zumeist ein Schneeballeffekt ins Spiel. Je mehr Redeauftritte Sie haben – wenn Sie dabei gut sind –, desto mehr Empfehlungen werden Sie erhalten. Wenn man sieht, dass Sie eine gute Rede halten, wird man Sie engagieren wollen, um bei anderen Events aufzutreten. Außerdem sitzen im Publikum viele potenzielle Klienten/ Kunden.

Bei Ihrem ersten Redeauftritt sollten Sie im Vorbereitungsraum Kontakte mit den anderen Rednern knüpfen. Diese Menschen sind immer eine gute Quelle für Empfehlungen zu anderen Gelegenheiten, einen Vortrag zu halten. Zum Beispiel traf ich Michael Breus, den Schlafdoktor, bei einem Vortragsevent, und mittlerweile empfiehlt er mich für weitere Events.

Um noch einmal darauf hinzuweisen – Empfehlungen sind der beste und einfachste Weg, neue Businesschancen zu erschließen, aber Sie können auch einen Manager engagieren. Ich habe einen Vertrag bei einem Manager unterschrieben, der mich vertritt, um die Zahl der bezahlten Vortragsauftritte zu vermehren, die ich in einem Jahr wahrnehme. Nicht jeder ist in der Lage, einen Manager anzustellen, aber Sie können immer selbst Kaltakquise betreiben. Stellen Sie eine Liste von Menschen in Ihrem Fachgebiet zusammen, die für ihre Auftritte bezahlt werden. Besuchen Sie deren Websites und sehen Sie sich die Events an, bei denen sie auftreten, und wann diese stattfinden. Bemühen Sie sich dann selbst, mit einem Pitch auf die Rednerliste für diese Events zu kommen.

Sie werden vermutlich für Ihren ersten Redeauftritt nicht bezahlt werden, außer Sie sind prominent, haben bereits eine bekannte Marke oder sind Experte auf einem bestimmten Gebiet. Vermutlich werden Sie also bei den ersten Events kostenlos reden, was dann irgendwann zu bezahlten Vorträgen führt. In meinem Fall war der Auftritt bei IKEA bezahlt, aber das war aufgrund einer strategischen Vorstellung durch einen Freund. Doch auch danach, als ich immer noch am Anfang stand, hielt ich noch bei vielen Events unbezahlte Reden, um meine Glaubwürdigkeit zu erhöhen und Erfahrung als Redner zu sammeln.

Um weitere Redeauftritte zu erhalten, nutze ich auch die Tatsache, dass ich durch mein großes Publikum in den sozialen Medien herausrage. Ich lasse Eventplaner wissen, dass ich ihre Events bei meinem großen Publikum bewerben kann. Eventplaner wollen so was stets hören, es ist wertvoll für sie.

Bei Web Summit nutzte ich meine Expertise im Bereich digitaler Werbung auf neue Weise, um einen Wert bieten zu können. Mit mehr als 70 000 Besuchern ist Web Summit eine der größten Technologiekonferenzen der Welt. Als ich die Organisatoren des Events traf, hatte ich einige Recherchen angestellt, um herauszufinden, wie viele Menschen das beliebteste Video der Konferenz angesehen hatten, das zu diesem Zeitpunkt ungefähr eine Million Views hatte. Ich sagte ihnen, ich könne diese Zahl an Aufrufen übertreffen, und nutzte dann eine der Werbestrategien, die im Buch *Eine Million Follower* beschrieben sind, um ein Video des Events zu produzieren, das mehr als 1,2 Millionen Views erhielt.

Die Kampagne für den Web Summit ermöglichte es mir, aufgrund meiner Glaubwürdigkeit herauszustechen. Die Organisatoren des Events waren sehr erfreut über diese Resultate, denn ich bot einen Wert, den bisher keiner der anderen Redner auch nur angeboten hatte. Das zu tun, half *mir selbst* ebenfalls. Ich habe seitdem diese Fallstudie darüber, was ich für den Web Summit getan hatte, genutzt, um andere bezahlte Redeauftritte zu erhalten. Diese Fallstudie zeigt Eventorganisatoren, was ich einbringen kann. Diesen Wert zu bieten, hat mir die Möglichkeit eröffnet, überall auf der Welt Vorträge zu halten. Während ich das hier schreibe, bin ich gerade bei einem Event in Portugal, bei dem ich einen Vortrag halten soll.

DAS ERSTE MAL IN EINER FERNSEHSENDUNG AUFTRETEN

Ich landete in meiner ersten Fernsehsendung aufgrund einer Beziehung, die ich zehn Jahre kultiviert hatte, zu einer guten Freundin, die eine Sendung bei Fox Business hat. Ich habe diese Beziehung nicht deswegen gepflegt, weil ich in ihrer Sendung auftreten wollte, noch dachte ich, dass ich jemals dort auftreten würde, das passierte einfach so.

All meine anderen Fernsehauftritte habe ich einem Publizisten zu verdanken. Fernsehen war nicht mein Hauptfokus, aber man muss nur die Verbindungen betrachten, die man bereits hat, einen einzigartigen Wert bieten und das eigene Publikum in den sozialen Medien nutzen. Fernsehproduzenten wollen Leute, die bereits ein Publikum haben, denn sie glauben, das führt zu höheren Zuschauerzahlen. Es ist wichtig, wie viele Leute eine Sendung einschalten. Die Bestätigung und Glaubwürdigkeit, die Sie in den sozialen Medien besitzen, wird Ihnen helfen herauszustechen und Ihre Chancen steigern, im Fernsehen zu landen, was wiederum Ihrem Business zum Wachstum verhelfen wird.

KURZTIPPS UND ZUSAMMENFASSUNG

1. Versuchen Sie nicht, Traffic für Ihre Produkte, Dienstleistungen und Content aus dem Nichts zu generieren – gehen Sie dahin, wo es bereits Traffic gibt.

2. Werbeplattformen in den sozialen Medien sind eine gute Quelle für skalierbaren Traffic, der es Ihnen ermöglicht, in großem Maßstab zu testen und zu lernen.
3. Sie können bereits bestehende Quellen für Traffic nutzen, um Ihre Followerzahl in den sozialen Medien sehr schnell wachsen zu lassen. Ich erhielt über 200 000 Follower in einem einzigen Monat und manchmal über 75 000 Follower an einem einzigen Tag.
4. Um Ihr Business in der Offlinewelt zu skalieren, sollten Sie nach Super-Konnektoren suchen – Menschen, die gut mit den Menschen vernetzt sind, mit denen Sie Geschäfte machen wollen.
5. Mit den richtigen Prominenten zu arbeiten, bringt Ihren Marketingprozess auf die Überholspur.
6. Sie wissen nie, wer vielleicht die entscheidende Person für die Entwicklung Ihres Business sein kann, also seien Sie nett, offen und nehmen Sie sich Zeit, jedem zuzuhören, den Sie treffen.
7. Empfehlungen und Mundpropaganda sind die besten und effektivsten Methoden, Ihr Business zu vermarkten.
8. Stellen Sie sicher, dass Ihre Hook Points auch langfristig für Ihr Unternehmen skalierbar sind.
9. Seien Sie so groß und laut wie möglich, damit Sie die Aufmerksamkeit der richtigen Leute erregen können, die vielleicht enormen Einfluss auf den Verlauf Ihrer Karriere haben.
10. Wenn Sie Ihre Offline- und Onlinepräsenz effektiv kombinieren, können Sie schneller wachsen und eine langlebige Marke ins Leben rufen.

KAPITEL 9

WELTKLASSE WERDEN UND WIE SIE SCARLETT JOHANSSON DAZU BRINGEN, MIT IHNEN CHICKENWINGS ZU ESSEN ...

JETZT, WO SIE VERSTEHEN, wie man Hook Points kreiert, fesselnde Storys erzählt, Vertrauen und Glaubwürdigkeit aufbaut, zuhört, Wert bietet und sein Business skaliert, sind Sie bereit, prominente Klienten anzuziehen, größere Deals abzuschließen und Situationen zu überstehen, in denen viel auf dem Spiel steht. Der Schlüssel, um eine beeindruckende Klientenliste aufzubauen und zu pflegen, besteht darin, dass man weiß, wie man Entscheidungen trifft, die dafür sorgen, dass andere Sie im Gedächtnis behalten und in Sekunden als zur Weltspitze gehörend wahrnehmen.

SELENA GOMEZ UND JIMMY FALLON WEINEN, WÄHREND SIE SCHARFE CHICKENWINGS ESSEN (*HOT ONES*)

Sie müssen kein neues Produkt und keine neue Dienstleistung erfinden, um hochrangige Klienten anzulocken – Sie müssen einfach nur innovative Möglichkeiten finden, Ihre Produkte und/oder Dienstleistungen zu verpacken, um sie attraktiver zu machen. *Hot Ones*, kreiert von Christopher Schonberger, ist eine Webserie, bei der Prominente von Gastgeber Sean Evans interviewt werden, während sie einen Teller zunehmend schärferer Chickenwings essen. Der Hook Point, der die Zuschauer anzieht, ist, dass berühmte Prominente die schärfsten Chickenwings der Welt essen und während der Interviews unglaubliche Reaktionen darauf zeigen, wie scharf sie sind. Diese Chickenwings sind so scharf, dass einige der Gäste geweint haben, andere haben sich übergeben und der Komiker Bobby Lee hat sich sogar in die Hose gemacht.[71] Die Tagline der Sendung lautet: »Die Show mit scharfen Fragen und noch schärferen Chickenwings.« Den Gästen wird nach jedem Chickenwing, den sie essen, eine Frage gestellt, und wenn sie es schaffen, alle zehn Chickenwings zu essen, können sie das Projekt bewerben, an dem sie gerade arbeiten. Gäste, die es nicht schaffen, die Chickenwings zu essen, haben ebenfalls die Gelegenheit, ihre Projekte zu bewerben … aber sie werden der »Halle der Schande« der Show hinzugefügt.

Hot Ones hatte schon bedeutende Prominente als Gäste wie Scarlett Johansson, Shaq, Seth Meyers, John Mayer, Kevin Hart und Natalie Portman. Es gab sogar eine Liveversion der Show mit Selena Gomez in *The Tonight Show Starring Jimmy Fallon*. Schonberger wirkte anziehend auf all diese Prominenten, weil er eine originelle Idee hatte, welche die Interviews lustiger und einzigartiger gestaltete. Der Hook Point gestattete es ihm, herauszustechen und Gäste von Weltrang in einem umkämpften Markt anzuziehen.

Denken Sie darüber nach, wie *Sie* anscheinend gewöhnliche Produkte oder Dienstleistungen mit einem gewissen Pfiff ausstatten können, der sie herausragen lässt. Wenn Sie Wege finden, innovativ zu sein, kann Ihnen das helfen, schneller die Art von Klienten anzuziehen, von denen Sie geträumt haben.

WELTKLASSE-KLIENTEN GEWINNEN UND AN SICH BINDEN

Top-Klienten sind manchmal schwer zu erreichen, aber wenn Sie etwas Wertvolles zu bieten haben und es richtig angehen, kommen Sie an sie heran. Viele Menschen sind oft beeindruckt, dass ich mit Taylor Swift gearbeitet habe, aber sie realisieren nicht, dass es nicht so schwierig ist, wie man oft annimmt, einen Klienten wie sie zu finden. Um jemanden dieses Kalibers zu erreichen, brauchen Sie nur eine effiziente Strategie. Ich nutzte die Strategie, einen Super-Konnektoren zu erreichen (im letzten Kapitel skizziert). Wenn Sie Zugang zu jemandem wie Swift haben wollen, kontaktieren Sie diese Person nicht direkt. Sie müssen den Kontakt über jemanden in dem vertrauenswürdigen Zirkel um diese Person herum herstellen, um dem Individuum im Zirkel einen Wert bieten zu können. Wie ich bereits erwähnt habe: Als ich Swifts Manager, ihren Vater und ihre Mutter traf, bot ich ihnen einen Wert, damit ich letztlich das Ziel erreichen konnte, mir *ihr* zu arbeiten. Hätte ich sie direkt kontaktiert, hätte das nicht funktioniert, denn sie hätte vermutlich kein Meeting mit jemandem gehabt, der ihr nicht von einer vertrauten Person empfohlen wurde.

HALLO, LIEBER PROMINENTER, VERTRAUEN SIE MIR?

Sobald man in der Sphäre dieser prominenten Personen ist, mit denen man arbeiten will, muss man sich darauf konzentrieren, Vertrauen aufzubauen. Prominente, CEOs und Milliardäre fahren häufig die Schutzschirme hoch, um sich vor den vielen Personen zu schützen, die sie zum eigenen persönlichen Gewinn ausnutzen wollen. Sie werden herausstechen, wenn Sie eine authentische Unterhaltung mit ihnen führen, ohne zu versuchen, ihnen irgendetwas zu verkaufen. Wenn Sie einfach nur zuhören und Lösungen für ihre Probleme anbieten und für die Hindernisse, die ihrem Wachstum im Wege stehen, werden sie mit größerer Wahrscheinlichkeit mit Ihnen arbeiten wollen. Die Entscheidung, wertvolle Informationen und Einsichten zu bieten, wird Sie Lichtjahre vor anderen positionieren, die an Prominente herantreten.

Michael Breus fügt hinzu, dass viele Milliardäre, Millionäre und Prominente auf Ihre Vertrauenswürdigkeit in den sozialen Medien achten – nicht darauf, wie viele Facebook- und Instagram-Follower Sie haben, sondern welches Prestige Sie genießen aufgrund von Artikeln, die Sie geschrieben haben, oder weil Sie in den Medien erschienen sind. Er empfiehlt, dass Sie einen aktuellen Lebenslauf haben sollten, der Berichte über Sie in den Medien beinhaltet, damit Sie schnell Ihre Social Credibility belegen können. Breus nutzt diese Glaubwürdigkeit, über die er verfügt, für Kaltakquise, die auf Prominente abzielt. Er sucht zum Beispiel nach Geschichten in den Nachrichten über Prominente, die Schlafprobleme haben, und kontaktiert sie, um seine Hilfe anzubieten.

Breus schreibt normalerweise etwas wie: »Hallo, ich bin ein Schlafspezialist und wohne nicht weit von Ihnen entfernt. Ich glaube, ich weiß, was Ihr Problem ist. Liebend gerne würde ich Ihnen kostenlos helfen.« In neun von zehn Fällen wird sich die Person die Zeit nehmen, zu recherchieren, wer er ist, und sich mit ihm aufgrund seiner Erfolgsbilanz treffen. Das Beste daran ist: Wenn Breus dieser Person geholfen hat, wird er oder sie oft darüber reden, welche tolle Arbeit Breus leistet, was ihm weiteres Business einbringt.

Bei Milliardären geht er jedoch etwas langsamer (aber ausdauernd) vor. Man sollte nie so wirken, als wäre man nur hinter dem Geld dieser Prominenten her. Wenn Breus also sieht, dass ein Milliardär ein Schlafproblem hat, wird er ihn nicht einfach kontaktieren und sagen: »Hey, lassen Sie mich Ihr Problem lösen.« Stattdessen schickt er vielleicht – um eine Verbindung aufzubauen – der Person ein paar Artikel über sich, in denen das spezifische Problem dieser Person angesprochen wurde. Deswegen ist es so hilfreich für die Generierung von Leads, wenn man in Zeitungen, Magazinen oder anderen Printmedien interviewt wird, die von Wohlhabenden gelesen werden, wie *The Robb Report*, *Business Insider* oder *Wall Street Journal* – dadurch erhält man schnell Glaubwürdigkeit.

Wenn niemand über die Art von Problemen berichtet, die Sie mit Ihren Produkten oder Dienstleistungen abdecken, denken Sie darüber nach, wo Prominente und Berühmtheiten normalerweise ihre Zeit verbringen und wie Sie sich dort präsentieren können. Breus arbeitet zum Beispiel mit der Young Presidents' Organization (YPO). Ein Unternehmen muss mehr als zehn Millionen Dollar Umsatz im Jahr machen, um in diesen Club eingeladen zu werden. Wenn Breus vor solchen Gruppen eine Rede hält, steht er direkt vor dem Segment der Bevölkerung, das er erreichen will. In einen Country Club einzutreten oder in einem exklusiven Club einen Vortrag zu halten, hilft Ihnen beim Netzwerken, dabei, neue Beziehungen aufzubauen und neue Geschäftsmöglichkeiten zu erschließen. Diese Beziehungen führen auch zu Empfehlungen, was wiederum langfristig die beste Strategie ist, um prominente und wohlhabende Menschen zu erreichen.

Entwickeln Sie also Strategien, um diese Art Klientel zu erreichen. Bauen Sie Vertrauen zu ihren inneren Kreisen auf und begeben Sie sich in Situationen, wo Sie von denjenigen gesehen werden, mit denen Sie arbeiten wollen. Wenn Sie gut in dem sind, was Sie tun, und aufrichtig versuchen, mit Ihren Produkten und Dienstleistungen Lösungen anzubieten, werden Sie viel erreichen.

WAS HÄLT EINEN CEO NACHTS WACH?

Um sich auf ein Meeting mit solch hochrangigen Klienten vorzubereiten, stellt sich Erick Brownstein von Shareability die Frage: »Was raubt dem CEO den Schlaf?« Er hat festgestellt, dass erfolgreiche Berater, die mit großen Unternehmen arbeiten, über so etwas nachdenken – sie versuchen, die Art von Problemen aufzuspüren, die CEOs lösen wollen. Wenn er mit Führungspersonen eines Unternehmens in einem Raum ist, stellt Brownstein oft die Fragen: »Was hat für Sie als Leiter*in dieses Unternehmens die größte Priorität?«, und: »Was sind Ihre größten Sorgen?«

Nachdem er einige Erfahrung im Umgang mit diesen hochrangigen Personen gesammelt hatte, stellte Brownstein fest, dass seine Kunden unter den CEOs vermutlich nicht denken: *Wie viele Views wird unser nächstes virales Video erhalten?*, sondern eher: *Die Welt spielt sich im Digitalen ab, und wir sind nicht dabei. Wie können wir zu einem bedeutenden Player in dieser neuen Welt werden?* Die Sorgen eines CEOs unterscheiden sich sehr von denjenigen des Leiters der Abteilung für Brand-Marketing, der ein festes Budget hat und Kennzahlen, anhand derer sein Erfolg gemessen wird. Sie müssen jeweils einen anderen Ansatz verfolgen, wenn Sie diesen verschiedenen Ansprechpartnern gegenüber etwas pitchen.

Vor Kurzem hatte Brownstein ein Telefongespräch mit dem Vorsitzenden eines gewaltigen, weltweit agierenden Konglomerats, das fast 50 Milliarden Dollar Umsatz macht. Um dieses Meeting zu erhalten, hatte Brownstein folgenden Hook Point genutzt: »Ich weiß, Sie fragen sich, wie Ihr Unternehmen dazu beitragen kann, mehr Bewusstsein für den Klimawandel zu wecken, und welche Rolle Unternehmen dabei spielen. Wir arbeiten mit der Leonardo DiCaprio Foundation und mehreren anderen wichtigen Akteuren zusammen, die sich ebenfalls auf dieses Problem fokussieren. Ich würde liebend gerne mit Ihnen darüber reden, wie wir unsere Ressourcen kombinieren können, um eine größere Wirkung zu erzielen.« Der Hook Point unterscheidet sich sehr von einem, den Brownstein genutzt hätte, um einen Manager einer der fast 100 Marken anzusprechen, die diesem Unternehmen gehören. Er ist auch länger als ein Hook Point, den er genutzt hätte, um Massen von Menschen zu erreichen. (Der Hook Point funktioniert in dieser längeren Form, denn er ist an eine bestimmte Person gerichtet und wird persönlich präsentiert.)

Kommunikation muss an jeden einzelnen Fall angepasst werden. Wenn Brownstein mit einem Start-up mit kleinem Budget reden würde, das von Venture-Kapital finanziert wird, würde er die günstigste Option seiner Dienstleistungen präsentieren, die dennoch einen echten Wert bietet. Informationen würden auf ganz andere Weise präsentiert werden als bei einem etablierten Unternehmen, das ein millionenschweres Budget hat und eine digitale Transformation anstoßen will.

Es basiert alles darauf, sein Publikum und dessen Bedürfnisse zu verstehen. Stellen Sie sicher, dass Sie wissen, wen Sie ins Visier nehmen. Versetzen Sie sich in die Lage dieser Person und stellen Sie die richtigen Fragen. Das wird Ihnen helfen, die beste Dienstleistung für verschiedene Klienten anzubieten.

OPRAH WINFREY BEGINNT JEDES MEETING MIT DIESEN DREI FRAGEN

Hier die drei Fragen, die Oprah Winfrey stellt: »Was ist unser Ziel in diesem Meeting?«, »Was ist wichtig?« und »Was ist relevant?« Brendon Burchard, der Autor von *High Performance Habits: How Extraordinary People Become That Way*, (deutsch: *High Performance Habits: Die Kunst, außergewöhnlich zu werden*) erklärt, dass Winfrey diese Fragen nutzt, um alle im Raum auf eine Wellenlänge zu bringen. Die obigen Fragen helfen uns, zu verstehen, wie Top-Performer denken. Sie sind fokussiert und wollen keine Zeit verschwenden. Denken Sie also über diese Fragen vor Ihrem nächsten wichtigen Meeting nach und nutzen Sie diese zur Vorbereitung.

DER SCHLÜSSEL ZUM ÜBERLEBEN AN DER SPITZE DER NAHRUNGSKETTE

Es ist wichtig, Ihre Versprechen zu erfüllen, denn dadurch bleiben Sie vertrauens- und glaubwürdig. Wenn Sie jedoch aus irgendeinem Grund nicht liefern können, erklären Sie auf verständliche Weise, wieso. Gute Kommunikation zwischen Ihnen und Ihren Klienten ist essenziell. Sie müssen sich über den Kommunikationsstil Ihrer Klienten im Klaren sein, welche Art von Informationen sie brauchen und wie sie diese am liebsten erhalten. Manche Klienten wollen telefonisch auf dem Laufenden gehalten werden, und das vielleicht jeden Tag, einmal die Woche oder einmal im Monat. Andere bevorzugen einen detaillierten Bericht über aktuelle Fortschritte per E-Mail. Sie können auch das Process Communication Model (PCM) nutzen, das ich in Kapitel 4 in Grundzügen beschrieben haben. Es hilft Ihnen, sich dem Kommunikationsstil Ihrer Klienten oder potenziellen Kunden anzupassen.

Wenn Sie wissen, wie Sie richtig kommunizieren, können Sie außerdem besser mit schwierigen Klienten umgehen. Der Schauspieler Kevin Costner war zum Beispiel nicht daran interessiert, mit einem Trainer zu arbeiten, aber seine Frau ermunterte ihn, sich mit dem Besitzer von Platinum Fitness, Peter Park, zu treffen. Es war das erste Mal, dass Park das Gefühl hatte, vielleicht bei einem Klienten zu versagen. Costner war nicht begeistert darüber, in ein Fitnessstudio zu gehen, und Park mühte sich, einen Hook Point zu finden, der ihn motivieren könnte. Schließlich erfuhr Park, dass Costner Baseball liebte. Als der Schauspieler ins Studio kam und feststellte, dass Park viele Profi-Baseballspieler trainierte, wirkte er erfreut. Sie unterhielten sich über Baseball, und Costner war begeistert, dass Park so viel über seinen geliebten Sport wusste. Das war der Hook, der das Eis zum Schmelzen brachte, sodass Costner sich für Park und sein Training interessierte. Diese Verbindung zu finden, half ihnen bei der Kommunikation. Nachdem sie sich über Baseball unterhalten hatten, unterhielten sie sich über ihre Kinder, und seitdem haben sie eine großartige Beziehung zueinander.

Wenn ich einen prominenten Klienten dazugewinne – oder irgendeinen anderen Klienten –, versuche ich herauszufinden, was diesen als Menschen auszeichnet und wie er gerne kommuniziert, was er mag und was er nicht mag und wie seine Sorgen im geschäftlichen Bereich aussehen. Dann nutze ich all diese Informationen, um eine effektive Kommunikation aufrechtzuerhalten und eine solide Verbindung herzustellen.

Unser Privatleben und unser Geschäftsleben drehen sich um Kommunikation. Jeder Konflikt und jeder Krieg ist in irgendeiner Weise ein Resultat schlechter Kommunikation. Tun Sie also alles in Ihrer Macht Stehende, um so gut wie möglich zu kommunizieren und dadurch Erfolg und Harmonie zu schaffen.

WENN DIE JACKE NICHT PASST, LASSEN SIE SIE UMÄNDERN

Peter Park versucht sich oft selbst zu überbieten, wenn es darum geht herauszufinden, welches Trainingsprogramm am besten für einen neuen Klienten geeignet ist. Mittlerweile erkennt er sehr schnell, ob jemand Typ A ist und ein striktes, herausforderndes, ketogenes Work-out braucht oder einen eher entspannten Ansatz. Park stellt sich auf seinen Klienten ein, findet die beste Lösung für ihn und liefert innerhalb der ersten Trainingssession.

Er meint, einige Personal Trainer würden stets denselben schablonenhaften Ansatz bei all ihren Klienten verfolgen, aber das funktioniere nicht – es führt oft dazu, dass die Klienten nicht wiederkommen. Stattdessen sollten sie experimentieren und den besten Ansatz für jeden Klienten finden.

Eine Größe passt normalerweise nicht allen. Deswegen sollte der Prozess, etwas zu testen und dazuzulernen, in jedem Business angewendet werden. Wenn Sie erstklassige Klienten haben wollen, bleiben Sie flexibel, behandeln Sie jede Person wie ein Individuum und sprechen Sie seine oder ihre Bedürfnisse an, damit Sie allen einen erstklassigen Service bieten können.

DURCH SELBSTVERTRAUEN ÜBERZEUGEN

Viele Menschen verlieren die Nerven, wenn sie mit prominenten Klienten arbeiten – sie werden nervös und büßen ihr Selbstvertrauen ein. Aber selbst wenn Peter Park jemanden wie Elon Musk zu Hause besucht, weiß er, dass der Entrepreneur ein Mensch wie jeder andere ist. Sobald er mit dem Training beginnt und Musks Bewegungen beobachtet, kommt Park in den Flow und sieht, dass andere Menschen auch nur Menschen sind, egal, welchen Status sie innehaben.

Park war nicht immer so geerdet. Als er mit seinen ersten prominenten Klienten arbeitete, beispielsweise mit Lance Armstrong, wurde er sehr nervös. Es hat Zeit und Erfahrung gebraucht, um ein 100-prozentig ausgebildetes Selbstvertrauen zu entwickeln. Wenn er heute einen Raum betritt, weiß er, dass er gut ist auf seinem Gebiet, und seine mentale Einstellung lässt sich so beschreiben: »Ich gehe jetzt da rein und zeige dieser Person, dass sie nicht ohne mich leben kann.« Seine Klienten wollen gesund und fit sein, und er weiß, dass er ihnen helfen kann, ihre Ziele zu erreichen.

Es ist normal, dass man sich unsicher fühlt, wenn man sich das erste Mal in einem solchen Umfeld bewegt, in dem man mit den erfolgreichsten Menschen der Welt zu tun hat. Um diese unproduktive Nervosität in den Griff zu bekommen, bleiben Sie ganz im Moment und konzentrieren Sie sich auf die Arbeit.

DIE KUNST, GRENZEN ZU SETZEN

Manchmal ist es schwer, mit prominenten Klienten zu arbeiten. Sie können eine Menge Extraaufmerksamkeit erfordern, weswegen es oft wenig praktikabel ist, viele auf einmal zum Kundenstamm zu zählen. Sie müssen sich selbst Grenzen setzen und sollten sich nicht für einzelne Klienten völlig verausgaben, besonders wenn das einen negativen Einfluss auf Ihr übriges Geschäft und Ihre anderen Klienten hat.

Vor Kurzem habe ich mit einem prominenten Klienten geredet, der mit mir zusammenarbeiten wollte. Basierend auf den ersten Gesprächen mit dem Team dieser Person wusste ich, dass die Zusammenarbeit schwierig sein würde. Ich verlangte letztlich einen saftigen Preis für meine Dienste, denn ich wollte eigentlich gar nicht mit ihm zusammenarbeiten. Und wenn ich es doch tat, wollte ich ausreichend finanzielle Kompensation, damit es sich wenigstens lohnte, wenn potenzielle Schwierigkeiten auftauchten. Weil ich diesen hohen Preis für meine Dienstleistung verlangte, kam der Deal nicht zustande (was im Grunde genau der Grund war, wieso ich das tat).

Um erstklassigen Service zu bieten, sollten Sie Leute meiden, die schwierig sind und Sie auslaugen. Ich persönlich will nichts mit dieser Art negativer Energie zu tun haben. Ich habe Privatkunden, die mir eine Menge Geld zahlen, und ich muss viel Aufmerksamkeit aufwenden, um ihren Erfolg zu garantieren, also wähle ich sorgfältig aus, mit wem ich zusammenarbeite. Ich stelle genaue Recherchen an, um sicherzugehen, dass wir zusammenpassen, bevor ich neue Klienten annehme.

Nehmen Sie bestimmte Leute nicht nur deswegen ins Visier, weil sie viel Geld haben oder einen bekannten Namen. Setzen Sie Grenzen für sich und Ihr Unternehmen, damit Sie das Vertrauen und die Glaubwürdigkeit bei den Klienten erhalten, auf die es Ihnen ankommt. Stellen Sie sicher, die richtigen Klienten auszuwählen, zu denen Sie eine gesunde Beziehung unterhalten können. Das zu tun, wird Sie in die beste Position manövrieren, um exzellenten Service zu bieten.

WENN SCHWÄCHE ERFOLG BEDEUTET

Lernen Sie die eigenen Stärken genau kennen und finden Sie Menschen, die Ihnen in den Bereichen, in denen Sie nicht so gut sind, den Rücken freihalten. Es ist enorm wichtig, genau zu wissen, worin Sie sehr gut sind und worin nicht. Mit diesem Bewusstsein können Sie doppelt so viel in dem Bereich leisten, der Ihnen liegt, und Ihre Energie effizienter einsetzen.

Viele Menschen glauben, das Gegenteil treffe zu – sie glauben, sie müssten sich auf ihre Schwächen konzentrieren, um diese auszumerzen. Wenn es ein Arbeitsbereich oder eine Fertigkeit ist, die für Ihren Erfolg entscheidend ist, arbeiten Sie daran, sich zu verbessern. Wenn nicht, würde ich dazu raten, sich auf die eigene Expertise zu konzentrieren. Mit anderen Worten: Wenn Sie ein natürliches Talent für Kommunikation und Sprache haben, konzentrieren Sie sich nicht auf Mathematik und das Programmieren.

DIE ERFOLGREICHSTEN MENSCHEN WISSEN GAR NICHTS

Die erfolgreichsten Menschen sind bescheiden. Sie wissen, dass sie nicht alles wissen, also bleiben sie neugierig und hungrig nach Wissen. Ignoranten hingegen glauben, sie wüssten schon alles, also hören sie auf, dazuzulernen … und scheitern. Ich stelle fest, dass ich am meisten von der Konkurrenz lerne oder von Menschen, die in einem ähnlichen Fachgebiet wie ich arbeiten. Ich unterhalte mich gerne mit anderen über ihre Preisgestaltung, über Geschäftsmodelle und Marketingstrategien – es interessiert mich brennend, wie sie verschiedene Facetten ihrer Arbeit betrachten. Dann analysiere ich, was ich gelernt habe, und überlege, wie ich diese Informationen nutzen kann, um mein eigenes Geschäftsmodell zu verbessern.

Vor Kurzem habe ich den Autor und CEO Nathan Latka kennengelernt, einen intelligenten und erfolgreichen Entrepreneur, der den *Wall Street Journal*-Bestseller *How to Be a Capitalist Without Any Capital: The Four Rules You Must Break to Get Rich* geschrieben hat. Ich hatte das Vergnügen, mit ihm zu frühstücken, während er mir seine Businessstrategien erläuterte. Eines der Dinge, die bei mir Widerhall fanden, war, dass er zu Beginn seiner Karriere potenziellen Klienten und Partnern nur Millionen-Dollar-Deals präsentierte. Er wusste, die meisten dieser Deals würden abgelehnt werden, aber so gewöhnte er sich daran, gewaltige Beträge zu verlangen. Ich hielt das für einen cleveren Ansatz, wenn man ein Business-Mindset entwickeln will. Man lernt schnell, wie man seine Selbstwahrnehmung darüber ändert, wie viel die eigene Arbeit wert ist und wie man seinen wahrgenommenen Wert anderen präsentiert.

Indem Sie sich mit smarten und erfahrenen Geschäftsleuten unterhalten, werden Sie lernen, wie man das Business angeht. Sie müssen nicht unbedingt sofort dasselbe machen, aber Sie sollten sich diese Informationen merken, darüber nachdenken und dann entscheiden, wie Sie diese nutzen wollen. Sie müssen das Rad nicht neu erfinden. Lassen Sie sich vom Erfolg anderer anleiten, um selbst erfolgreich zu werden.

(Wenn Sie gerne ein persönliches Coaching oder eine Beratung wollen, schreiben Sie mir eine E-Mail unter bkane@brendanjkane.com oder besuchen Sie www.brendanjkane.com/work-with-brendan.)

KURZTIPPS UND ZUSAMMENFASSUNG

1. Der Schlüssel, um eine beeindruckende Liste an Klienten aufzubauen, besteht darin, dass man weiß, wie man Entscheidungen trifft, um »Top of Mind« zu bleiben, also im Bewusstsein potenzieller Kunden einen Spitzenplatz einnimmt.
2. Wenn Sie Zugang zu Prominenten, CEOs oder Milliardären suchen, kontaktieren Sie diese nicht direkt. Nähern Sie sich durch den inneren Kreis, der diese Menschen umgibt, und bieten Sie jedem Individuum innerhalb dieses Kreises einen Wert.
3. Bevor Sie sich mit CEOs treffen, fragen Sie sich: »Was bringt sie um den Schlaf?«
4. Befinden Sie sich in einem Raum mit den Führungspersonen eines Unternehmens, dann fragen Sie: »Was sind Ihre größten Prioritäten als Leiter*in dieses Unternehmens?«, und: »Was sind Ihre größten Sorgen?«
5. Wenn Sie erstklassige Klienten wollen, bleiben Sie flexibel, verstehen Sie jede Person als ein Individuum und adressieren Sie ihre Bedürfnisse, um allen einen erstklassigen Service zu bieten.
6. Wenn Sie sich in der Nähe von reichen und/oder prominenten Personen unsicher fühlen, denken Sie daran, präsent zu sein und sich auf die Arbeit zu konzentrieren.
7. Sie sollten Ihre Stärken kennen und Menschen einstellen, die sich um die Dinge kümmern können, in denen Sie Schwächen haben.
8. Sie müssen das Rad nicht neu erfinden. Lernen Sie aus den Erfolgen anderer und lassen Sie sich dabei leiten, während Sie nach Ihrem eigenen Erfolg streben.

KAPITEL 10

IHR HOOK POINT IST TOT; LANG LEBE DER HOOK POINT

Wie im Laufe dieses Buches immer wieder besprochen, sind Hook Points dafür da, dass Sie in einer 3-Sekunden-Welt besser herausstechen und erfolgreich sein können. Sobald Sie den Hook-Point-Prozess identifiziert und perfektioniert haben, müssen Sie eine solide Basis für Ihre Marken aufbauen, damit das Wachstum stattfinden kann, das aus der Aufmerksamkeit entsteht, die Ihre Hook Points hervorrufen. Wenn Sie eine solide Brand haben, werden Sie die Macht der Aufmerksamkeit besser nutzen können, die Ihnen durch effektive Hook Points zuteilwird.

Sie sollten auch bereit sein, Ihre Hooks immer wieder zu überarbeiten, zu testen und innovativ neu zu gestalten (besonders wenn Sie erfolgreich sind). Was heute funktioniert, funktioniert vielleicht in einem Jahr, einem Monat oder einer Woche nicht mehr. Das liegt an mehreren Faktoren, die zu etwas beitragen, das ich »Hook-Müdigkeit« nenne. Dieses Konzept werde ich am Ende des Kapitels erklären. Sich mit diesem Prozess zu beschäftigen, wird zu langfristigen Erfolgen führen.

WER SIND SIE?

Wenn Nate Morley, der Gründer von Works Collective und einer der Top-Brand-Strategen in den Vereinigten Staaten, mit einer Marke zusammenarbeitet, um die nächste Stufe zu erreichen, hilft er ihr, die folgenden fundamentalen Fragen darüber, wer sie ist, zu beantworten:

- Was ist unser Zweck (Purpose)?
- Wieso existieren wir?
- Was wollen wir sagen?
- Zu wem wollen wir es sagen?
- Wie unterscheiden wir uns von anderen?
- Was ist uns wichtig?
- Wie verhalten wir uns?
- Wie unterscheiden wir uns von anderen in diesem Bereich?

Morley erläutert: Wenn Brands diese Fragen beantworten, erfahren sie, wer sie sind, und entwickeln einen eigenen, ausgeprägten Standpunkt. Er glaubt, anhaltendes Wachstum, Stärke und Erfolg entspringen nicht der Tatsache, dass man weiß, was man *tut*, sondern dass man weiß, *wer man als Marke ist*. Wenn Sie immer nur davon sprechen, was Sie tun, machen Sie sich angreifbar für die Konkurrenz und gestatten es sich selbst nicht, eine langfristige, bedeutungsvolle Verbindung zu Menschen herzustellen. Morley sagt: »Die besten Marken der Welt nutzen ihr Marketing, um den Leuten zu sagen, wer sie sind; und was sie tun, herstellen oder anbieten, wird zum Ausdruck oder Beweis dessen, was sie sind.«

Morley meint jedoch, dass Unternehmen, die noch am Anfang stehen, manchmal über das reden müssen, was sie tun, bevor sie davon sprechen können, wer sie sind. Das Druckunternehmen Chatbooks (das von Morley beraten wird) zum Beispiel traf mit seinem Marketing zuerst folgende Aussage: »Drucken Sie für sechs Dollar Fotobücher mit den Bildern Ihres Instagram-Accounts.« Diese Botschaft brachte das Unternehmen ins Geschäft – die ersten User mussten erfahren, was Chatbooks machte, doch dann entwickelte sich das Geschäft, und Konkurrenten traten auf den Plan – und das Unternehmen musste seine Botschaft ändern.

Morley postuliert: »Stellen Sie sich vor, Chatbooks hätte immer noch dieselbe Botschaft, nachdem sie schon zwei Jahre existieren, und ein anderes Unternehmen tritt auf den Plan und sagt: ›Drucken Sie für fünf Dollar Fotobücher mit den Bildern Ihres Instagram-Accounts.‹ Das würde Chatbooks in eine sehr verletzliche Position drängen. Das ist in jedem Business unvermeidlich. Irgendwann musss sich eine Marke ändern und nicht mehr nur davon reden, was sie tut, sondern darüber [wer sie ist], um die Loyalität der Kunden zu erhalten.«

Darüber zu reden, wer Sie sind, schafft langfristige Stabilität. Um Chatbooks zu helfen, sich von »Drucken Sie für sechs Dollar Fotobücher mit den Bildern Ihres Instagram-Accounts« aus weiterzuentwickeln, fragte Morley die Gründer, wieso sie das Unternehmen geschaffen hatten und Fotobücher verkaufen wollten. Indem sie diese fundamentalen Fragen beantworteten, erfuhren die Gründer, dass »wer sie sind« und »wieso sie es taten« mit ihrem Wunsch verbunden war, Familienbande zu stärken. Nachdem sie das herausgefunden hatten, entwickelte Morley die Botschaft: »Halte fest, was dir wichtig ist« (»Hold On to What Matters«). Chatbooks bietet eine großartige Möglichkeit für Menschen, das zu bewahren, was für sie Bedeutung hat – die Erinnerungen, die Menschen, die Erfahrungen und so weiter –, und das auf eine völlig neue Art und Weise. Und es hatte eine doppelte Bedeutung, denn die Kunden konnten nicht nur ihre Erinnerungen festhalten, sondern auch das physische Buch in den Händen halten.

Morley erklärt: »Chatbooks entwickelte sich von einem Unternehmen, das für sechs Dollar Fotobücher druckte, zu einem Unternehmen mit der Aussage ›Halte fest, was dir wichtig ist‹, und schließlich entwickelten sie sich noch ein wenig weiter – im Moment sprechen sie davon, Familien zu stärken.« Morley sagte, es gebe wissenschaftliche Beweise, dass es die Bindung zu den Kindern, Eltern, Großeltern und Cousinen und Cousins stärkt, wenn man Familienfotos griffbereit hat; es stärkt tatsächlich die Familienbande. Chatbooks wurde zu einem Unternehmen, das zur Stärkung von Familien beiträgt, und das kann man auf mannigfaltige Weise zum Ausdruck bringen. Morleys Beratung, was der Unterschied zwischen »was wir tun« und »wer wir sind« ist, half der Marke dabei, sich weiterzuentwickeln.

Nehmen Sie sich also die Zeit herauszufinden, wer Sie sind. Es wird Ihrem Unternehmen helfen, zu wachsen und langfristig zu bestehen. Ihre Kunden sind demgegenüber loyal, wer Sie sind, nicht demgegenüber, was Sie tun. Es kann eine Weile dauern, bis Sie entdeckt haben, wer Sie sind, aber Sie werden es nicht bereuen, sich selbst diese fundamentalen Fragen gestellt zu haben.

ES IST NICHT LEICHT, ABER ES IST SIMPEL

Viele Menschen stellen fest, dass es schwer ist, sich großartige Hook Points und Storys einfallen zu lassen. Werbetexter Ernest Lupinacci meint, tatsächlich sei dies einerseits schwer, andererseits aber auch einfach. Er weist darauf hin, dass Aufgaben wie den Mount Everest zu besteigen oder einen Marathon zu laufen natürlich nicht leicht sind, aber im Grunde wirklich simpel – es gibt einige wenige eindeutige Schritte, die man durchführen muss, um jedes dieser Ziele zu erreichen – der Haken ist nur, dass es nicht einfach ist, all diese Schritte tatsächlich zu tun. Wenn Sie zum Beispiel einen Ironman-Triathlon vollenden wollen, müssen Sie einfach nur 3,8 Kilometer schwimmen, 180,2 Kilometer Rad fahren und 42 Kilometer laufen. Wenn Lupinacci das den Leuten erklärt, lautet ihre Reaktion normalerweise: »Das hört sich schwer an.« Worauf er antwortet: »Ich habe nicht gesagt, dass es leicht ist, ich habe gesagt, es ist *simpel.*«

Lupinacci fährt fort: »Einen Hook Point zu finden, der die Leute fesselt, ist simpel. Wir wissen alle, wie es sich anhört – vergleichbar mit dieser Zeitungsschlagzeile aus dem Jahr 1969: ›3:56 Uhr: Mann betritt den Mond‹.«[72] Einen großartigen Hook Point erst hinterher zu erkennen, ist einfach, aber tatsächlich einen Hook für Ihr Unternehmen oder Ihre Marke zu finden, ist schwer. Deswegen müssen Sie jeden Tag daran arbeiten und das Hook-Point-Framework immer im Hinterkopf behalten. Wie bei jedem Unterfangen erfordert es Wiederholung, um es zu perfektionieren. Zum Glück hatte ich den Vorteil, diesen Prozess für die letzten 15 Jahre einüben zu können.

(Wenn Ihr Unternehmen gerne Hilfe von meinem Team beim Kreieren von Hook Points hätte, besuchen Sie bitte www.hookpoint.com/agency und füllen Sie den kurzen Fragebogen aus, der uns etwas über Ihr Unternehmen und Ihre Ziele verrät.)

MANAGEN SIE IHRE MARKE SO, WIE MARVEL SEIN STUDIO MANAGT

Doug Scott, der ehemalige President von Ogilvy Entertainment und aktueller President von Big Block, kritisiert, Marken würden oft das Ziel aus den Augen verlieren, langfristige Kundenbeziehungen aufzubauen, und sich stattdessen auf kurzfristige Kommunikation über Werbekampagnen konzentrieren, weil wir in einer Welt der »Augenblicke« leben, in der die digitalen und sozialen Medien alles beschleunigt haben. Selbst wenn die meisten Verkaufsbemühungen heute direkt auf den Konsumenten abzielen, erklärt er, müssen Brands dennoch ihre kulturelle Relevanz weiter ausbauen. Oft sind Menschen gerade irgendwohin unterwegs oder machen eine Pause von dem, was sie normalerweise tun, und scrollen während dieser Auszeit durch ihren Social-Media-Feed, bis etwas ihre Aufmerksamkeit erregt. Heute gibt es diese Mikroberührungspunkte, durch die Sie schnell etwas bewerben und verkaufen können. Aber um tatsächlich die Aufmerksamkeit, die Sie in diesem kurzen Zeitfenster erregen konnten, erfolgreich in Verkäufe umzusetzen, müssen Sie eine starke Beziehung zu Ihren Kunden aufbauen und in Ihrem Narrativ über verschiedene Plattformen hinweg konsistent sein.

Denken Sie daran, dass Marken Storytelling betreiben, nicht anders als Marvel Studios. Scott glaubt, dass Kevin Feige, der Präsident von Marvel Studios, Erstaunliches im Bereich Storytelling über verschiedene Medien hinweg geleistet hat. Er meint: »Marvel und Disney haben ein Metaverse aufgebaut, das in verschiedenen Medien existiert, und das ist von entscheidender Bedeutung, wenn man will, dass man sich mit den Figuren und ihren Storys verbunden fühlt. Wenn das also ein strategisches Tool für Marvel ist, wieso sollte eine globale Brand glauben, dass es nicht wichtig für sie sei, eine konsistente Botschaft zu haben und diese deutlich über die verschiedenen Plattformen zu verbreiten, auf denen sie die Story erzählt?«

Sie können nicht die Aufmerksamkeit von jemandem in den sozialen Medien erregen und dann keinen weiteren Wert auf diese Beziehung legen oder etwas Faszinierendes zeigen, das nicht zum Rest Ihres Contents passt. Ihre Marke muss wie ein Filmstudio strukturiert sein. Scott erklärt, Produkte würden wie die Sprossen einer Leiter zur Position der Brand hinaufführen, genau wie Filme innerhalb eines Franchise. Sie steigern die Rentabilität und die vierteljährlichen Einnahmen Ihres »Studios«, und es sollte klar sein, dass Ihre »Plüschfiguren« und »Themenparkabenteuer« ein Teil Ihres geistigen Eigentums sind und nicht das von irgendjemand anderem. Die Spielzeuge sind Ihren Produkten vergleichbar, und der Themenpark ist ähnlich wie Ihr Ladengeschäft oder Ihr Content in den sozialen Medien, wo die Menschen darauf reagieren und das erleben können, was Sie erschaffen.

Im Grunde muss jeder Berührungspunkt verbunden sein, was dadurch erreicht wird, dass man die Rolle des einzelnen Mediums in Ihrem Gesamtnarrativ versteht. Scott glaubt, egal, ob eine Person sich am Ende eines langen Tags zurücklehnt und einen 30 Sekunden langen Fernsehwerbespot sieht, Ihren Content in den sozialen Medien entdeckt oder eine E-Mail erhält, das Narrativ der Marke muss konsistent und relevant sein, denn nur dadurch verdient man überhaupt das Recht, jemanden in seiner Freizeit zu stören, und man verdient sein Vertrauen, was dazu führt, dass der Konsument einem seine begrenzte Zeit und Aufmerksamkeit widmet.

Die Tools in diesem Buch zu verwenden, kann Ihnen helfen, ein starkes Brand-Narrativ zu kreieren, also denken Sie daran, Hook Points und Storys zu entwickeln, die authentisch sind und Ihrem Publikum einen Wert bieten.

FINDEN SIE IHRE *MONEYBALL*-LÖSUNG

Ernest Lupinacci erläutert, ein wichtiger Handlungsstrang des Films *Die Kunst zu gewinnen – Moneyball* ist, dass die Talentscouts jahrelang über tonnenweise Statistiken brüten, um herauszufinden, ob Spieler eine gute Wahl für ihr Team wären oder nicht. Im Film realisiert die Figur, die von Jonah Hill gespielt wird, dass es letztlich nur einen Datenpunkt gibt, der wichtig ist – nämlich ob ein Spieler die erste Base erreichen kann oder nicht. Der Grund ist: Wenn sie es nicht können, erzielen sie keine Punkte. So unplausibel es klingt: Wenn Spieler stets die erste Base erreichen, gleicht das jeden anderen negativen Punkt ihrer Statistik aus – und umgekehrt. Selbst wenn Spieler sehr gut auf bestimmten Positionen spielen und alle möglichen Rekorde halten, wird das dem Team nicht wirklich helfen, wenn sie nicht zuverlässig die erste Base erreichen.

Mithilfe dieser Analogie versucht Lupinacci *Moneyball*-Lösungen für all seine Klienten zu finden. Im Fall von Businessstrategie und Werbung ist die Moneyball-Lösung das Prinzip, das einem Unternehmen zu verstehen hilft, wieso es bestimmte Entscheidungen trifft. Lupinacci ist der Meinung, dass Apples Erfolg in dem Glaubenssatz verwurzelt ist: »Wenn man erfolgreich sein will, muss man nicht gründlicher nachdenken oder intelligenter sein; man muss nur *anders* denken.« Dieses »Think different«-Prinzip ist die *Moneyball*-Lösung, die Apple theoretisch hilft, alle Entscheidungen zu treffen.

»Wieso kam Apple auf die Idee, eigene Markenstores zu eröffnen? Hätten sie nicht einfach ihre Produkte bei ›Best Buy‹ verkaufen können?« Die Antwort ist: »Nein, denn sie mussten anders denken.« Und wenn jemand fragt: »Wieso investiert Apple so viel Energie und Geld in Design und Verpackung? Wirft man die Verpackung nicht einfach weg, wenn man sie geöffnet hat?« Die Antwort, wieder durch die *Moneyball*-Lösung hervorgerufen, lautet: »Ja, aber sie denken anders.«

Ein weiteres Beispiel für ein Unternehmen, das historisch betrachtet davon profitiert hat, dass es seine eigene *Moneyball*-Lösung willkommen hieß, ist FedEx. Lupinacci fragte: »Wissen Sie, dass gewisse Dinge in jedem Fall über Nacht bei jemand anderem ankommen müssen, um einen geschäftlichen Erfolg zu garantieren?« Worauf die meisten antworten würden: »Ja, das weiß ich.« – »Und wissen Sie, dass viele Menschen nicht mehr 40 Stunden die Woche arbeiten, sondern 80, und am Ende jedes Tages gibt es eine Menge Dinge, die jemand quer durchs Land versenden will, und es muss unbedingt am nächsten Tag ankommen?« Worauf wieder die meisten »Ja« antworten würden. »Nun, FedEx ist die Lösung für dieses Problem.«

Man könnte sagen: Im Verlauf der Entwicklung des Unternehmens geschah alles, was FedEx tat, unter dem Gesichtspunkt, dass die Pakete, die man ihnen anvertraute, unbedingt auf jeden Fall zu der Zeit an dem Ort sein mussten, der vorher festgelegt worden war. Wenn FedEx die Entscheidung trifft, zusätzliche Lastwagen zu kaufen, dann deswegen, weil ihnen das dabei hilft, ihr Versprechen einzuhalten. Als sie beschlossen, Kinko's zu kaufen, lag es daran, dass dieser Kauf ihnen half, noch mehr Dinge dorthin zu transportieren, wo sie zu einem bestimmten Termin sein sollten. Jede Entscheidung, die FedEx trifft, unterliegt diesem einen *Moneyball*-Prinzip.

Meiner Meinung nach kann man dieselbe Analogie einer Moneyball-Lösung auch auf die Bedeutung Ihres Hook Points anwenden. Einen guten Hook Point zu haben, ist der erste Schritt zu einer *Moneyball*-Lösung, denn damit kommen Sie buchstäblich bei Ihren Kunden bis zur ersten Base. Ohne den Hook Point können Sie keine Aufmerksamkeit erregen und damit keine weiteren Runs machen, um zu punkten. Hook Points helfen Ihnen, Zeit und Aufmerksamkeit der Konsumenten zu gewinnen, damit Sie ihnen von den Storys und Glaubenssätzen erzählen können, die Ihr Geschäft voranbringen.

EMPATHIE IST DER GRÖSSTE ANTRIEB FÜR INNOVATION

Lupinacci sagt, dass Sie, wenn Sie versuchen, sich neue Ideen für Hook Points und Storys einfallen zu lassen, im Hinterkopf behalten sollten, dass »Empathie der größte Antrieb für Innovation ist«. Als Unternehmen versuchen Sie, die Probleme anderer Menschen zu lösen, und oft sind die wichtigsten Probleme, die Sie für Ihre Kunden lösen können, solche, die gar nichts mit Ihren Produkten zu tun haben. Zum Beispiel erläutert Lupinacci, dass das Hauptproblem, das Nike stets ansprechen wollte, darin besteht, dass zwar viele Menschen gerne sportlicher wären, aber nicht jeder sich fit genug fühlt oder über ausreichend Selbstvertrauen verfügt, um ins Fitnessstudio zu gehen, einen Kurs zu besuchen oder in einer Mannschaft mitzuspielen. Nikes Lösung dafür ist, uns stets dennoch zu »Just Do It« zu ermuntern. Das Brillante an dieser Botschaft ist, dass man dazu nicht mal Nikes Produkte kaufen muss – man muss nur anfangen und das tun, was immer man tun will.

Lupinacci fügt hinzu, dass die meisten von uns mit ihren persönlichen Problemen herumlaufen (oder -sitzen), während diese uns im Kopf herumgehen. Wenn Sie also – begleitet von Ihren Hook Points, Storys oder Produkten – die Frage »Wie kann ich Ihnen helfen?« stellen können statt nur »Wollen Sie unser neues XZY ausprobieren?«, werden Sie einen besseren Zugang zu Ihren Kunden finden. Empathie zu nutzen, um die Bedürfnisse Ihrer Kunden vorherzuahnen und zu verstehen, hilft Ihnen dabei, Ihre Werbekampagnen und Produkte anhand bedeutender innovativer Lösungen zu strukturieren. Empathie zu nutzen, hilft Ihnen, weiterzukommen und schneller zu sein, und außerdem, sich bessere Hook Points einfallen zu lassen.

INKLUSION FÜR DEN ERFOLG

John Kilcullen, Schöpfer der *Für Dummies*-Buchreihe, erklärt, dass wir normalerweise Menschen einstellen, die uns ähnlich oder vertraut sind. Er empfiehlt, aus diesem Kreislauf auszubrechen und die eigenen Normen hinter sich zu lassen. Durch Inklusion und diverse Denkansätze, verschiedene geografische Hintergründe und unterschiedliche Standpunkte werden Sie tiefere Wahrheiten ergründen und schneller bahnbrechende Einsichten gewinnen.

Er rät auch dazu, eine Umgebung des *Eustresses* in Ihrem Unternehmen und Ihren Teams zu kreieren. Eustress ist moderater psychologischer Stress, der für die Person, die ihn empfindet, positiv ist. Diese Art von Umgebung zu fördern, löst bei den Menschen das Gefühl aus, sie würden aufblühen. Sie denken: *Wow, das dauert zwar lange und es ist harte Arbeit, aber ich fühle mich herausgefordert, angetrieben und belebt.* Seien Sie aber vorsichtig und finden Sie ein Gleichgewicht zwischen einer Umgebung, in der die Menschen sich zu gestresst fühlen, im Flucht-oder-Kampf-Modus sind, und einer, in der sie wirklich leidenschaftlich an ihren Herausforderungen arbeiten.

DER HOOK-POINT-MARATHON

Ausdauer, Durchhaltevermögen und die Bereitschaft, etwas zu lernen, stellen für die meisten Leute den Kern ihres geschäftlichen Erfolgs dar. Sie können nur scheitern, wenn Sie aufgeben. Halten Sie an einer soliden Arbeitsethik fest und umgeben Sie sich mit Leuten, die Sie inspirieren und unterstützen. Halten Sie sich von denjenigen fern, die Sie herunterziehen und nicht an Ihre Träume glauben.

Während Sie auf Ihre Träume hinarbeiten, denken Sie auch daran, keine Verwirrung aufkommen zu lassen, wer Sie sind und wieso Sie tun, was Sie tun. Bringen Sie Ihre Hook Points mit Ihren persönlichen Idealen auf eine Linie; bieten Sie Wert durch Ihre Storys; seien Sie sich selbst treu und geben Sie auf keinen Fall auf. Je mehr Sie die Prinzipien in diesem Buch einüben, desto mehr werden Sie lernen, was Ihnen helfen wird, in der 3-Sekunden-Welt, in der Sie sich wiederfinden, herauszustechen.

HOOK-MÜDIGKEIT: SELBST WENN SIE ERFOLG HABEN, VERSUCHEN SIE ES IMMER UND IMMER WIEDER

Irgendwann werden Sie einen Hook Point finden, der Ihnen hilft, herauszustechen und Ihre Marke zu skalieren. Wenn das passiert, glauben Sie vielleicht, dass Ihre Arbeit getan ist, aber darüber sollten Sie noch einmal nachdenken, denn die Wahrheit ist: Ihre Arbeit, das Hook-Point-Framework anzuwenden, hat gerade erst begonnen. Hooks müssen ständig überarbeitet, getestet und neu gedacht werden. Was heute funktioniert, hat vielleicht in einem Jahr, einem Monat oder sogar einer Woche keine Wirkung mehr. Das liegt daran, dass mehrere Faktoren zu dem beitragen, was ich »Hook-Müdigkeit« nenne.

Die Hauptursache für Hook-Müdigkeit ist die Wahrheit, die in dem alten Spruch steckt: »Imitation ist die aufrichtigste Form der Bewunderung.« Wenn Sie sich einen innovativen Hook Point einfallen lassen, ist es unvermeidlich, dass irgendwann jemand Ihr Konzept kopieren wird. Wenn das passiert, sehen Sie es als Kompliment und setzen Sie sich erneut ans Skizzenbrett, denn Ihr Hook wird nun weniger effektiv sein. Auch wenn das andere Unternehmen vielleicht nicht gut darin ist, Sie zu kopieren, wird der Hook dadurch unglücklicherweise dennoch weniger einzigartig werden.

Wir haben schon davon geredet, wie andere Marken begannen, den »one for one«-Hook-Point von TOMS Shoes zu kopieren. Das war ein brillanter Hook, der sehr gut funktionierte, aber als andere Brands damit begannen, das Konzept in ihre eigenen Kampagnen zu übernehmen, wurde es weniger einzigartig und daher weniger effektiv. Das Gleiche kann man über Netflix' ursprünglichen Hook sagen. Zuerst hat Netflix die Konkurrenz geschlagen, vor allem Blockbuster, weil es seinen eigenen Streamingdienst starteten. Heute haben Hulu, Amazon, Disney und Showtime alle ihre eigenen Streamingdienste. Die Konkurrenz hat

Netflix gezwungen, innovativ zu sein, weswegen der Streamingdienst voraussichtlich im Jahr 2020 bis zu 17 Milliarden Dollar für eigenen Content ausgeben wird.[73] Aktuell ist fesselnder, eigener Content wie *Stranger Things* und *The Umbrella Academy* Netflix' Hook.

Der zweite Grund, wieso Sie Ihre Hook Points ständig weiterentwickeln müssen, ist Folgender: Unabhängig davon, ob andere Marken Sie kopieren oder nicht, werden Hooks mit der Zeit ihre Anziehungskraft verlieren. Sobald den Leuten Ihre Hooks zu vertraut vorkommen, müssen Sie innovativ werden. Den Entscheidungsträgern bei Disneyland und Disney World ist diese Tatsache wohl bewusst, deswegen haben sie eine Milliarde Dollar investiert, um Star Wars: Galaxy's Edge (den Star-Wars-Themenbereich innerhalb von Disneyland und Disney World, den ich im ersten Kapitel erwähnt habe) zu bauen.[74] Disneys Verantwortliche wissen: Wenn sie ihren Umsatz auf einem hohen Niveau halten wollen, brauchen sie einen konstanten Besucherstrom in ihren Parks. Ich will damit natürlich nicht behaupten, dass niemand mehr in einen dieser Freizeitparks gehen würde, nur weil das Unternehmen keine neuen Fahrgeschäfte baut, ich erläutere einfach nur, dass Disney seinen Marktanteil und die Aufmerksamkeit in der 3-Sekunden-Welt, in der wir leben, erhalten will. Die Marke muss relevant bleiben und neue Hooks kreieren, damit die Besucher immer wieder kommen und mehr wollen.

JEDE WOCHE EIN NEUER HOOK POINT?

Die Häufigkeit, mit der Sie neue Hook Points generieren müssen, ist einzigartig je nach Marke und Geschäftsbereich. Einige Brands können ein paar Jahre warten, während andere sich täglich einen neuen Hook erdenken müssen. Als ich zum Beispiel mit Katie Couric arbeitete, führten wir alle paar Tage Interviews durch und schufen neue Hook Points, um die Leute zu ihrem Content zu locken, der nahezu jeden Tag veröffentlicht wurde. Verglichen mit Netflix, müssen Nike und viele der anderen großen Marken nicht so oft mit neuen Hooks aufwarten. Behalten Sie also die Konkurrenz genau im Auge, denn was sie tut, wird auch die Frequenz beeinflussen, mit der sie selbst neue Hooks erstellen müssen. Vor allem rate ich Ihnen, unabhängig von Ihrer Branche und der Größe Ihrer Marke stets den nächsten Hook Point im Hinterkopf zu haben. In unserer Kultur der Mikroaufmerksamkeit ist es eine der besten Methoden, herauszustechen und Marktanteile zu gewinnen oder zu sichern, wenn man fesselnde Hooks zur Verfügung stehen hat.

Aber ein Wort der Vorsicht: Sorgen Sie dafür, Ihre Hooks weiterzuentwickeln und so zu gestalten, dass sie Ihre Kunden nicht verwirren. Nike und Netflix stehen an einer Position, in der sie Hunderte, potenziell Tausende von Hooks haben können, und es wird ihre Kundenbasis nicht verwirren, denn die Leute sind so vertraut mit diesen Marken – sie haben eine solide Basis und ihre Brand eine eigene Stimme, sodass die Kunden nicht abtrünnig werden, wenn die Marke mit neuen Hooks aufwartet. Andere, weniger bekannte Brands können sich diesen Luxus nicht leisten. Sie müssen sich vielleicht erst einmal ein halbes oder ganzes Jahr auf einen oder zwei Hooks konzentrieren, um eine solide Basis aufzubauen – und bevor Hook-Müdigkeit eintritt –, und dann daran arbeiten, neue Hook Points zu finden.

DER FÜNFSTUFIGE PROZESS, UM HOOK POINTS ZU ERSTELLEN, IST IHR RETTUNGSRING

Zu verstehen, wie Hooks funktionieren, und sich durch den fünfstufigen Prozess zu arbeiten, um einen Hook Point zu kreieren, kann *oft* jedem Unternehmen helfen. Wenn Sie die Nutzung dieses Frameworks in Ihre Gesamtgeschäftsstrategie integrieren, haben Sie einen Vorteil gegenüber der Konkurrenz. Ihre Hooks stets zu überarbeiten und unter die Lupe zu nehmen, verleiht Ihnen Macht. Selbst Craig Clemens, dessen Werbetexte schon mehr als eine Milliarde Dollar an Produkten verkauft haben, testet und schreibt weiterhin Texte für die Startseite von Golden Hippo. Er sagt: »Ich schreibe immer noch Hooks, Überschriften und Texte, denn es hält mich frisch. Neue Ideen zu testen, hilft mir, innovativ zu bleiben und ein erfolgreicheres Unternehmen zu leiten.«

Ich will, dass Sie dieses Buch beenden mit dem Wissen, dass das Hook-Point-Framework – und alles, was Sie in diesem Buch gelernt haben – ein Werkzeug ist, das Sie wieder und wieder einsetzen können. Vermutlich werden Sie beim ersten Versuch nicht gleich den besten Hook kreieren, und selbst wenn Sie sofort den Jackpot knacken, wird Ihr erfolgreicher Hook an Wirkung verlieren. Um auf lange Sicht Erfolg zu haben. müssen Hooks ständig neu geschaffen, getestet und überarbeitet werden. Einige der smartesten Menschen, die ich kenne, haben bemerkenswerte Resultate erzielt durch kontinuierliches Testen und indem sie sich selbst und ihre Marken weiterentwickelt haben.

Machen Sie sich bewusst: Was heute funktioniert, funktioniert vielleicht morgen, in sechs Monaten oder in einem Jahr nicht mehr. Um sicherzugehen, dass Sie relevant und bei potenziellen Kunden die Nummer eins bleiben, integrieren Sie das Hook-Point-Framework und die »Testen-Lernen-Weiterentwickeln«-Methode in Ihre Geschäftsstrategie. Das wird Ihnen helfen, die besten Hook Points zu kreieren, und es wird Ihrer Marke, Ihren Produkten und Dienstleistungen eine bessere Chance auf langfristigen Erfolg verschaffen. Diese Konzepte helfen Ihnen, zu überleben, wenn die Konkurrenz zuschlägt, die Wirtschaft eine Flaute erlebt, es ein Problem in einem kompletten Industriezweig gibt oder wenn sich Ihnen Hindernisse in den Weg stellen. Innovation stärkt Sie und hilft Ihnen, auf dem 3-Sekunden-Markt an der Spitze zu bleiben.

KURZTIPPS UND ZUSAMMENFASSUNG

1. Bauen Sie ein solides Fundament für Ihre Marke auf, um das Wachstum zu unterstützen und zu erhalten, das durch die Aufmerksamkeit entsteht, die Ihre Hook Points erregen.
2. Nehmen Sie sich die Zeit, die in diesem Kapitel genannten fundamentalen Fragen zu beantworten, die sich darum drehen, wer Sie als Marke sind. Das wird zu anhaltendem Wachstum, Erfolg und Stärke führen.
3. Einen Hook für Ihr Unternehmen oder Ihre Marke zu finden, ist schwierig, deswegen müssen Sie jeden Tag daran arbeiten und das Hook-Point-Framework im Kopf behalten.
4. Brands nutzen Storytelling – nicht anders als Marvel Studios –, also behandeln Sie Ihre Marke, als wären Sie ein Filmstudio, und sorgen Sie für eine konsistente und deutliche Botschaft über verschiedene Plattformen hinweg.
5. Hook Points helfen Ihnen, sich die Zeit und Aufmerksamkeit der Konsumenten zu verdienen, damit Sie ihnen die Storys und Glaubenssätze vermitteln können, die Ihr Unternehmen vorantreiben.
6. Versuchen Sie – basierend auf Empathie –, die Bedürfnisse Ihrer Kunden zu verstehen, damit Sie Ihre Kampagnen strukturieren und bedeutungsvolle, innovative Lösungen integrieren können.
7. Hooks müssen ständig überarbeitet, getestet und auf innovative Weise neu erdacht werden.
8. In unserer Kultur der Mikroaufmerksamkeit ist es eine der besten Methoden, fesselnde Hook Points zur Verfügung zu haben, um herauszustechen und Marktanteile zu sichern oder zu gewinnen.
9. Wenn Sie das Hook-Point-Framework zu einem dauerhaften Teil Ihrer Geschäftsstrategie machen, werden Sie der Konkurrenz einen Schritt voraus sein. Ihre Hooks ständig zu überarbeiten und unter

die Lupe zu nehmen, gibt Ihnen die Macht, zu überleben, wenn die Konkurrenz zuschlägt, die Wirtschaft schwächelt, es ein Problem gibt, das einen ganzen Industriezweig betrifft, oder wenn andere Hindernisse Ihnen im Weg stehen.

10. Integrieren Sie die »Testen-Lernen-Weiterentwickeln«-Methode in Ihren Geschäftsansatz.
11. Innovation stärkt Sie und hilft Ihnen, auf einem 3-Sekunden-Markt an der Spitze zu bleiben.

DANKSAGUNG

Zuerst möchte ich meinem Literaturagenten, Bill Gladstone, danken, dem besten Agenten der Welt, ohne den dieses Buch nicht möglich gewesen wäre. Bill, es erstaunt mich immer noch, dass jemand von deiner Statur, der Autoren repräsentiert hat, die insgesamt Bücher im Wert von mehr als fünf Milliarden Dollar verkauft haben, sich die Zeit genommen hat, dieses Projekt und meine Karriere auf den richtigen Kurs zu bringen. Danke für deine anhaltende Unterstützung, und ich freue mich schon, mit dir an künftigen Büchern zu arbeiten.

Danke, Latham Arneson, weil du so ein wunderbarer Freund bist. Ich genoss unsere gehaltvollen Unterhaltungen darüber, wie man die maximalen Ergebnisse für all die Filme erzielt, an denen wir bei Paramount Pictures zusammengearbeitet haben, und ich bin froh, dass wir auch weiterhin großartige Gespräche führen werden. Ich bin dankbar, dass du zu diesem Buch beigetragen hast.

An Michael Breus: Danke für deine Freundschaft und den guten Rat in all den Jahren. Ich freue mich darauf, auch weiterhin mit dir zusammenzuarbeiten, um einen positiven Impact auf die Welt zu haben.

Erick Brownstein, ich werde ewig dankbar sein für all die Anleitung und die Einsichten, die du mir über die Jahre hast zuteilwerden lassen. Was du und dein Team bei Shareability leisten, ist außergewöhnlich und deine Perspektive stets wertvoll.

Danke, Craig Clemens, für deine Freundschaft. Von dir zu lernen, war wahrlich eine Freude und ich genieße es, mit dir und deiner Frau, Sara Anne Stewart, Zeit zu verbringen. Ich weiß zu schätzen, was ihr für mich getan habt, und all das Wissen, an dem du mich hast teilhaben lassen. Ich freue mich auf weitere Jahre der Freundschaft, die noch vor uns liegen.

Keith Ferrazzi, danke, dass du so ein toller Freund, Mentor und Kollaborator warst. Ich freue mich schon darauf, in der Zukunft noch enger mit dir zusammenzuarbeiten.

Naveen Gowda, danke, dass du ein so unglaublicher Creator und Kollaborator bist. Du hast mir so viel über Content Creation beigebracht, über das Mindset und darüber, wie man Content angeht, sodass er zig Millionen, wenn nicht Hunderte Millionen Menschen erreichen kann. Ich freue mich schon auf unsere weitere Partnerschaft und darauf, zu beobachten, welch großen Einfluss deine Expertise auf die Geschäftsziele anderer Leute in den sozialen Medien hat.

Wie immer, danke, Mike Jurkovac, für deine kreative Partnerschaft, deine Anleitung und deine Unterstützung über die Jahre. Ich bin hocherfreut darüber, weiter mit dir bei künftigen Projekten zusammenzuarbeiten.

Jim Kane, danke vielmals für deine Unterstützung und dein Mentoring über die Jahre, sowohl als Vater als auch als Geschäftsmann. Ich weiß wirklich die zahllosen Stunden zu schätzen, die du damit zugebracht hast, Vereinbarungen unter die Lupe zu nehmen, seit Beginn meiner Karriere als Unternehmer. Und danke dafür, mich an deiner Weisheit teilhaben zu lassen. Ich weiß, dass sie einen bedeutenden Einfluss auf das Leben anderer Menschen haben wird, so wie sie einen Einfluss auf mein Leben hatte.

John Kilcullen, danke vielmals dafür, dass du deine Erfahrungen mit allen da draußen teilst, die dieses Buch lesen. Es wird anderen einen bedeutenden Wert liefern, und ich weiß deine Einsichten, aus denen ich so viel gelernt habe, ungemein zu schätzen.

Danke, Jeff King. Deine Lektionen über das Process Communication Model (PCM) haben mein Leben verändert. Ich bin dankbar für all deine Unterstützung und Leitung. Ich liebe unsere Unterhaltungen über Kommunikation und wie sie nicht nur Unternehmen, Content und die sozialen Medien beeinflusst, sondern auch unser tägliches Leben. PCM und deine Präsenz in meinem Leben waren von großer Bedeutung für mich.

Vishen Lakhiani, danke, dass du dir die Zeit genommen hast, das Vorwort zu schreiben, und dafür, dass du ein so großer Fürsprecher meiner Arbeit bist. Ich hoffe, wir können noch viele Jahre zusammenarbeiten und die Welt ein kleines bisschen besser hinterlassen, für alle »Eves«.

Alex Livian, danke, dass du an diesem Buch mitgearbeitet hast. Es war mir ein Vergnügen, dich als Freund kennenzulernen und auch unsere Zusammenarbeit im Geschäftlichen hat mir viel Freude bereitet. Dein enormer Schatz an Weisheit und Wissen wird sicherlich die Welt auf positive Weise verändern.

Ernest Lupinacci, danke, dass du dir die Zeit genommen hast, dein Wissen und deine Weisheit nicht nur mit mir, sondern mit der ganzen Welt zu teilen. Auch wenn wir uns erst seit kurzer Zeit kennen, freue ich mich schon auf weitere Gespräche und darauf, verschiedene Möglichkeiten der Zusammenarbeit zu finden.

Peter Park, danke, dass du ein so guter Mentor warst und mir in den letzten Jahren mit meiner persönlichen Gesundheit und Wellness geholfen hast. Du hast einen enormen Einfluss auf mein Leben, sowohl persönlich als auch beruflich. Ich bin dankbar, dass du für dieses Buch bereitwillig über deine Erfahrungen berichtet und aus dem Nähkästchen geplaudert hast. Ich weiß, das wird einen Einfluss auf das Leben vieler Menschen haben.

Danke vielmals, Doug Scott, für deinen Beitrag zu diesem Buch. Deine Weisheit wird Menschen auf der ganzen Welt helfen, und ich weiß es wirklich zu schätzen, dass du dir die Zeit genommen hast, uns daran teilhaben zu lassen.

An das ganze Team bei Waterside Productions: Danke für eure Hingabe an dieses Buch und dafür, es auf den Markt gebracht zu haben. Ein aufrichtiges Dankeschön an das gesamte Team und besonders an Bill und Gayle Gladstone, Jill Kramer, Kenneth Kales und Josh Freel.

Danke an die brillanten Mitglieder meines eigenen Teams. Unser Wachstum wäre ohne eure anhaltende harte Arbeit und Hingabe nicht möglich gewesen. Ein besonderer Gruß an Faye Chuasukonthip, Strahil Hadzhiev, Patricia Handschiegel, Javier Vital und Gary White.

Zu guter Letzt: Danke, Tara Rose Gladstone, danke für all deine Hingabe, deine Mühen und deine Unterstützung bei der Fertigstellung dieses Buches. Dein Wissen und deine harte Arbeit haben es möglich gemacht. Ich weiß unsere Zusammenarbeit zu schätzen und freue mich schon darauf, bei künftigen Projekten weiter mit dir zusammenzuarbeiten.

LOBENDE STIMMEN ZU *HOOK POINT*

»Wenn Sie selbst zu einer langlebigen, erfolgreichen Marke werden wollen, und zwar online sowie offline, ist *Hook Point* Pflichtlektüre. Brendan liefert bewährte Strategien, die Ihnen auf jeden Fall dabei helfen werden, hervorzustechen und die Aufmerksamkeit der Menschen zu fesseln.«

– Sally Newell Cohen, Senior Vice President of Global Communications bei ICANN; ehemalige COO von Toastmaster International

»Fragen Sie sich, wie Sie aus der Menge herausstechen können, und das in drei Sekunden oder weniger? Brendan Kane zeigt es Ihnen in diesem fesselnden Buch, das quasi Pflichtlektüre ist – *Hook Point*. Brendans Ansatz ist wirkungsvoll, und er erklärt uns anhand von zugänglichen Beispielen aus der echten Welt, wie wir das bewerkstelligen. Durch das Lesen dieses Buches werden Sie zum Helden, der Meisterschaft darin erlangt, die Aufmerksamkeit der Menschen zu fesseln, und neue Chancen für sein Unternehmen schafft!«

– Neil Sahota, KI-Berater der Vereinten Nationen und Bestsellerautor von *Own the A.I. Revolution*

»Eine erhellende Lektüre. Ich bin ehrlich froh, ein Teil dieses Buches zu sein.«

– John Kilcullen, Schöpfer und Herausgeber der bekannten Bestsellerbuchserie und der Marke *Für Dummies*

»In dieser neuen Welt, in der man auf jedes kleine Detail achten muss, wird es immer schwerer herauszustechen. *Hook Point* verrät Ihnen erprobte und bewährte Methoden, um die Menschen dazu zu bringen, aufmerksam zu werden. Es ist Pflichtlektüre für jeden, der heutzutage in den sozialen Medien postet.«

– Cyrus Gorjipour, Mitgründer und CEO von Goalcast

»Wollen Sie Nachfrage für Ihre Marke oder Ihr Unternehmen generieren? Brendan verrät Ihnen Methoden, die in der heutigen ›Immer on‹-Welt erfolgreich sind.«

– Jonathan Skogmo, Gründer und CEO von Jukin Media

»Der Durchschnittsamerikaner sieht 4000 Werbeanzeigen pro Tag und wer weiß wie viele Posts in den sozialen Medien. Wenn Sie den Hintergrundlärm durchdringen wollen und Ihr Unternehmen massiv vergrößern oder Ihre persönliche Marke wachsen sehen wollen, sind Brendan Kane und *Hook Point* Ihre Geheimwaffen.«

– Craig Clemens, Mitgründer von Golden Hippo

»Heutzutage werden wir von so vielen Botschaften bombardiert, dass es wirklich schwierig ist herauszustechen. Zum Glück gibt Ihnen *Hook Point* die Tools an die Hand, mit denen Sie die Aufmerksamkeit anderer Menschen erregen können, sie bei der Stange halten und eine bestechende Brand aufbauen können.«

– Dorie Clark, Autorin von *Stand Out* und Dozentin für Executive Education an der Duke University Fuqua School of Business

»Wir suchen alle nach dem größten Angelhaken, um die größten Fische im Markt zu fangen. *Hook Point* zeigt uns, wie wir Aufmerksamkeit erregen und darauf aufbauen. Wenn Sie wollen, dass die Menschen Ihrer Marke Aufmerksamkeit schenken, sollten Sie auf das hören, was Brendan Ihnen in *Hook Point* zu sagen hat.«

– Joivan Wade, Gründer der Wall of Comedy, Schauspieler in *The First Purge* und Star in DCs *Doom Patrol*

»Brendan ist unermüdlich in seinem Streben, neue Methoden zu finden, die Marketingexperten ihren Job erleichtern.«

– Latham Arneson, ehemaliger VP für Digital Marketing bei Paramount Pictures

»Wenn Sie zu einer Marke werden wollen, die online und offline langfristig Erfolg hat, so ist Ihre Suche an ein Ende gekommen. Brendan wird Ihnen helfen, die Botschaften zu finden, die dafür sorgen, dass man Ihnen immer wieder Aufmerksamkeit schenken wird.«

– Melissa Ambrosini, Bestsellerautorin, Rednerin, Podcasterin und Unternehmerin

»Brendan ist ein Meister darin, Aufmerksamkeit zu erregen. Wenn Sie das Gefühl haben, sich in einem übersättigten Markt zu tummeln, und es Ihnen schwerfällt, sich von der Konkurrenz abzuheben, dann beinhaltet sein neuestes Buch *Hook Point* Tools und Strategien, die Sie sofort einsetzen können.«

– Ajit Nawalkha, Mitgründer von Evercoach und Mindvalley

»Hook Points sind die Essenz meines Erfolgs. Ohne sie bin ich nur ein weiterer Typ, der Ihre Aufmerksamkeit erregen will, und wir alle wissen, wie prima das heutzutage funktioniert!«

– Michael Breus, PhD, Bestsellerautor und international bekannt als »The Sleep Doctor«

»Eine Pflichtlektüre. In einer sich stets wandelnden Welt ist *Hook Point* die Lösung, um herauszustechen und die Marke, Brand oder das eigene Unternehmen wachsen zu lassen.«

– Keith Ferrazzi, *New York Times*-Bestsellerautor von *Never Eat Alone*

ÜBER DEN AUTOR

Brendan Kane ist ein Denker, der ausgetretene Pfade verlässt. Er arbeitet für Fortune-500-Unternehmen, Marken und Prominente. Wenn er seinen Klienten helfen kann, systematisch ein neues Publikum zu begeistern, das relevanten Content, Produkte und Dienstleistungen mit Aufmerksamkeit und mit Käufen belohnt, blüht er auf. Seine größte Stärke liegt darin, Werte freizulegen, indem er Komplexität in Einfachheit verwandelt, durch Tools und Methoden, die Wachstum verstärken und leicht umsetzbar sind.

Er begann seine Karriere bei Lakeshore Entertainment, wo Brendan alle Aspekte der interaktiven Medienstrategie des Unternehmens überwachte. Er arbeitete an 16 Filmen, die weltweit 685 Millionen Dollar einspielten, und leistete Pionierarbeit bei der ersten Influencerwerbekampagne, um den Film *Crank* mit Jason Statham zu bewerben.

Später entwickelte Brendan Programme für soziale Medien und digitale Plattformen für prominente Kunden wie Taylor Swift, Rihanna, das Supermodel Adriana Lima und den Profiskateboarder Ryan Sheckler. Er arbeitete auch als Vice President bei Paramount Pictures und half, eine der größten Firmen für »Social Optimization« zu skalieren. Er arbeitete mit Marken wie Disney, Fox, NBC, Netflix, Xbox und LinkedIn sowie mit mehreren bekannten Fortune-500-Unternehmen.

Seit Kurzem ist Brendan dafür bekannt, dass er in weniger als 30 Tagen eine Million Follower in über 100 Ländern gewonnen hatte. Er veröffentlichte daraufhin den Bestseller, *One Million Followers* (deutsch: *Eine Million Follower*), der erklärt, wie er diese erstaunliche Leistung vollbrachte.

WIR KÖNNEN IHNEN HELFEN

Wie ich bereits erwähnte, haben mein Team und ich das Hook-Point-System seit mehr als 15 Jahren perfektioniert. Wir wissen aus Erfahrung, wie lange es dauern kann, den perfekten Hook Point für ein Unternehmen zu finden. Deswegen wollte ich eine Möglichkeit schaffen, wie ich und mein Team Ihnen zur Verfügung stehen können, um Ihnen dabei zu helfen, Ihre Hook Points zu entwickeln.

Die Hook Points, die wir für unsere Privatkunden entwickeln:

- großzügiges Umsatzwachstum,
- bedeutende Deals und Partnerschaften (zum Beispiel Buchverträge und gut bezahlte Lizenzdeals),
- erfolgreiche Marketingkampagnen,
- erfolgreiches Rebranding,
- jedes andere spezifische Geschäftsziel.

Das Investment, um einen maßgeschneiderten Hook Point für Sie zu kreieren, ist enorm. Aber die Ergebnisse, die wir für unsere Klienten erzielen, sind exponentiell und die Rentabilität ist massiv.

Wenn Sie daran interessiert sind, uns zu engagieren, um einen Hook Point für Sie zu entwickeln, besuchen Sie www.hookpoint.com/agency und füllen Sie den kurzen Fragebogen aus, der uns mehr über Ihr Unternehmen und Ihre Ziele verrät.

ANMERKUNGEN

1 Ryan Holmes, »We Now See 5,000 Ads a Day ... and It's Getting Worse«, LinkedIn, 19. Februar 2019, https://www.linkedin.com/pulse/have-we-reached-peak-ad-social-media-ryan-holmes/.

2 Ron Marshall, »How Many Ads Do You See in One Day?«, Red Crow Marketing Inc., 10. September 2015, https://www.redcrowmarketing.com/2015/09/10/many-ads-see-one-day/.

3 Salman Aslam, »Facebook by the Numbers: Stats, Demographics & Fun Facts«, Omnicore, 10. Februar 2020, https://www.omnicoreagency.com/facebook-statistics/.

4 Dustin W. Stout, »Social Media Statistics 2020: Top Networks by the Numbers«, Dustin Stout, 2020, https://dustinstout.com/social-media-statistics/#instagram-stats.

5 Salman Aslam, »YouTube by the Numbers: Stats, Demographics & Fun Facts«, Omnicore, Februar 10, 2020, https://www.omnicoreagency.com/youtube-statistics/.

6 Joe Concha, »Adults spend more than 11 hours per day interacting with media: report«, *The Hill*, 1. August 2018, https://thehill.com/homenews/media/399819-adults-spend-more-than-11-hours-per-day-interacting-with-media-report.

7 NetNewLedger, »Average Person Scrolls 300 Feet of Social Media Content Daily«, NetNewsLedger, 1. Januar 2018, http://www.netnewsledger.com/2018/01/01/average-person-scrolls-300-feet-social-media-content-daily/.

8 Web Desk, »The Human Attention Span [INFOGRAPHIC]«, Digital Information World, 10. September 2018, https://www.digitalinformationworld.com/2018/09/the-human-attention-span-infographic.html.

9 Salman Aslam, »Facebook by the Numbers: Stats, Demographics & Fun Facts«, Omnicore, 10. Februar 2020, https://www.omnicoreagency.com/facebook-statistics/.

10 Mary Lister, »33 Mind-Boggling Instagram Stats & Facts for 2018«, WordStream, 26. August 2019, https://www.wordstream.com/blog/ws/2017/04/20/instagram-statistics.

11 James Hale, »More Than 500 Hours of Content Are Now Being Uploaded to YouTube Every Minute«, Tubefilter, 7. Mai 2019, https://www.tubefilter.com/2019/05/07/number-hours-video-uploaded-to-youtube-per-minute/.

12 Brad Bennett, »Around 40,000 songs are uploaded to Spotify every day«, mobilesyrup, 1. Mai 2019, https://mobilesyrup.com/2019/05/01/40000-songs-uploaded-spotify-every-day/.

13 »The Keys to Get Consumer's Attention in 2019«, YouTube-Video, hochgeladen von GaryVee TV, 26. November 2018, https://www.youtube.com/watch?time_continue=1&v=b54bP5Nmz1c&feature=emb_logo.

14 Martin Beck, »Facebook Defends Its 3-Second Video View Standard«, Marketing Land, 7. August 2015, https://marketingland.com/facebook-defends-its-3-second-video-view-standard-137823.

15 »The Keys to Get Consumer's Attention in 2019«, YouTube-Video, hochgeladen von GaryVee TV, 26. November 2018, https://www.youtube.com/watch?time_continue=1&v=b54bP5Nmz1c&feature=emb_logo.

16 Garyvee, »Kylie just sold 51% for $600m on attention arbitrage«, Instagram, 18. November 2019, https://www.instagram.com/tv/B5BvaBIgwe4/?igshid=1w9lqw3zd5d5j.

17 Gary C. Halbert, »The Gary Halbert Letter«, thegaryhalbertletter, 2005, http://www.thegaryhalbertletter.com/newsletters/2006/modesty_personified.htm.

18 Entrepreneur Media Inc., »Unique Selling Proposition«, *Entrepreneur*, 2020, http://www.entrepreneur.com/encyclopedia/unique-selling-proposition-usp.

19 Laura Lake, »What Is a Tagline?«, the balance, 20. Oktober 2019, https://www.thebalancesmb.com/what-is-a-tagline-4017760.

20 Amy Watson, »Walt Disney revenue breakdown 2019«, Statista, 11. November 2019, https://www.statista.com/statistics/193140/revenue-of-the-walt-disney-company-by-operating-segment/.

21 Brooks Barnes, »Disney Is Spending More on Theme Parks Than It Did on Pixar, Marvel and Lucasfilm Combined«, *New York Times,* 16. November 2018, https://www.nytimes.com/interactive/2018/11/16/business/media/disney-invests-billions-in-theme-parks.html.

22 Nike Inc., »What Is Nike's Mission?«, Nike, 2020, https://www.nike.com/help/a/nikeinc-mission.

23 Nike Inc., »Purpose Moves Us«, Nike, 2020, https://purpose.nike.com/.

24 BJ Enoch, »Top 15 Influential Nike Sponsored Athletes on Social«, Opendorse, 14. Februar 2020, https://opendorse.com/blog/top-nike-sponsored-athletes-on-social-media/.

25 Delia Paunescu, »Nike's high-tech Vaporfly sneakers help athletes run 4 percent faster. Should they be banned for providing an unfair advantage?«, *Vox,* 3. November 2019, https://www.vox.com/recode/2019/11/3/20944257/marathon-nike-shoes-running-sneakers-vaporfly-reset-podcast.

26 E. L. Hamilton, »Breakthrough: Over 100 years ago, an ingenious ad campaign for Pepsodent helped save the teeth of a nation«, *The Vintage News,* 13. Dezember 2017, https://www.thevintagenews.com/2017/12/13/pepsodent-iconic-ad/.

27 Wikipedia, »Public relations campaigns of Edward Bernays«, Wikipedia, 20. Januar 2020, https://en.wikipedia.org/wiki/Public_relations_campaigns_of_Edward_Bernays.

28 Wikipedia, »Torches of Freedom«, Wikipedia, 10. Jan. 2020, https://en.wikipedia.org/wiki/Torches_of_Freedom.

29 Brandt, Allan M. (2007). *The Cigarette Century.* New York: Basic Books, S. 84–85.

30 O'Keefe, Anne Marie; Pollay, Richard W. (1996). »Deadly Targeting of Women in Promoting Cigarettes«, *Journal of the American Medical Women's Association.* 51 (1–2).

31 Eliza Ronalds-Hannon und Kim Bhasin, »Even Wall Street Couldn't Protect Toms Shoes from Retail's Storm«, *Bloomberg,* 3. Mai 2018, https://www.bloomberg.com/news/articles/2018-05-03/even-wall-street-couldn-t-protect-toms-shoes-from-retail-s-storm.

32 Katie Abel, »Can Blake Mycoskie's Bold New Social Agenda Reboot Toms?«, FN and Footwear News, 25. März 2019, https://footwearnews.com/2019/business/retail/toms-blake-mycoskie-interview-business-sales-mission-1202764082/.

33 Ebd.

34 TOMS, »96.5 million lives impacted – and counting«, TOMS, 2020, https://www.toms.com/one-for-one-en/.

35 Blake Morgan, »Netflix and Late Fees: How Consumer-Centric Companies Are Changing the Tide«, *Forbes,* 7. Oktober 2016, https://www.forbes.com/sites/blakemorgan/2016/10/07/netflix-late-fees-and-consumer-centric-ideas/#463faedb13ec.

36 Trefis Team, »A Closer Look at Netflix's Valuation«, *Forbes,* 26. März 2019, https://www.forbes.com/sites/greatspeculations/2019/03/26/a-closer-look-at-netflixs-valuation-2/#731dd73328c7.

37 David Bloom, »Is Netflix Really Worth More Than Disney or Comcast?«, *Forbes,* 26. Mai 2018, https://www.forbes.com/sites/dbloom/2018/05/26/netflix-disney-comcast-market-capitalization-valuation/#3edefb415618.

38 John Linden, »History of the Pickup Truck«, Car Covers, 2020, https://www.carcovers.com/resources/history-of-the-pickup-truck.html.

39 Justin Bariso, »Elon Musk Made the Cybertruck ›Ugly‹ on Purpose—and It May Be the Smartest Thing He's Ever Done«, *Inc.*, 3. Dezember 2019, https://www.inc.com/justin-bariso/elon-musk-made-cybertruck-ugly-on-purpose-and-its-smartest-thing-hes-ever-done.html.

40 Tim Ferriss, »Feeling Stuck? Read This ...«, *The Tim Ferris Show* (Blog), https://tim.blog/2011/01/31/feeling-stuck-read-this/#more-4680.

41 Chris Miller and Alex Mann, »20 years later, some still think ›Blair Witch Project‹ real«, *Las Vegas Review-Journal*, 27. Oktober 2017, https://www.reviewjournal.com/entertainment/movies/20-years-later-some-still-think-blair-witch-project-real/.

42 Shawn Forno, »YouTube Pre-Roll Ad Length: Timing Is Everything«, IdeaRocket, 17. Oktober 2019, https://idearocketanimation.com/15369-pre-roll-ad-length/.

43 Ann-Christine Diaz, »Geico's ›Unskippable‹ from the Martin Agency Is Ad Age's 2016 Campaign of the Year«, *Ad Age*, 25. Januar 2016, https://adage.com/article/special-report-agency-alist-2016/geico-s-unskippable-ad-age-s-2016-campaign-year/302300.

44 »GEICO TV Commercial, ›Family Unskippable‹«, iSpot.tv, 2016, https://www.ispot.tv/ad/7ajB/geico-family-unskippable#.

45 Justin Bariso, »Elon Musk Made the Cybertruck ›Ugly‹ on Purpose – and It May Be the Smartest Thing He's Ever Done«, *Inc.*, 3. Dezember 2019, https://www.inc.com/justin-bariso/elon-musk-made-cybertruck-ugly-on-purpose-and-its-smartest-thing-hes-ever-done.html.

46 »Eugene Schwartz Headline Formula«, YouTube-Video, hochgeladen von Copy Skillz, 4. August 2019, https://www.youtube.com/watch?v=lvqtqQUa6Qo&feature=youtu.be.

47 Web Desk, »The Human Attention Span [INFOGRAPHIC]«, Digital Information World, 10. September 2018, https://www.digitalinformationworld.com/2018/09/the-human-attention-span-infographic.html.

48 Erin Griffith, »BuzzFeed's Foodie Channels Are Blowing Up in Facebook«, *Fortune*, 19. Januar 2016, https://fortune.com/2016/01/19/buzzfeed-tasty-proper-tasty/.

49 CNBC Make It Staff, »This CEO sold his company for $1 billion – here's how he finds work-life balance«, CNBC Make it, 6. Februar 2019, https://www.cnbc.com/2019/02/06/dollar-shave-club-ceo-michael-dubin-work-life-balance.html.

50 Jia Wertz, »Taking Risks Can Benefit Your Brand – Nike's Kaepernick Campaign Is a Perfect Example«, *Forbes*, 30. September 2018, https://www.forbes.com/sites/jiawertz/2018/09/30/taking-risks-can-benefit-your-brand-nikes-kaepernick-campaign-is-a-perfect-example/#71ec193e45aa.

51 »Red Bull Invests $65M on Space Jump As More Than 8 Million Watch on YouTube«, *Sports Business Daily Global,* 16. Oktober 2012, https://www.sportsbusinessdaily.com/Global/Issues/2012/10/16/Marketing-and-Sponsorship/Red-Bull.aspx.

52 Dominic Rushe, »Skydiver Baumgartner lands safely on Earth after supersonic record«, *The Guardian,* 15. Oktober 2012, https://www.theguardian.com/sport/2012/oct/14/felix-baumgartner-lands-safely-record.

53 »Red Bull Invests $65M on Space Jump As More Than 8 Million Watch on YouTube«, *Sports Business Daily Global,* 16. Oktober 2012, https://www.sportsbusinessdaily.com/Global/Issues/2012/10/16/Marketing-and-Sponsorship/Red-Bull.aspx.

54 Owen Gibson, »Red Bull and Felix Baumgartner take sponsorship to new heights«, *The Guardian,* 15. Oktober 2012, https://www.theguardian.com/sport/blog/2012/oct/15/red-bull-felix-baumgartner-sponsorship.

55 *Business Lunch with Roland Frasier,* »A Golden Formula to Make Your Message Resonate, Craig Clemens«, Apple Podcasts, 2020, https://podcasts.apple.com/us/podcast/business-lunch/id1442654104?i=1000429481263.

56 Ingrid Lunden, »Andrey Andreev sells stake in Bumble owner to Blackstone, Whitney Wolfe Herd now CEO of $3B dating apps business«, Extra Crunch, 8. November 2019, https://techcrunch.com/2019/11/08/badoos-andrey-andreev-sells-his-stake-in-bumble-to-blackstone-valuing-the-dating-app-at-3b/.

57 NPR How I Built This with Guy Raz, »Bumble: Whitney Wolfe«, Apple Podcasts, 16. Oktober 2017, https://podcasts.apple.com/us/podcast/how-i-built-this-with-guy-raz/id1150510297?i=1000436036734.

58 Jane Zupan, »The Data Behind Gillette's Ad Shows It Had the Biggest Impact with Women«, *Adweek,* 22. Januar 2019, https://www.adweek.com/brand-marketing/the-data-behind-gillettes-ad-shows-it-had-the-biggest-impact-with-women/.

59 Jia Wertz, »Taking Risks Can Benefit Your Brand – Nike's Kaepernick Campaign Is a Perfect Example«, *Forbes,* 30. September 2018, https://www.forbes.com/sites/jiawertz/2018/09/30/taking-risks-can-benefit-your-brand-nikes-kaepernick-campaign-is-a-perfect-example/#453918ef45aa.

60 Eric Barker, »How to get people to like you: 7 ways from an FBI behavior expert«, Ladders, 22. Mai 2019, https://www.theladders.com/career-advice/how-to-get-people-to-like-you-7-ways-from-an-fbi-behavior-expert.

61 »The Real Reason Why Mark Cuban Doesn't Believe in Mentorship«, YouTube-Video, hochgeladen von Inc., 8. April 2019, https://www.youtube.com/watch?v=ppYrpChucQs.

62 Tom Huddleston Jr., »Ray Dalio says this tactic helped him from ›hardly any money‹ to successful billionaire«, CNBC make it, 21. November 2019, https://www.cnbc.com/2019/11/21/tactic-helped-bridgewater-asscociates-ray-dalio-become-a-billionaire.html.

63 »Hostage Negotiation Techniques That Will Get You What You Want«, Bakadesuyo, https://www.bakadesuyo.com/2013/06/hostage-negotiation/.

64 Muri Assuncao, »12 Times Lady Gaga Showed Love for the LGBTQ Community«, *Billboard,* 20. September 2018, https://www.billboard.com/articles/news/pride/8475993/lady-gaga-12-times-showed-love-for-lgbtq-community.

65 Merriam-Webster, »pitch«, 2020, https://www.merriam-webster.com/dictionary/pitch.

66 »Fitness Trainers and Instructors«, U.S. Bureau of Labor Statistics, 4. September 2019, https://www.bls.gov/ooh/personal-care-and-service/fitness-trainers-and-instructors.htm.

67 Jay Shetty, »My Story«, 2020, https://jayshetty.me/.

68 Matt Marshall, »They did it! YouTube bought by Google for $1.65B in less than two years«, *Venture Beat,* 9. Oktober 2006, https://venturebeat.com/2006/10/09/they-did-it-youtube-gets-bought-by-gooogle-for-165b-in-less-than-two-years/.

69 John Lynch, »›Game of Thrones‹ star Sophie Turner says she beat out a ›far better actress‹ for a job because she has millions of social followers«, *Business Insider,* 2. August 2017, https://www.businessinsider.com/game-of-thrones-star-sophie-turner-says-she-got-role-due-to-social-media-following-2017-8.

70 Interview Valet, »About Us«, 2020, https://interviewvalet.com/about-us/.

71 Robert Anthony, »Bobby Lee Eats Hot Wings and Poops His Pants«, *Elite Daily,* 27. Oktober 2016, https://www.elitedaily.com/envision/food/spicy-wings-eaten-guy-poops-pants/1673578.

72 Anthony Tucker, »3 56 am: man steps on to the moon«, *The Guardian,* 21. Juli 1969, https://www.theguardian.com/theguardian/from-the-archive-blog/2011/jun/01/newspapers-national-newspapers.

73 Todd Spangler, »Netflix Projected to Spend More Than $17 Billion on Content in 2020«, *Variety,* 16. Januar 2020, https://variety.com/2020/digital/news/netflix-2020-content-spending-17-billion-1203469237/.

74 Frank Pallotta, »Disney spared no expense in building Star Wars: Galaxy's Edge«, CNN Business, 30. Mai 2019, https://www.cnn.com/2019/05/29/media/star-wars-land-galaxys-edge-opening/index.html.